제3판

The Professional
Western Cuisine

고급서양요리

김장호·서민석·이상원
김찬성·전도현 공저

ⓑ (주)백산출판사

머리말

음식은 인간이 내어나 죽을 때까지 함께 해야 할 소중한 문화이며, 인간으로 하여금 그 시대의 모습을 잘 드러내주는 거울이자 돋보기이다. 국경을 넘어 타 국가와 지역의 낯선 문화와 사고방식을 이해하고 다른 사람들과 더불어 사는 법을 배울 수 있는 훌륭한 수단이며 교과서이기도 하다. 음식은 학문적 가치가 있을 뿐 아니라, 그 성장과 규모, 발전 속도가 빨라 유망산업으로 각광받고 있다.

2021년부터 우리나라는 과거의 눈부신 경제 성장과 도약으로 국내총생산(GDP) 세계 10위권으로 경제와 외교 등 국제사회에서 선진국으로 분류되었다. 2004년부터 주 5일제 근무가 정착되면서 국민들의 여가에 대한 관심이 날로 증폭되고 이는 조리·외식산업의 성장에 막대한 영향을 주었다. 국민들의 외식에 대한 관심과 소비는 다양한 형태의 음식들이 발달하게 하는 원동력이 되었고, 그 중에서도 서양요리에 대한 국민들의 관심은 날로 높아지고 있는 추세이다.

한국의 서양요리 발전은 경제성장의 속도와 비례하여 발전해 왔는데, 1986년 아시안게임과 1988년 올림픽과 같은 국제 행사의 유치를 계기로 하여 서울을 비롯한 전국에 대형호텔을 건립하게 되었고, 전문 조리사들을 양성하기 위해 전문대학에 조리관련학과가 생겨나면서 서양조리의 발전에 큰 영향을 주었다. 오늘날 서양요리는 질적·양적인 발전을 거듭하여 그 규모를 예측할 수 없을 정도로 빠른 속도로 성장하고 있다.

서양요리란 유럽 전역의 국가 및 구미의 요리를 통틀어 서양요리라 하는데, 실제로 서양요리의 중심은 프랑스 요리이며, 국제적인 연회에서는 프랑스식의 조리법이 사용될 만큼 프랑스 요리는 세계적으로 알려져 있고 세계인의 입맛을 사로잡고 있다고 해도 과언이 아니다. 본서는 서양요리의 중심국가라고 할 수 있는 프랑스 요리와 이탈리아 요리를 기반으로 저서를 집필하였음을 말씀드린다.

본서는 저자가 오랫동안 호텔현장에 근무하면서 경험한 다양한 요리 경험과 노하우, 대학 강단에서 축적된 강의 자료와 얻은 교훈을 토대로 현장 실무 경험을 바탕으로 집필하였다. 본 교재 구성을 위해 오랫동안 시간과 노력, 정성을 들여 구성하였지만 다소 미흡하고 부족한 부분이 있으리라 사료된다. 향후 수정·보완을 거쳐가며 더욱 완성도 있는 교재로 거듭나도록 노력할 것을 약속드린다.

저자는 본 교재가 앞으로 국내 호텔 및 조리외식산업 현장에서 근무하고 있는 조리사분들의 메뉴개발 입문 도서로서의 길라잡이의 역할을 충실히 수행할 것을 기대하는 바이다.

또한, 대학에서 서양조리에 관심이 있는 많은 조리·외식관련학도들의 전문교재로서, 그리고 일반학부생들과 서양조리의 이해를 도모하고자 하는 일반인들에게 교양·전문 도서의 역할을 할 수 있도록 서양조리에 대한 이론적인 내용을 일부 포함하였다.

끝으로 본서가 출간되기까지 지도와 도움을 주신 모든 분들과 어려운 출판환경 속에서도 본서의 출판을 수락해 주신 출판사 사장님을 비롯한 편집부 직원들에게 진심으로 깊은 감사를 드립니다.

저자 일동

CONTENTS

Part 2 | Soup 89

Part 3 | Salad & Dressing 125

Part 4 ǀ Pasta & Risotto **149**

Part 5 | Main Dish 207

Part 6 | Dessert 291

Part **1**

Appetizer

The Professional Western Cuisine

The Professional Western Cuisine
Appetizer

애피타이저는 서양요리에서 빼놓을 수 없는 요리로 프랑스에서는 오르되브르(Hors d'Oeuvre)라고 한다.

서양요리의 정찬요리 중 가장 먼저 나오는 요리로 혀의 미뢰세포를 자극하고 식욕을 돋우는 것이 목적이고 오르되브르로 제공되는 요리는 적은 양이며, 주로 고가의 식자재가 많이 쓰였다. 하지만 현재의 경우 꼭 그렇지만은 않다.

오르되브르와 애피타이저는 양에 약간의 차이가 있는데 전통적인 오르되브르는 그 양을 약간 늘려 애피타이저로 사용할 수도 있다.

오르되브르는 그날의 중심이 되는 메뉴와 따로 제공되지만 애피타이저는 전통적으로 코스메뉴의 가장 첫 코스가 된다.

서양요리에서 애피타이저의 가장 중요한 목적은 식욕촉진이다. 그러므로 입맛을 자극할 수 있어야 하며, 시각적인 면도 소홀히 하면 안 된다.

현대 서양요리에서는 애피타이저의 중요성이 점점 강조되고 있다.

예전에 사용되었던 생선과 달팽이 등은 여전히 많이 쓰일 뿐만 아니라 현대에는 육류, 파스타, 치즈, 곡물류나 그릴 채소들도 그 사용의 폭이 점점 넓어져 애피타이저 요리의 고정관념을 깨고 있는 추세다.

애피타이저(Appetizer)의 종류

서양요리의 첫 코스인 애피타이저는 온도에 따라 더운 애피타이저와 찬 애피타이저로 나뉘고, 가공하지 않은 재료로 모양과 맛을 그대로 유지하여 만드는 플레인(Plain)과 원래의 맛은 유지하되 새로운 아이디어를 이용해 변형을 주는 드레스드(Dressed)로 나누어진다.

1. 찬 애피타이저(Appetizer)

① 캐비아(Caviar)

서양요리에서 가장 유명한 것으로 철갑상어의 알이며, 세계 3대 진미 중 하나인 캐비아는 등급에 따라 1등급인 벨루가(Beluga), 2등급인 오세트라(Ossetra), 3등급인 세브루가(Sevruga)로 나누어진다. 캐비아는 삶은 달걀 흰자와 노른자 다진 것, 버터, 레몬, 멜바토스트와 함께 제공된다.

② 푸아그라(Foie gras)

푸아그라(Foie gras)는 거위의 간을 말한다. 이는 거위에게 스트레스를 주어 소화불량을 유도하고 소화불량에 걸린 거위가 간경화중에 걸려 간이 비대해지면 채취하는 것이다. 채취한 간은 송로버섯과 함께 무스를 만들어 애피타이저로 사용하기도 하고 그 자체를 잘라 구워서 뜨거운 애피타이저로 사용하기도 한다.

③ 트러플(Truffle)

송로버섯(Truffle)은 떡갈나무 아래 흙 속에서 공수한다. 송로버섯은 그 향에 따라 등급이 결정되며, 그 특유의 향은 멧돼지의 성적 냄새와 비슷하여 수퇘지가 잘 찾아내며, 이것은 수프, 소스, 가금류뿐만 아니라 육류나 드레싱에도 널리 사용된다.

④ 칵테일(Cocktail)

칵테일은 대개 해산물이 주재료이고 재료를 작게 썰어 너무 많이 씹지 않도록 해야 한다. 칵테일은 주로 식탁에 제공되며, 강하고 짜릿한 맛과 향, 그리고 신맛이 그 특징이다. Tuna, shrimps, lobster, crabmeat, fruit 등으로 칵테일을 만들어 사용할 수 있다.

⑤ 카나페(Canape)

카나페는 빵을 얇게 썰어서 여러 가지 모양으로 잘라 튀기거나 굽거나 빵을 그냥 사용하기도 하고 크래커(cracker)를 사용하기도 한다. 빵이나 크래커 위에 버터를 바르고 여러 가지 재료(생선알, 앤초비, 햄, 채소, 연어, 치즈, 굴, 캐비아, 연어알, 고기)를 얹어 만든다.

2. 더운 애피타이저(Hot Appetizer)

① 에스카르고(Escargot)

프랑스의 대표적 요리인 에스카르고는 프랑스어로 달팽이를 뜻하며, 파이에 넣어 구워서 만드는 달팽이 파이와 달팽이 튀김, 달팽이 버터구이, 달팽이 그라탱 등이 있다. 달팽이 요리는 맛과 영양이 뛰어나 미식가들이 즐겨 찾는다.

② 푸아그라(Foie gras)

거위간을 일정한 크기로 잘라 소금, 후추로 간하여 밀가루를 묻혀 뜨겁게 달군 팬에 갈색으로 구워서 소스와 함께 제공한다.

③ 라비올리(Ravioli)

이탈리아 만두를 뜻하며, 밀가루를 반죽하여 피를 얇게 밀어, 다양한 재료를 속에 넣고 여러 가지 모양으로 빚어 끓는 물에 삶거나 팬에 구워서 따뜻한 소스를 곁들여 애피타이저로 제공한다.

애피타이저(Appetizer)의 특징

① 알맞은 양과 색 또는 질감 →애피타이저는 요리의 첫 코스이므로 양이 알맞아야 하고 눈으로도 즐길 수 있어야 하며 먹을 때 질감 또한 좋아야 한다.

② 식재료와 허브의 알맞은 양 →지나친 식재료와 허브의 사용은 다음 코스의 맛을 잃게 할 수 있다.

③ 식욕촉진 →혀의 세포를 자극시켜 식욕을 돋우어주고 강한 소스를 사용하는 것이 효과적이다.(신맛, 짠맛)

④ 계절감과 특색 →계절에 따른 식재료의 변화와 특색을 살려야 한다.

⑤ 요리 특성에 맞는 온도 유지 →차가운 요리와 더운 요리에 알맞은 온도를 유지해야 요리의 특성을 제대로 맛볼 수 있다.

Appetizer

Marinade Seafood in Citron Sauce with Seasonal Salad and Balsamic Sauce

유자청 소스에 마리네이드한 해산물과 계절채소샐러드

Ingredient/재료 및 분량

- Shrimp(칵테일새우) 2ea
- Scallop(알 관자) 2ea
- Baby cuttlefish(주꾸미) 20g
- Conch(소라) 20g
- Clam meat(조갯살) 3ea
- Micro vegetable(어린잎 채소) 30g
- Citron sauce(유자청 소스) 50ml
- Black olive(블랙 올리브) 5g
- Balsamic sauce(발사믹 소스) 30cc
- Vegetable stock(채소육수) 100cc

Cooking Method/조리방법

1. Citron sauce(유자청 소스)

재료

- Citron(유자청) 40ml • Olive oil(올리브 오일) 30cc • Vinegar(식초) 20ml
- Lemon Zest(레몬 제스트) 5g • Chopped onion(다진 양파) 10g • Tarragon(타라곤) 1leaf
- Tomato(토마토) 15g • Salt, Pepper(소금, 후추) 약간씩

만들기

1) 위의 재료를 믹싱 볼에 넣고 잘 섞은 후 하루 이상 숙성시켜 사용한다.

2. Vegetable stock(채소육수)

재료

- Water(물) 100cc • Vinegar(식초) 5cc • Bay leaf(월계수잎) 1leaf • Celery(셀러리) 3g
- Onion(양파) 3g • White wine(백포도주) 50cc • Pepper corn(통후추) 3ea
- Parsley stalk(파슬리 줄기) 2ea • Salt(소금) 적당량

만들기

1) 모든 재료를 넣고 중불에서 채소의 육수가 완전히 우러날 때까지 끓여준다.
2) 끓고 있는 육수를 해산물 데치는 데 사용한다.

3. Method(만드는 방법)

1) 관자는 잘 다듬어 양념한 뒤 팬에 구워 식힌다.
2) 나머지 해산물은 채소육수에 데쳐 식혀서 준비한다.
3) 준비한 유자청 소스에 해산물을 넣어 마리네이드한다.

4. 완성하기(Completing)

1) 애피타이저용 접시에 준비한 어린잎 채소를 보기 좋게 놓고 발사믹 소스를 뿌린다.
2) 해산물을 가지런하게 모양내어 놓는다.

 Cooking Tip

- 채소육수를 이용하여 데칠 때에는 육수와 해산물의 양을 잘 조절해서 데쳐야 해산물의 맛 성분이 많이 빠져나가지 않는다.

APPETIZER

Smoked Salmon Canape and Oyster with Balsamic Sauce, Rolled Asparagus into Parma Ham with Orange Sauce

훈제연어 카나페와 발사믹 소스의 생굴, 파르마 햄의 아스파라거스 그리고 오렌지 소스

Ingredient/재료 및 분량

- Smoked salmon(훈제연어) 1pc.
- Melba toast(멜바토스트) 3pc.
- Clam(조갯살) 2ea
- Parma ham(파르마 햄) 10g
- Orange section(오렌지살) 2ea
- Asparagus(아스파라거스) 2ea
- Fresh Oyster(생굴) 2ea
- Balsamic sauce(발사믹 소스) 10ml
- Egg slice(달걀 슬라이스) 1ea
- Paprika(파프리카 2종) 5g
- Herb(허브) 2g
- Sour cream(사워크림) 20g
- Dill orange sauce (딜 오렌지 소스) 30cc

Cooking Method/조리방법

1. 딜 오렌지 소스 재료(Dill Orange sauce)

Ingredients

- Orange juice(오렌지 주스) 50cc • Fresh cream(생크림) 5g • Dill(딜) 3g • Salt(소금) 적당량
- White pepper(백후추) 적당량

Cooking

1) 오렌지 소스는 주스를 졸이다가 생크림을 조금 넣고 허브 다진 것과 소금, 후추로 간한다.

2. 카나페 조리하기(Canape Cooking)

1) 훈제연어는 슬라이스하여 사각으로 잘라서 준비하고 식빵은 같은 크기로 잘라 토스트하여 준비한다.
2) 멜바토스트에 사워크림을 바르고 연어를 올린 뒤 사워크림과 조갯살을 올려 마무리로 허브를 놓는다.
3) 파르마 햄을 넓게 펴고 데친 아스파라거스를 올려 둥글게 말아서 오렌지살과 함께 멜바토스트 위에 올려놓는다.
4) 생굴을 프라이팬에 넣고 살짝 볶은 후 발사믹 소스를 넣고 맛을 내어 삶은 달걀 위에 올려 멜바토스트 위에 올린다.
5) 허브를 이용하여 데커레이션을 한다.

3. 완성하기(Completing)

1) 준비한 접시에 3가지의 오드블을 모양내어 놓는다.
2) 오렌지 소스와 발사믹 소스는 예술적으로 보이도록 선과 점을 잘 활용한다.

 Cooking Tip

- 3가지 요리가 한 접시에 있어 여러 가지 맛을 볼 수 있으며 다양한 음식이 있어 눈으로도 즐거움을 느낄 수 있다.

Fresh Tomato & Ricotta Cheese with Balsamic Sauce
토마토, 리코타 치즈와 발사믹 소스

Ingredient/재료 및 분량

- Milk(우유) 250ml
- Vinegar(식초) 20ml
- Tomato(토마토) 1ea
- Young Pumpkin(단호박) 30g
- Black Olive(검정 올리브) 2ea
- Parsley chopped(파슬리 찹) 3g
- Green salad(녹색 채소) 15g
- Gelatin(물젤라틴) 10ml
- Balsamic Vinegar
  (발사믹 비니거 소스) 30ml
- Salt, Pepper(소금, 후추) 약간씩

Cooking Method/조리방법

1. 발사믹 소스 만들기(Balsamic sauce)

재료

- Balsamic Vinegar(발사믹 식초) 100ml • Olive oil(올리브 오일) 30ml • Onion(양파) 20g
- Celery(셀러리) 10g • Garlic(마늘) 1ea • Carrot(당근) 10g • Water Starch(물전분) 약간
- Salt, Pepper(소금, 후추) 약간씩

만들기

1) 조리용 냄비에 분량의 재료를 넣고 끓인다.
2) 1/2로 농축되면 물전분을 풀어 농도를 조절한다.
3) 고운체에 걸러 사용한다.

2. 리코타치즈 조리하기(Ricotta Cheese Cooking)

1) 분량의 우유를 냄비에 담아 끓인 다음, 식초를 넣어 단백질을 응고시킨 후, 소창에 걸러 수분을 완전히 제거한다.
2) 단호박과 검정 올리브는 작은 사각으로 썰어 놓고, 파슬리는 찹하여 놓는다.
3) 믹싱 볼에 ①번과 ②번을 넣고 물젤라틴을 넣고 소금, 후추로 간을 하여 리코타 치즈 롤을 만든다.
4) 랩을 이용하여 둥글게 말아 냉장고에서 굳힌다.

3. 완성하기(Completing)

1) Vegetable Bouquet(채소 부케)를 만들어 가운데 세운다.
2) 토마토를 웨지로 썰고, 굳혀 놓은 리코타 치즈를 어슷썰기하여 겹겹이 놓는다.
3) 발사믹 소스를 주위에 곁들여 완성한다.

 Cooking Tip

- 리코타 치즈는 휘핑크림과 우유를 1:2로 섞어 끓인 후, 식초를 넣어 우유의 단백질을 응고시켜 만든 것이다. 프레시 비숙성 치즈로 분류된다.

King Crabmeat & Smoked Salmon with Japanese Apricot Balsamic Sauce

매실 발사믹 소스로 맛을 낸 게다리살 요리와 연어

Ingredient / 재료 및 분량

- King Crabmeats
  (왕게다리살) 20g
- Crabmeat(크래미) 1ea
- Green pimento(청피망) 5g
- Red pimento(홍피망) 5g
- Onion(양파) 10g
- Hot sauce(핫소스) 1/4스푼
- Mustard(양겨자) 1/6스푼
- Lemon juice(레몬주스) 1/8ea
- Mayonnaise(마요네즈) 1/3스푼
- Crepes(크레이프지) 1sheet
- Asparagus(아스파라거스) 2ea
- Smoked Salmon
  (연어슬라이스) 1sheet
- Baby Vegetable(베이비 채소)
  10g
- Dill(딜) 1stalk
- Salt, Pepper(소금, 후추) 약간씩

Cooking Method / 조리방법

1. 매실 발사믹 드레싱(Japanese Apricot Dressing)

재료

- Japanese apricot(매실 원액) 2큰술 • White wine vinegar(화이트 와인식초) 1큰술
- Garlic(다진 마늘) 1개 • Basil(바질) 2 leaves • Balsamic(발사믹 소스) 1큰술
- Pine Nuts(잣가루 볶은 것) 1/2큰술 • Peanut(땅콩 으깬 것) 1큰술
- Lemon(레몬) 1/8ea • Salt, Pepper(소금, 후추) 약간씩

만들기

1) 화이트 와인식초 등 모든 재료를 믹싱 볼에 넣고 잘 섞은 뒤 간을 맞춘다.

2. 게다리살 요리하기(King Crabmeat Cooking)

1) 왕게다리살에 화이트 와인을 뿌려 오븐에서 살짝 익혀 놓는다.
2) 두 종류의 피망과 양파, 크래미를 가는 줄리엔으로 썰어 놓는다.
3) 믹싱 볼에 ①, ②번을 넣고 마요네즈, 양겨자, 레몬주스, 소금, 후추로 맛을 낸다.
4) 크레이프지 1장에 ③번을 넣고 둥글게 말아 놓는다.
5) 연어 슬라이스 1쪽을 장미 모양으로 말아 딜 찹을 묻혀 놓는다.

3. 완성하기(Completing)

1) 데친 아스파라거스를 올리브 오일과 소금, 후추로 간하여 접시에 놓는다.
2) 만들어 놓은 게살 롤을 1/2로 어슷썰기한 것과 장미 모양 연어를 아스파라거스 위에 담는다.
3) 위쪽에 베이비 채소를 보기 좋게 담고 소스를 곁들여 제공한다.

Green Salad & Smoked with Olive Vinaigrette

특수 채소를 곁들인 훈제연어와 올리브 비네그레트

Ingredient/재료 및 분량

- Smoked Salmon(훈제연어) 5pc.
- Caviar(세브루가) 5g
- Green Chicory(치커리) 2leaves
- Sprout(베이비채소) 10g
- Caper(케이퍼) 7g
- Fresh Cream(생크림) 30ml
- Horseradish(호스래디시) 15g
- Olive Vinaigrette
  (올리브 비네그레트) 30ml
- Salt, Pepper(소금, 후추) 약간씩

Cooking Method/조리방법

1. 올리브 비네그레트 만들기(Olive Vinaigrette)

재료
- Green Olive(그린 올리브) 2ea • Black olive(블랙 올리브) 2ea • Olive oil(올리브 오일) 30ml
- Vinegar(식초) 10ml • Lemon(레몬) 1/4ea • Basil fresh(바질) 1leaf
- Parmesan cheese(파르메산 치즈) 7g • Parsley chopped(파슬리 찹) 5g
- White wine(백포도주) 10ml • Salt, Pepper(소금, 후추) 약간씩

만들기
1) 두 종류의 올리브를 곱게 찹하여 놓는다.
2) 작은 믹싱 볼에 올리브 오일과 식초를 혼합하고 Whisk로 잘 저어 유화시킨다.
3) ①, ②번과 파르메산 치즈를 섞어 농도를 조절한 후, 소금, 후추로 간을 하여 완성한다.

2. 훈제연어 조리하기(Smoked Salmon)

1) 모둠 베이비 새싹과 치커리 등 채소는 찬물에 담가 싱싱하게 살려서 물기를 제거해 놓는다.
2) 최상품의 훈제연어 슬라이스 5쪽을 준비해 놓는다.
3) 믹싱 볼에 생크림을 넣고 Whisk로 휘핑한 다음, 물기를 짜낸 호스래디시를 함께 섞어 놓는다.
4) 애피타이저용 접시 가운데 샐러드를 담고, 훈제연어 5쪽을 장미 모양으로 말아 주변에 놓는다.

3. 완성하기(Completing)

1) 휘핑 호스래디시 크림을 페이스트리 백에 넣어 언이롤 위에 보기 좋게 짠다.
2) 크림 위에 블랙 캐비아와 케이퍼로 장식하고 올리브 비네그레트를 뿌려 완성한다.

 Cooking Tip

- 호스래디시는 서양고추냉이 뿌리로 만들어진 맵고 자극적인 향신료로 생크림이나 사워크림과 섞어 샐러드나 샌드위치, 딥에 사용하면 좋으며, 특히 훈제연어와 음식 궁합이 잘 맞는다.

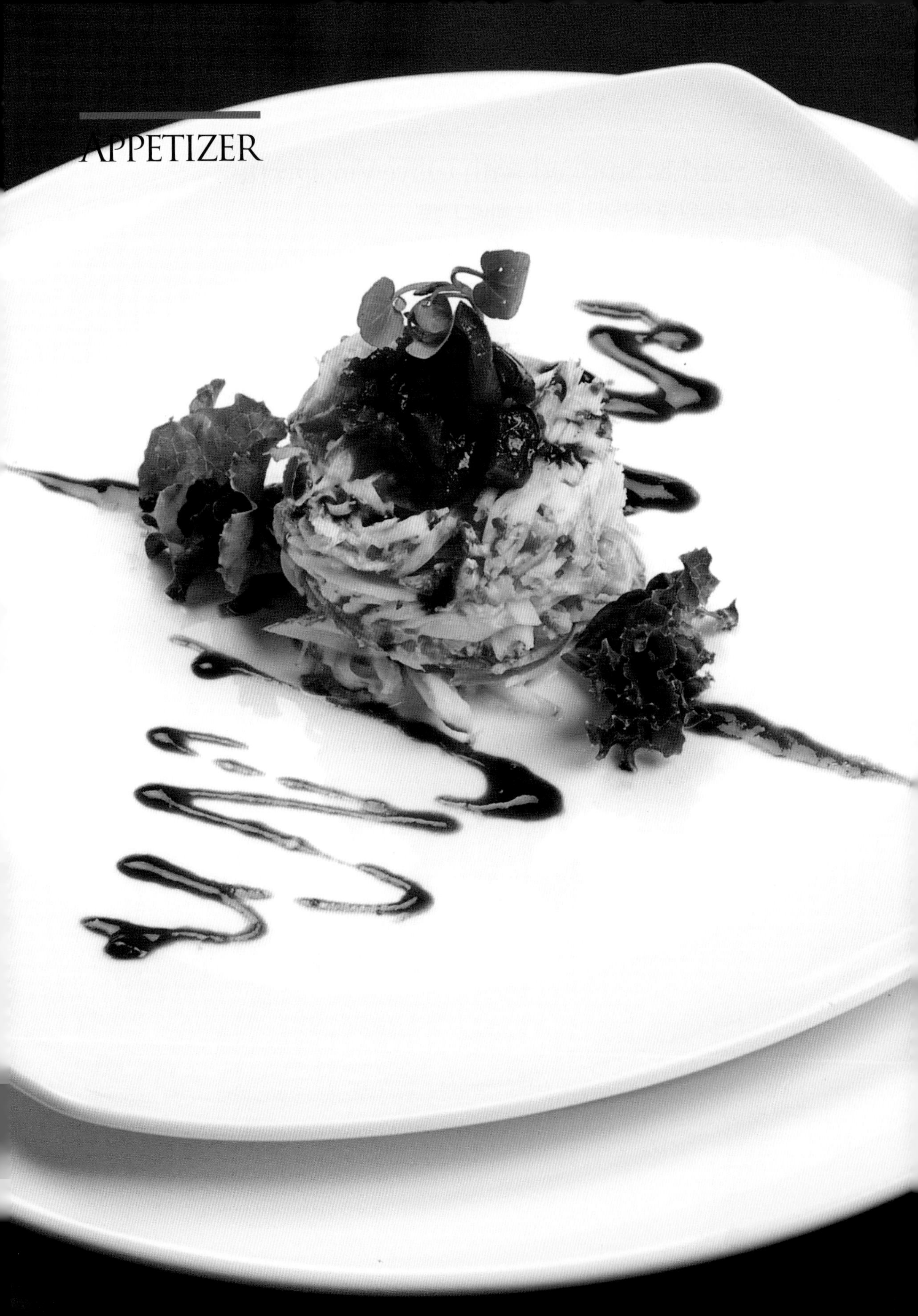
APPETIZER

King Crabmeat on Japanese Apricot Pickle with Balsamic Sauce

매실 피클과 발사믹 소스를 곁들인 왕게다리살

Ingredient/재료 및 분량

- King Crabmeats
  (왕게다리살) 40g
- Green pimento(청피망) 1/10ea
- Red pimento(홍피망) 1/10ea
- Onion(양파) 10g
- Celery(셀러리) 10g
- Chive(차이브) 1leaf
- Mustard(양겨자) 5g
- Lemon juice(레몬주스) 1/8ea
- Mayonnaise(마요네즈) 20g
- Tabasco(타바스코) 5ml
- Lolla Rossa(롤라 로사) 2leaves
- Japanese Apricot Pickle
  (매실 피클) 15g
- Balsamic Vinaigrette
  (발사믹 비네그레트) 20ml
- Salt, Pepper(소금, 후추) 약간씩

Cooking Method/조리방법

1. 발사믹 소스 만들기(Balsamic Sauce)

재료

- Balsamic Vinegar(발사믹 식초) 100ml • Olive oil(올리브 오일) 30ml
- Onion(양파) 20g • Celery(셀러리) 10g • Garlic(마늘) 1ea • Carrot(당근) 10g
- Water Starch(물 전분) 약간 • Salt, Pepper(소금, 후추) 약간씩

만들기

1) 분량의 재료를 냄비에 넣고 끓이면서 1/2로 농축시킨다.
2) 소금과 후추로 간을 맞춘다.
3) 물 전분을 활용하여 농도를 조절한 다음 고운체에 걸러 식혀서 사용한다.

2. 왕게다리살 조리하기(King Crabmeats Cooking)

1) 왕게다리살을 가늘게 찢어 파이 팬에 놓고 화이트 와인을 뿌려 오븐에서 살짝 익혀 놓는다.
2) 두 종류의 피망과 양파, 셀러리는 가늘게 줄리엔으로 썰어 놓고, 차이브는 찹하여 놓는다.
3) 믹싱 볼에 ①, ②번을 넣고 마요네즈와 양겨자를 넣고 한 번 버무린 후, 레몬주스와 타바스코, 소금, 후추를 추가하여 가볍게 버무려준다.

3. 완성하기(Completing)

1) 애피타이저용 접시를 준비하여 찬물에 담가 싱싱하게 만들어 놓은 롤라 로사를 가운데 두 잎 깔고, 그 위에 둥근 요리용 몰드를 놓고 무쳐 놓은 ③번을 채운다.
2) 매실 피클을 작은 큐브로 썰어 올리브 오일에 버무린 다음, 위에 토핑한다.
3) 왕게다리살 주위에 발사믹 소스를 뿌려 완성한다.

 Cooking Tip

- 게살 버무릴 때 최소량의 마요네즈를 사용하여 칼로리를 줄인다.
- 매실 피클은 유통되는 것을 구입한 후, 서양식 조리방법으로 무친다.

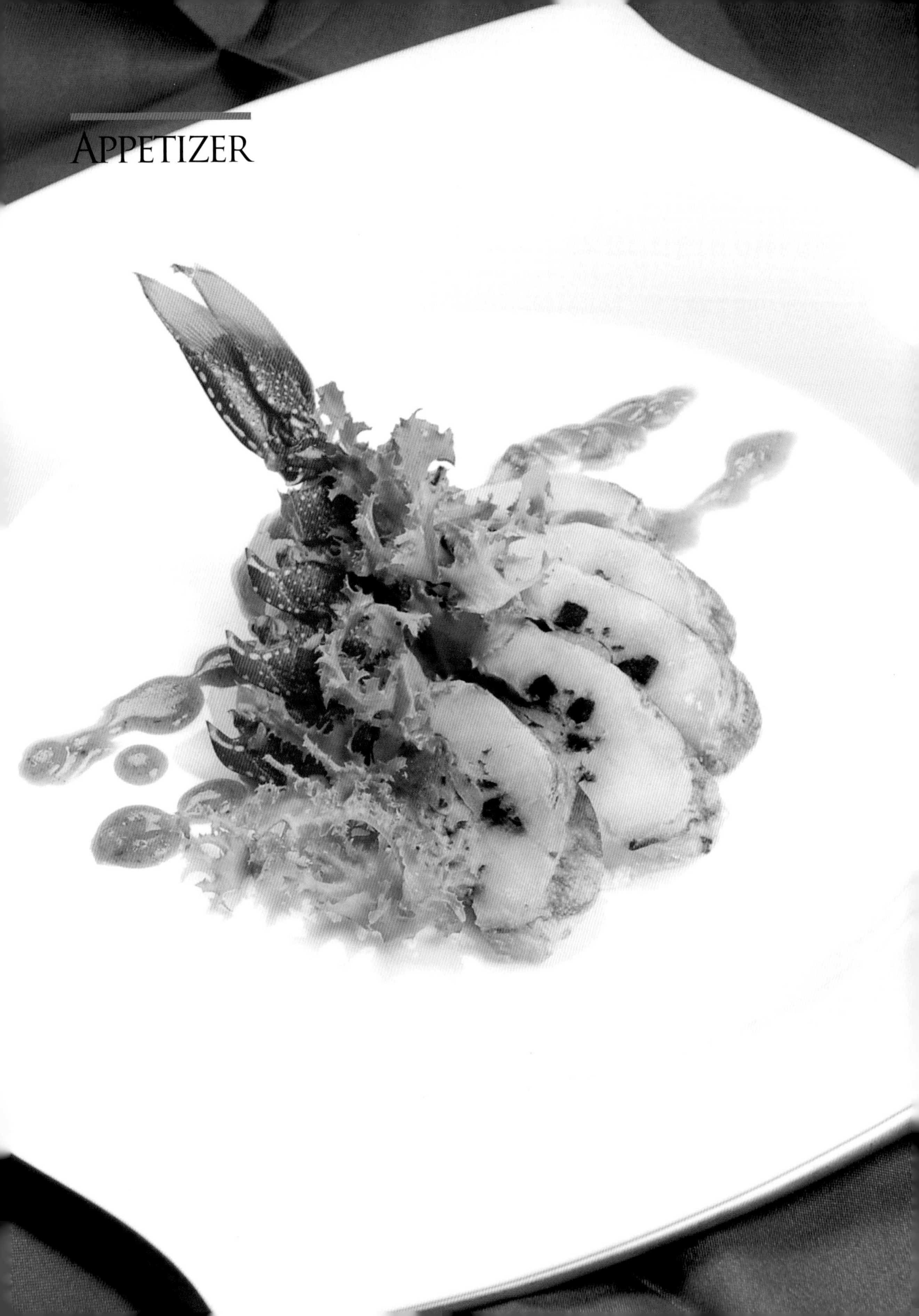

Lobster Rolled in Truffle with Basil Pesto Sauce
송로버섯을 넣은 바닷가재 말이와 페스토 소스

Ingredient/재료 및 분량

- Lobster tail(바닷가재 꼬리) 1ea
- Mussel(홍합살) 3ea
- Truffle(송로버섯) 5g
- Fish mousse(생선 무스) 15g
- Parsley chopped(파슬리 찹) 5g
- Green Vegetable(녹색 채소) 20g
- Egg white(달걀 흰자) 1/2ea
- Fresh cream(생크림) 10ml
- White wine(백포도주) 20ml
- Salt, Pepper(소금, 후추) 약간씩

Cooking Method/조리방법

1. 바질 페스토(Basil Pesto)
재료
- Olive oil(올리브 오일) 30ml • Vinegar(식초) 10ml • Lemon(레몬) 1/4ea
- Basil(바질) 3stalk • Parsley(파슬리) 5g • Green Olive(그린 올리브) 1ea
- Garlic(마늘) 1ea • Pine nut(잣) 10g • Parmesan cheese(파르메산 치즈) 5g
- White wine(백포도주) 10ml • Salt, Pepper(소금, 후추) 약간씩

만들기
1) 올리브 오일과 바질, 살짝 데친 파슬리, 마늘, 볶은 잣을 넣고 믹서기에 곱게 간다.
2) 믹싱 볼에 담고 식초와 레몬주스, 파마산(파르메산) 치즈를 넣어 잘 섞어준다.

2. 바닷가재 꼬리 조리하기(Lobster Tail Cooking)
1) 바닷가재 꼬리살을 해동시킨 후, 가운데 칼집을 넣어 넓게 펴서 와인을 뿌리고 소금, 후추를 뿌려 잠시 마리네이드하여 놓는다.
2) 허드레 흰생선살을 곱게 간 후, 믹싱 볼에 넣고 흰자를 잘 섞어준 다음, 소금, 후추로 간하여 맛을 낸다.
3) 송로버섯 찹과 홍합살을 ②번에 혼합하여 ①번 바닷가재 꼬리살 가운데 잘 넣고 랩과 쿠킹호일을 이용하여 둥글게 말아 90℃ 물에 15분 정도 삶는다.

3. 완성하기(Completing)
1) 접시에 채소 샐러드를 담고 꼬리껍질을 세운 다음, 삶아놓은 바닷가재 롤을 어슷 썰기하여 담는다.
2) 바질 페스토 소스를 곁들여 완성한다.

 Cooking Tip

- 바닷가재는 캐나다산을 이용하면 그 가치가 더 높아진다.
- 바질 페스토의 신선한 녹색이 잘 나타나게 하려면 소량씩 만들어 사용한다.

Appetizer

Vegetable with Lobster Roll and Melba Toast and Camembert Cheese with King Crab Salad

카망베르 치즈를 곁들인 대게 샐러드와 멜바토스트 그리고 채소를 곁들인 랍스터 롤

Ingredient / 재료 및 분량

- Lobster tail(바닷가재 꼬리) 1ea
- King crabmeat(킹크랩살) 20g
- Melba toast(멜바토스트) 1ea
- Camembert cheese
  (카망베르 치즈) 15g
- Spinach(시금치) 5g
- Carrot(당근) 5g
- Onion(양파) 5g
- Celery(셀러리) 5g
- Micro vegetable(어린잎) 5g
- Chive(차이브) 1g
- Orange sauce
  (오렌지 소스) 30cc
- White wine(백포도주) 20ml
- Mayonnaise(마요네즈) 10g
- Salt, Pepper(소금, 후추) 적당량

Cooking Method / 조리방법

1. 멜바토스트 만들기(Melba Toast)

재료
- Bread(식빵) 1sheet • Butter(버터) 1/2spoon

만들기
1) 식빵에 버터를 발라 프라이팬에서 갈색이 나도록 굽는다.

2. 오렌지 소스 만들기(Orange Sauce)

재료
- Orange juice(오렌지 주스 원액) 60ml • Orange(오렌지) 1/2ea

만들기
1) 오렌지 주스에 섹션을 넣고 끓여 1/2로 농축시킨 후 식혀서 사용한다.

3. 바닷가재 꼬리 조리하기(Lobster Tail Cooking)

1) 바닷가재 꼬리살을 손질하여 얇게 펴서 준비하고, 당근, 셀러리, 양파는 슬라이스하여 살짝 데쳐서 준비한다.
2) 시금치도 데쳐서 준비하고 데친 채소들을 바닷가재에 넣고, 백포도주와 소금, 후추로 간하여 롤로 말아 삶아서 식힌다.
3) 킹크랩은 쪄서 살을 발라 카망베르 치즈와 마요네즈를 조금 섞어 잘 버무린다.

4. 완성하기(Completing)

1) 준비된 접시에 멜바토스트를 놓고 게살 샐러드를 올린다.
2) 마이크로 채소를 오일에 살짝 묻혀 올리고 그 위에 랍스터 롤을 썰어서 가지런히 놓고 차이브를 얹는다.
3) 완성된 접시에 오렌지 소스와 발사믹을 뿌려준다.

Cooking Tip

- 카망베르 치즈와 마요네즈의 비율을 잘 조절하여 농도를 맞추는 것이 중요하다.

Poached Shrimp & Scallop with Cocktail Sauce
삶은 새우, 관자와 칵테일 소스

Ingredient/재료 및 분량

- Medium Shrimp(중화새우) 3ea
- Scallop(관자) 1ea
- Romain lettuce
  (이태리 상추) 3leaves
- Lolla Rossa(롤라 로사) 2leaves
- Chicory(치커리) 2leaves
- Cocktail sauce
  (칵테일 소스) 30ml
- Basil pesto(바질 페스토) 10ml
- Salt, Pepper(소금, 후추) 약간씩

Cooking Method/조리방법

1. 바질페스토 재료(Basil Pesto)

재료

- Olive oil(올리브 오일) 45ml • Vinegar(식초) 15ml • Lemon(레몬) 1/4ea • Basil(바질) 2stalk
- Italian Parsley(이태리 파슬리) 2stalk • Green Olive(그린 올리브) 1ea
- Parmesan cheese(파르메산 치즈) 15g • White wine(백포도주) 10ml
- Salt, Pepper(소금, 후추) 약간씩

만들기

1) 분량의 재료를 믹서기에 넣고 곱게 갈아 사용한다.

2. Cocktail sauce 만들기

재료

- Tomato Ketchup(토마토케첩) 100ml • Tomato Chili sauce(칠리소스) 50ml
- Tabasco(타바스코) 5ml • Horseradish(호스래디시) 30g • White wine(백포도주) 20ml
- Lemon(레몬) 1/2ea • Mustard(양겨자) 약간 • Brandy(코냑) 7ml • Salt, Pepper(소금, 후추) 약간씩

만들기

1) 믹싱 볼에 분량의 재료를 넣고 Whisk(거품기)로 잘 섞은 다음, 소금, 후추로 간을
  한다.(호스래디시는 나중에 넣어 가면서 색깔을 맞춘다.)

3. 새우와 관자 조리하기(Shrimp and Scallop Cooking)

1) 이태리 상추를 비롯한 채소를 찬물에 담가 싱싱하게 만든 후 물기를 제거해 놓는다.
2) 중화새우 내장을 제거하고 Court Bouillon(쿠르부용)에 삶아 놓는다.
3) 관자살은 1/2로 가른 다음, 화이트 와인을 뿌려 샐러맨더에서 살짝 익힌다.

4. 완성하기(Completing)

1) 접시 중앙에 ①번의 채소로 샐러드를 만들어 정성스럽게 놓고, 새우와 관자를 겹
  쳐 돌려 담는다.
2) 칵테일 소스를 새우 주위에 곁들이고, 바질 페스토를 자연스럽게 뿌려 제공한다.

 Cooking Tip

- 관자는 키조개에 붙어 있는 살을 말하며, 가리비살은 가리비 조개에서 발골되는 것이므로 두 가지를 구분한다.

Appetizer

Seafood Salad with Ravigote Sauce

라비고트 소스로 맛을 낸 모둠 해산물 샐러드

Ingredient/재료 및 분량

- Shrimp(칵테일 새우) 2ea
- Scallop(관자) 2ea
- Baby cuttlefish(주꾸미) 20g
- Conch(소라) 20g
- Tuna(참치) 20g
- Micro vegetable
  (마이크로 채소) 30g
- Black olive(블랙 올리브) 5g
- Vegetable stock(채소 스톡) 200ml
- Salt, Pepper(소금, 후추) 약간씩

Cooking Method/조리방법

1. 채소 스톡 재료(Vegetable stock)

재료

- Water(물) 400cc • Vinegar(식초) 5cc • Bay leaf(월계수잎) 1leaf • Celery(셀러리) 10g
- Onion(양파) 20g • White wine(백포도주) 30cc • Pepper corn(통후추) 3ea
- Parsley stalk(파슬리 줄기) 2ea • Salt(소금) 약간

2. 라비고트 소스 만들기(Ravigote sauce)

재료

- Egg(달걀) 1ea • Chopped chive(다진 차이브) 5g • Tomato dice(토마토 다이스) 1/4ea
- Smoked ham(스모크 햄) 1ea • Black olive(블랙 올리브) 1ea • Chopped onion(다진 양파) 10g
- Olive oil(올리브 오일) 60cc • Wine vinegar(와인식초) 20cc • Salt, Pepper(소금, 후추) 약간씩

만들기

1) 달걀은 삶아서 노른자와 흰자로 분리하여 체에 내리고, 나머지 채소들은 곱게 다
   져서 준비한다.
2) 와인식초와 올리브 오일을 잘 섞어 와인 비네그레트를 만들고, 모든 재료를 넣고
   소금, 후추로 간한다.

3. 해산물 조리하기(Seafood Cooking)

1) 해산물의 불순물을 제거한 다음, 채소육수를 끓인 후 데쳐서 식힌다.
2) 참치는 프라이팬에서 겉을 살짝 익힌다.
3) 만들어 놓은 라비고트 소스를 2스푼 넣고 버무려 놓는다.

4. 완성하기(Completing)

1) 작은 애피타이저 접시 3개에 준비한 어린잎 채소를 보기 좋게 놓는다.
2) 그 위에 무쳐놓은 해산물과 참치를 모양내어 담는다.
3) 준비한 라비고트 소스를 해산물에 올려 뿌려서 마무리한다.

 Cooking Tip

- 라비고트 소스를 만들 때 달걀 노른자는 제일 마지막에 넣어서 살짝 섞어주는 것이 좋다. 너무 많이 섞으면 노른자가 모두 퍼져서
  지저분해진다.
- 채소육수를 이용하여 데칠 때에는 육수와 해산물의 양을 잘 조절해야 해산물의 맛성분이 많이 빠져 나가지 않는다.

APPETIZER

Nameko, Scallop Meat, Tomato with Red Wine Vinegar Sauce

나메코 버섯과 토마토를 곁들인 가리비살과 레드 와인식초 소스

Ingredient/재료 및 분량

- Nameko Mushroom
  (나메코 버섯) 20g
- Scallop(가리비살) 2ea
- Shrimp(새우) 2ea
- Whole tomato ring
  (홀 토마토 링) 1ea
- Cherry tomato(방울토마토) 2ea
- Parsley chopped(파슬리 찹) 2g
- Celery(셀러리) 20g
- Lemon(레몬) 1/8ea
- Grape seed oil
  (포도씨유 오일) 30ml
- Salt, Pepper(소금, 후추) 약간씩

Cooking Method/조리방법

1. 레드 와인식초 소스(Red wine vinegar sauce)

재료

- Red wine(레드 와인) 70ml • Red wine Vinegar(레드 와인식초) 20ml
- Dry Oregano(건조 오레가노) 0.2g • Parsley stalk(파슬리 줄기) 5g
- Olive oil(올리브 오일) 15ml • Onion(양파) 20g • Sugar(설탕) 10g
- Black Pepper(검은 후추) 약간, Salt(소금) 약간

만들기

1) 소스용 냄비에 레드 와인을 넣고 열을 가하여 알코올 성분을 모두 날려 보낸다.
2) 나머지 모든 재료를 넣고 10분 정도 약불로 졸이면서 간을 맞춘다.
3) 필요시 물 전분을 약간 사용하여 농도를 조절한다.

2. 가리비살 조리하기(Scallop Cooking)

1) 나메코 버섯을 채반에 밭쳐 놓고 굵은소금을 넣고 비벼서 엉김을 풀어 깨끗이 씻어 물기를 제거하여 놓는다.
2) 가리비살을 손질한 후, 파이팬에 담고, 백포도주를 뿌려 오븐에서 익혀 다이스로 썬다.
3) 새우는 쿠르부용에 삶아 작은 다이스로 썰어 놓는다.
4) 셀러리는 얇게 슬라이스하여 놓는다.
5) 나메코 버섯과 가리비살을 따로 하여, 올리브 오일과 레몬주스, 소금, 후추로 버무려 맛을 낸다.

3. 완성하기(Completing)

1) 접시 중앙에 얇게 썰어 놓은 셀러리를 깔고 둥근 몰드에 토마토를 넣은 다음, 새우와 나메코 버섯을 넣어 층층이 쌓는다.
2) 주위에 레드 와인식초 소스를 뿌려 완성한다.

 Cooking Tip

- Nameko 버섯은 우리 말로 나도팽나무버섯이라 불리며, 갓은 처음에 반구(半球) 모양이나 펴지면 넓적해지며, 빛깔도 밤색에서 갈색으로 바뀐다. 우리나라보다는 일본에서 대량 생산된다.

Poached Nature Oyster with Devil Sauce & Salad
데블 소스를 곁들인 살짝 데친 자연산 굴

Ingredient/재료 및 분량

- Nature Oyster(자연산 굴) 5ea
- Mustard leaf(겨자잎) 1leaf
- Carrot(당근) 20g
- White wine(백포도주) 10ml
- Assorted Sprout
  (베이비 모둠 새싹) 20g
- Herb oil(허브 오일) 약간
- Salt, Pepper(소금, 후추) 약간씩

Cooking Method/조리방법

1. 데블 소스 만들기(Devil Sauce)

재료

- Tomato sauce(토마토 소스) 100ml • Onion chopped(양파 찹) 15g
- Mushroom chopped(양송이 찹) 10g • Celery chopped(셀러리 찹) 10g
- White wine(백포도주) 30ml • Vinegar(식초) 10ml • Tabasco(타바스코) 10ml
- Hot sauce(핫소스) 10ml • Mustard(양겨자) 10ml • Salt, Pepper(소금, 후추) 약간씩

만들기

1) 소스용 냄비에 열을 가한 후, 버터를 두르고 채소를 차례대로 넣어 볶는다.
2) 토마토소스, 와인과 식초를 추가하여 1/2로 조린다.
3) 양겨자와 타바스코, 핫소스를 넣고 매콤하면서 토마토 향이 나도록 맛을 내어 사용한다.

2. 자연산 굴 조리하기(Oyster Cooking)

1) 자연산 생굴은 껍질을 갈라 속을 파낸 다음, 파이팬에 담아 소금, 후추와 화이트 와인으로 양념하여 오븐에서 살짝 익힌다.
2) 당근을 기다란 줄리엔으로 썰어 데친 다음, ①번 굴에 테두리를 만든다.
3) 겨자잎을 5개로 나눠 접시에 놓고, 그 위에 굴을 얹는다.

3. 완성하기(Completing)

1) 모둠 베이비 새싹을 곁들이고, 데블 소스를 굴 위에 뿌린다.
2) 주방에 준비된 허브 오일로 장식하여 마무리한다.

 Cooking Tip

- 굴은 동서양을 막론하고 겨울의 별미로 해산물 중 최고의 영양소를 함유한 것으로 알려져 있다.
- 갯바위에 붙어 서식하는 모습이 아름다워 석화(石花)라고도 불린다.

Boiled Abalone with Champagne Vinaigrette with Caviar
삶은 전복과 샴페인 비네그레트, 캐비아

Ingredient/재료 및 분량

- Abalone(전복) 120g
- Champagne Vinaigrette(샴페인 비네그레트) 30ml
- Red chicory(적치커리) 2leaves
- Chicory(치커리) 2leaves
- Radicchio(라디치오) 1leaf
- Cherry Tomato (방울토마토) 1ea
- Caviar(캐비아) 5g
- Saffron Mayonnaise (사프란 마요네즈) 10ml
- Court Bouillon(쿠르부용) 500ml
- Salt, Pepper(소금, 후추) 약간씩

Cooking Method/조리방법

1. 쿠르부용 만들기(Court Bouillon)

재료

- Water(물) 1L • Vinegar(식초) 35ml • Lemon juice(레몬주스) 5ml • Onion(양파) 30g
- Celery(셀러리) 15g • Carrot(당근) 15g • Pepper corn(통후추) 3ea
- Bay leaf(월계수잎) 1leaf • Parsley stalk(파슬리 줄기) 1ea • Thyme(백리향) 1stalk
- Salt(소금) 약간

만들기

1) 물을 불 위에 올리고 분량의 나머지 재료를 모두 넣고 끓인 다음, 전복을 삶는다.

2. 샴페인 비네그레트(Champagne Vinaigrette)

재료

- Champagne Vinegar(샴페인 식초) 15ml • Olive oil(올리브 오일) 45ml
- Paprika(파프리카 적 · 황) 20g • Honey(꿀) 5g • Dijon Mustard(디종 머스터드) 약간
- Salt, Pepper(소금, 후추) 약간씩

만들기

1) 샴페인 식초와 올리브 오일을 유화시킨 다음 파프리카 다이스를 넣고, 나머지 재료 모두를 혼합하여 4~5시간 숙성시켜 사용한다.

3. 전복 조리하기(Abalone Cooking)

1) 전복을 뜨거운 물에 데쳐 껍질과 살을 분리한다.
2) Court Bouillon(쿠르부용)에 전복살을 넣어 30분 이상 삶아 부드럽게 익힌다.
3) 접시 1/3 지점에 껍질을 고정시키고, 샐러드를 놓고, 전복을 얇게 슬라이스하여 보기 좋게 나열한다.

4. 완성하기(Completing)

1) 샴페인 비네그레트를 전복 주위에 곁들인다.
2) 방울토마토 1개를 세우고 그 위에 가리비살을 올려놓고 캐비아를 얹는다.
3) 마요네즈에 사프란 주스를 약간 혼합하여 보기 좋은 색을 내어 장식한다.

 Cooking Tip

- 전복에는 비타민과 단백질이 풍부하여 최고급 수산물로 취급되고 있으며, 임산부와 허약체질, 간경화증에도 좋은 식품으로 알려져 있으며, 폐결핵약으로도 쓰인다.

Pan Sauted Scallops with Italian Dressing with Green Salad
팬 구이 가리비살과 이탈리안 드레싱

Ingredient/재료 및 분량

- Scallop(가리비살) 5ea
- Cherry tomato(방울토마토) 3ea
- Red chicory(적경치커리) 2leaves
- Romain lettuce
  (이태리 상추) 5leaves
- Lolla Rossa(롤라 로사) 2leaves
- Assorted Sprout(모둠 새싹) 10g
- Italian Dressing
  (이탈리안 드레싱) 30ml
- Pesto sauce(페스토 소스) 약간
- Salt, Pepper(소금, 후추) 약간씩

Cooking Method/조리방법

1. 이탈리안 드레싱 만들기(Italian Dressing Cooking)

재료

- Olive oil(올리브 오일) 60ml • Vinegar(2배 식초) 20ml • Mustard(양겨자) 5ml
- Tomato(토마토) 1/4ea • Green Pimento(청피망) 10g • Red pimento(홍피망) 10g
- Basil fresh(바질) 1leaf • Apple(사과) 1/10ea • Olive(그린, 검정) 20g
- White wine(백포도주) 15ml • Sugar(설탕) 15g • Salt, Pepper(소금, 후추) 약간씩

만들기

1) 토마토를 끓는 물에 살짝 데친 후, 껍질을 벗기고 속을 제거하여 다이스로 썰어 놓는다.
2) 사과 껍질을 제거하고, 바질, 그린 올리브, 피망 등을 가늘게 참하여 놓는다.
3) 믹싱 볼에 식초와 올리브 오일, 양겨자를 넣고 거품기로 잘 저어 유화시킨다.
4) ②번과 ③번에 잘 섞어 소금, 후추로 간을 맞춘 다음, 밀봉하여 24시간 숙성시켜 사용한다.

2. 가리비살 조리하기(Scallop Cooking)

1) 채소를 찬물에 담가 싱싱하게 살린 후, 물기를 제거하고 부케를 만들어 놓는다.
2) 가리비살을 1/2로 갈라 와인을 뿌리고, 소금, 후추로 간한 후, 프라이팬에서 브라운색을 낸다.
3) 방울토마토는 둥글게 슬라이스하여 가리비와 함께 돌려 담는다.

3. 완성하기(Completing)

1) 가운데 채소 부케를 놓고, 이탈리안 드레싱을 뿌린다.
2) 주방에 준비된 페스토 소스를 곁들여 완성한다.

 Cooking Tip

- 가리비살은 지방질이 매우 낮은 반면 단백질 함량이 매우 높고, 조개류의 대표 물질인 타우린과 비타민 B12가 풍부하게 함유돼 있다. 특히 철분과 아연의 함량도 높아, 천혜의 영양보고로 일컬어지고, 시력을 좋게 하며 각종 신경성 질환에도 매우 효과가 좋은 것으로 알려져 있다.

Ceviche of Seafood in Lemon Vinaigrette

레몬 향이 그윽한 해산물 세비체

Ingredient/재료 및 분량

- Short-necked clam
  (모시조개) 3ea
- Shrimp(새우) 2ea
- Mussel(홍합) 3ea
- Razor clam(맛조개) 2ea
- Fish(흰살생선) 20g
- Cuttlefish(갑오징어) 20g
- Cherry tomato(방울토마토) 3ea
- Paprika(청·황 파프리카) 15g
- Red Onion(붉은 양파) 10g
- Salt, Pepper(소금, 후추) 약간씩

Cooking Method/조리방법

1. 레몬 비네그레트 만들기(Lemon Vinaigrette Cooking)

재료

- White wine Vinegar(백포도주 식초) 20ml • Lemon juice(레몬주스) 1/2ea
- Olive oil(올리브 오일) 60ml • Red Onion(붉은 양파) 10g • Chervil(처빌) 2g
- Basil(바질) 1g • Parsley(파슬리) 2g • White wine(백포도주) 20ml
- Salt, Pepper(소금, 후추) 약간씩

만들기

1) 허브류와 붉은 양파를 곱게 찹하여 놓는다.
2) 믹싱 볼에 백포도주 식초와 올리브 오일을 잘 유화시킨다.
3) ①, ②번을 잘 혼합하고, 소금, 후추로 간을 하여 사용한다.

2. 해산물 세비체 조리하기(Ceviche Cooking)

1) 새우 내장을 제거하고 나머지 해산물 모두를 깨끗이 씻어 다듬어 놓는다.
2) 허드레 채소와 향신료를 이용하여 Court Bouillon(쿠르부용)을 만든 후, ①번 해 산물을 Shallow Poaching(살짝 데침)하여 차갑게 식힌다.
3) 두 종류의 파프리카는 큐브로 썰고, 방울토마토는 1/2로 갈라놓는다.
4) ③번의 재료를 마리네이드용 도자기 그릇에 담고, 레몬 비네그레트를 혼합하여 4~5시간 Marinade(절임)하여 놓는다.

3. 완성하기(Completing)

1) 깊은 접시를 준비한 다음 마리네이드한 ④번을 보기 좋게 담는다.
2) 다진 파슬리 찹을 뿌리고 처빌잎을 하나 꽂아 완성한다.

 Cooking Tip

- Ceviche는 원래 페루의 전통음식이지만 근래에는 멕시코, 파나마, 에콰도르 등 남미를 비롯한 지중해에서 약간은 다른 방식 으로 발전되었다고 할 수 있다. 생선살을 이용한 것과 새우, 문어, 가리비 같은 재료 등을 혼합한 것 등으로 다양하다.

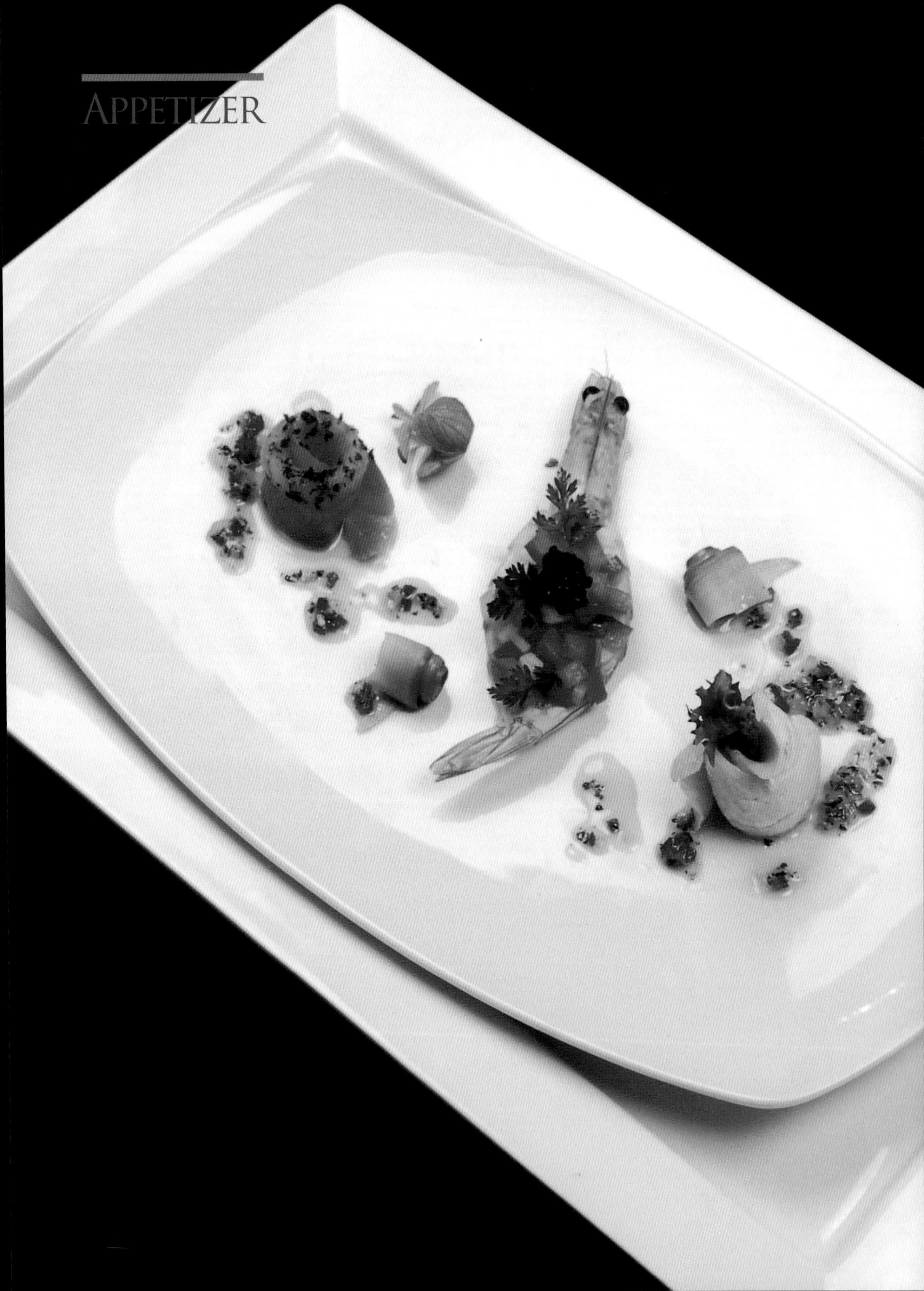

Smoked Salmon, Sole, Prawn with Tomato Salsa and Caviar

훈제연어, 허넙치, 토마토 살사와 최고급 캐비아를 곁들인 왕새우

Ingredient/재료 및 분량

- Smoked salmon(훈제연어) 20g
- Prawn(왕새우) 1ea
- Sole(허넙치) 1/4ea
- Dill(딜) 2g
- Caviar(철갑상어 알) 5g
- Young pumpkin
  (애호박) 20g
- Oil vinaigrette
  (오일 비네그레트) 30cc
- Chervil(처빌) 1g

Cooking Method/조리방법

1. 토마토 살사(Tomato Salsa)

재료

- Tomato 1/6ea • Onion(양파) 1/10ea • Jalapeno(할라피뇨) 5g • Lemon(레몬) 1/8ea
- Basil(바질) 1leaf • Vinegar(식초) 3cc • Sugar(설탕) 약간 • Salt, Pepper(소금, 후추) 약간씩

만들기

1) 토마토를 콩카세로 썬 다음 위의 모든 재료와 버무린다.

2. 오일 비네그레트 만들기(Oil vinaigrette)

재료

- White wine vinegar(백포도주 식초) 30g • Olive oil(올리브 오일) 60g • Minced shallot
  (다진 양파) 30g • Minced paprika(다진 파프리카) 5g • Minced chervil(처빌) 1g
- Minced dill(딜) 1g • Sugar(설탕) 적당량

만들기

1) 샬롯, 딜, 처빌, 삼색 파프리카를 곱게 다져 놓는다.
2) 볼에 다져 놓은 ①번을 넣고 백포도주 식초, 소금, 후추, 설탕을 넣고 고르게 혼합한다.

3. 새우, 허넙치, 연어 조리하기(Prawn, Sole, Smoked Salmon Cooking)

1) 훈제연어는 딜을 다져서 뿌려 마리네이드하고 꽃 모양으로 접어서 준비한다.
2) 흰살생선 1/4쪽에 소금 간을 하여 익혀 놓는다.
3) 왕새우 1마리를 삶아서 넓게 편 다음, 만들어 놓은 토마토 살사와 캐비아를 얹는다.
4) 애호박은 둥글게 말아 놓는다.

4. 완성하기(Completing)

1) 기다란 애피타이저 접시에 왕새우를 가운데 담고 양쪽 사이드에 훈제연어와 흰살
   생선을 놓는다.
2) 오일 비네그레트 소스를 뿌려 완성한다.

 Cooking Tip

- 오일 비네그레트는 시간이 지나면 잘 분리되므로 잘 흔들어서 사용하는 것이 좋다.

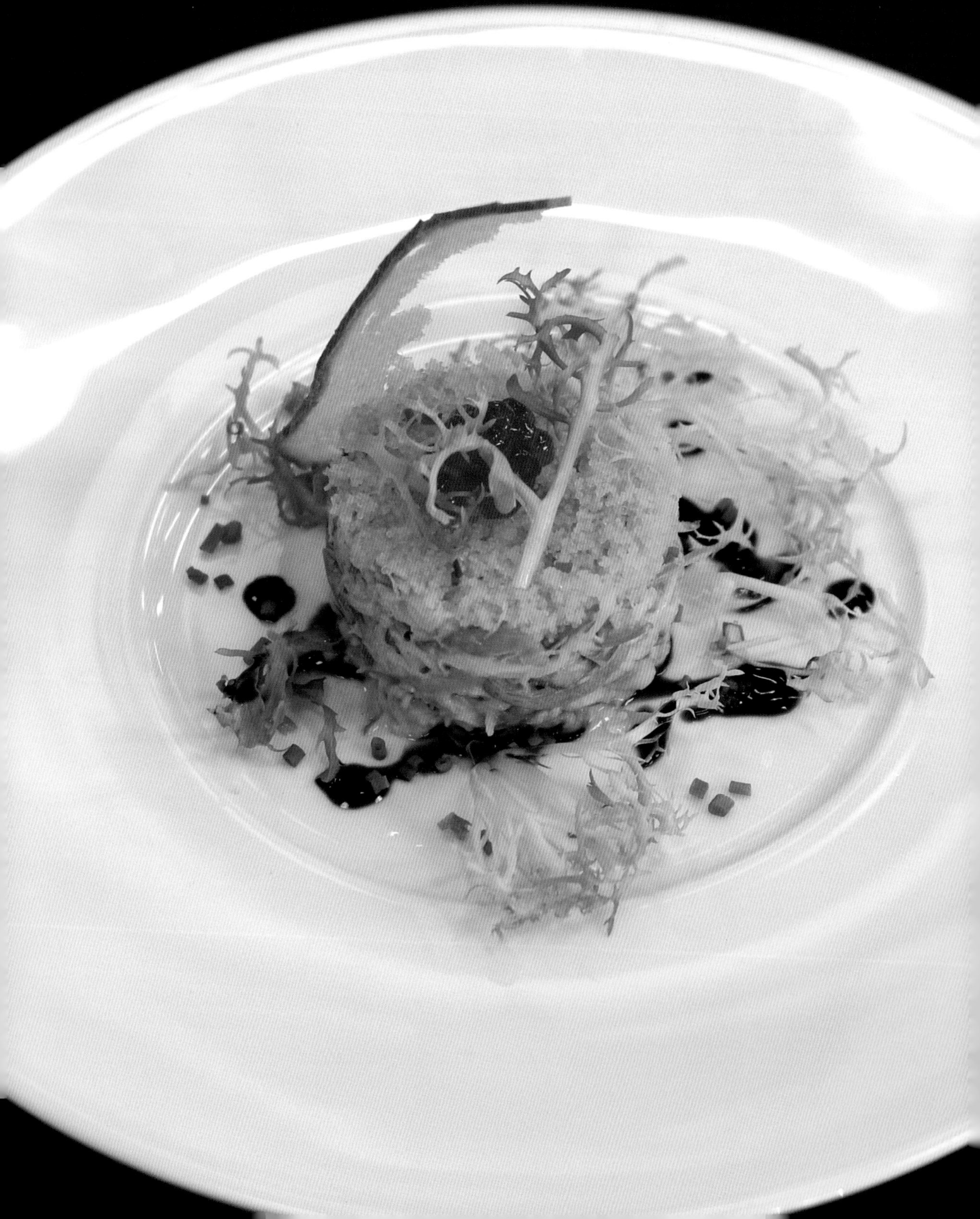

Salmon Tartar and Balsamic Sauce with Green Salad
치커리 샐러드를 곁들인 연어 타르타르와 발사믹 소스

Ingredient/재료 및 분량

- Smoked salmon(훈제연어) 20g
- Prawn(왕새우) 1ea
- Sole(허넙치) 1/4ea
- Dill(딜) 2g
- Baby Chicory(어린 치커리) 10g
- Salmon egg(연어알) 5g
- Flying fish egg(날치알, 골드) 10g
- Young pumpkin(애호박, 길게) 20g
- Oil vinaigrette(식초 오일소스) 30cc
- Chervil(처빌) 1g

Cooking Method/조리방법

1. 토마토 살사(Tomato Salsa)

재료

- Tomato 1/6ea • Onion(양파) 1/10ea • Jalapeno(할라피뇨) 5g • Lemon(레몬) 1/8ea
- Basil(바질) 1leaf • Vinegar(식초) 3cc • Sugar(설탕) 약간
- Salt, Pepper(소금, 후추) 약간씩

만들기

1) 토마토를 콩카세로 썬 다음 위의 모든 재료와 버무린다.

2. 훈제연어 타르타르 조리하기(Smoked Salmon Cooking)

1) 훈제연어를 스몰다이스로 잘라 놓는다.
2) 연어에 토마토 살사소스를 넣고 잘 버무린다.
3) 버무린 연어를 둥근 몰드에 채워 모양을 내고 마이크로 채소도 모양내어 담는다.

3. 완성하기(Completing)

1) 접시에 발사믹 소스를 뿌리고 몰드에 담은 연어를 얹고 몰드를 빼낸다.
2) 어린 치커리를 찬물에 담가 싱싱하게 살려 연어 주변에 놓는다.
3) 날치알과 연어알을 토핑하고 바게트빵을 얇게 썰어 구운 다음 꽂는다.

 Cooking Tip

- 타르타르를 만들 때 먼저 양념의 모든 재료를 섞은 다음, 틀에 재료를 넣어서 마무리하는 것이 좋다.

King Crab with Paprika Vinaigrette and Mascarpone Cheese with Carrot Film and Herb Crust

파프리카 비네그레트로 양념한 킹크랩과 당근 필름을 곁들인 마스카르포네 치즈 그리고 허브 크러스트

Ingredient/재료 및 분량

- King crab(대게) 30g
- Mascarpone(마스카르포네) 20g
- Carrot(당근, 슬라이스) 2sheet
- Cherry tomato(방울토마토) 1ea
- Herb crust(허브 크러스트) 10g
- Balsamic sauce
  (발사믹 소스) 15cc
- Paprika Vinaigrette(파프리카
  비네그레트) 20cc

Cooking Method/조리방법

1. 마늘 허브 크러스트(Garlic herb crust)

재료
- Herb(허브 찹) 2g • Bread crumbs(빵가루) 20g • Paprika crumbs(파프리카 분말) 3g

만들기
1) 분량의 재료를 잘 섞어준다.

2. 파프리카 비네그레트(Paprika Vinaigrette)

재료
- Olive oil(올리브 오일) 30ml • Vinegar(식초) 10ml • Paprika chopped(파프리카) 10g
- Dill chopped(딜, 다진 것) 1stalk • Salt, Pepper(소금, 후추) 약간씩

만들기
1) 올리브 오일과 식초를 잘 저어 유화시킨 후 파프리카 찹과 딜 찹을 잘 섞는다.

3. 당근 조리하기(Carrot Film Cooking)

1) 킹크랩을 스팀으로 10분 정도 쪄서 다리의 살을 발라서 파프리카 비네그레트에 마리네이드한다.
2) 당근을 얇게 슬라이스하여 식초물(식초1:물1:설탕1)을 만들어 마리네이드하여 수분을 제거한다.
3) 마스카르포네 치즈에 왕게 다리살 1/2을 넣고 버무려서 당근 슬라이스에 넣고 모양내어 둥글게 말아준다.

4. 완성하기(Completing)

1) 접시에 발사믹 소스를 뿌리고 준비한 킹크랩을 놓는다.
2) 당근 필름에 말아둔 마스카르포네 치즈를 놓는다.
3) 방울토마토를 잘라서 장식하고 어린잎 채소와 허브 크러스트를 뿌려 마무리한다.

 Cooking Tip

- 당근을 마리네이드할 때 너무 오래두지 않도록 주의한다. 너무 오래두면 식초 맛이 강해져 치즈 본래의 맛을 저하시킬 우려가 있다.
- 마스카르포네 치즈는 주로 디저트에 많이 사용되지만 첫 코스의 애피타이저로도 많이 사용된다.

Smoked Salmon & Shrimp with Caviar and Paprika Vinaigrette

캐비아를 곁들인 훈제연어, 삶은 새우와 파프리카 비네그레트

Ingredient/재료 및 분량

- Smoked Salmon
  (훈제연어 슬라이스) 2pc.
- Shrimp(새우) 2ea
- Scallop(가리비살) 1ea
- Sevruga Caviar(캐비아) 5g
- Salmon egg(연어알) 5g
- Red chicory(적경치커리)
  2leaves
- Green Chicory(녹색 치커리)
  2leaves
- Sprout(어린 새싹) 10g
- Green Olive(그린 올리브) 2ea
- Black Olive(블랙 올리브) 2ea
- Basil Oil(바질 오일) 5ml
- Salt, Pepper(소금, 후추) 약간씩

Cooking Method/조리방법

1. 파프리카 비네그레트 만들기(Paprika Vinaigrette)

재료

- Olive oil(올리브 오일) 30ml • Vinegar(식초) 10ml • Lemon(레몬) 1/4ea • Dill(딜) 2g
- Mustard(양겨자) 5g • Red Paprika(적파프리카) 8g • Yellow Paprika(노란 파프라카) 8g
- Basil fresh(바질) 1leaf • Apple(사과) 10g • Green Olive(그린 올리브) 2ea
- White wine(백포도주) 10ml • Salt, Pepper(소금, 후추) 약간씩

만들기
1) 두 종류의 파프리카와 사과, 허브를 곱게 찹하여 놓는다.
2) 작은 믹싱 볼에 올리브 오일과 식초를 혼합하고 Whisk로 잘 저어 유화시킨다.
3) ①번을 ②번에 넣어 잘 믹스한 다음, 소금, 후추로 간하여 맛을 낸다.

2. 해산물 조리하기(Seafood Cooking)

1) 적경치커리를 비롯한 샐러드 채소를 찬물에 담가 싱싱하게 살려 놓는다.
2) 최상품의 훈제연어 슬라이스 2쪽을 준비해 놓는다.
3) 새우 내장을 제거하고 Court Bouillon(쿠르부용)에 삶아 놓는다.
4) 가리비살은 프라이팬에서 브라운색이 나도록 구워 놓는다.
5) 두 종류의 올리브는 가늘게 슬라이스하여 놓는다.

3. 완성하기(Completing)

1) 접시에 연어 두 쪽을 길게 담고, 샐러드를 가운데 놓고 그 옆에 새우 다이스를 놓는다.
2) 연어 위에 캐비아를 올려놓고, 접시 주위에는 연어알과 파프리카 비네그레트를 곁들인다.
3) 적경치커리 한 잎을 세우고 바질 오일을 주변에 뿌려 제공한다.

 Cooking Tip

- 훈제(Smoking)는 연어 등의 식재료에 참나무 톱밥 연기를 사용해 훈연처리하여, 연기성분이 흡수되도록 하는 조리 및 보존 방법을 말하며, 어류나 치즈, 채소 등 다양한 음식에 사용되는 조리방법이다.

Rolled Crepe in Smoked Salmon with Horseradish Cream

호스래디시 크림으로 맛을 낸 크레이프 연어롤

Ingredient/재료 및 분량

- Smoked salmon(훈제연어) 3pc.
- Fresh cream(생크림) 20ml
- Horseradish(호스래디시) 10g
- Caper(케이퍼) 15g
- Cherry Tomato(방울토마토) 2ea
- Cucumber(오이) 1/4ea
- Chervil(처빌) 1leaf
- Crepe(크레이프) 1sheet
- Salt, Pepper(소금, 후추) 약간씩

Cooking Method/조리방법

1. 크레이프 만들기(Crepe)

재료

- Flour(밀가루) 40g • Milk(우유) 90ml • Egg(달걀) 1ea • Butter(버터) 20g

만들기

1) 우유를 55℃까지 데운 다음, 버터 1/2을 넣어 녹인다.
2) 믹싱 볼에 ①번을 담고, 밀가루, 우유, 달걀을 혼합하여 Whisk로 잘 섞어 고운체에 거른다.
3) 프라이팬을 불에 올려 달군 다음, 반죽을 소량씩 넣어 크레이프를 얇게 부친다.

2. 크레이프 연어롤 조리하기(Crepe Roll Cooking)

1) 최상품의 훈제연어 3쪽을 준비하여 놓는다.
2) 생크림을 휘핑한 후, 물기를 제거한 호스래디시를 섞고 소금, 후추로 간을 한다.
3) 식혀 놓은 크레이프 한 장을 넓게 펴고, 호스래디시 크림을 바른 다음, 연어 슬라이스를 올려놓고 다시 크림을 한 번 더 바르고 케이퍼를 가지런히 놓아 둥글게 만다.

3. 완성하기(Completing)

1) 오이를 얇게 썰어 접시에 놓고, 어슷썰기한 연어롤을 위에 올린 다음, 케이퍼 한 개씩을 토핑한다.
2) 방울토마토 웨지와 처빌로 장식하여 마무리한다.

 Cooking Tip

- 크레이프를 얇게 부쳐야 요리의 질을 높일 수 있다.
- 크레이프 반죽에 백년초가루 또는 시금치가루를 넣고 색상을 달리하면 색다른 요리가 된다.

APPETIZER

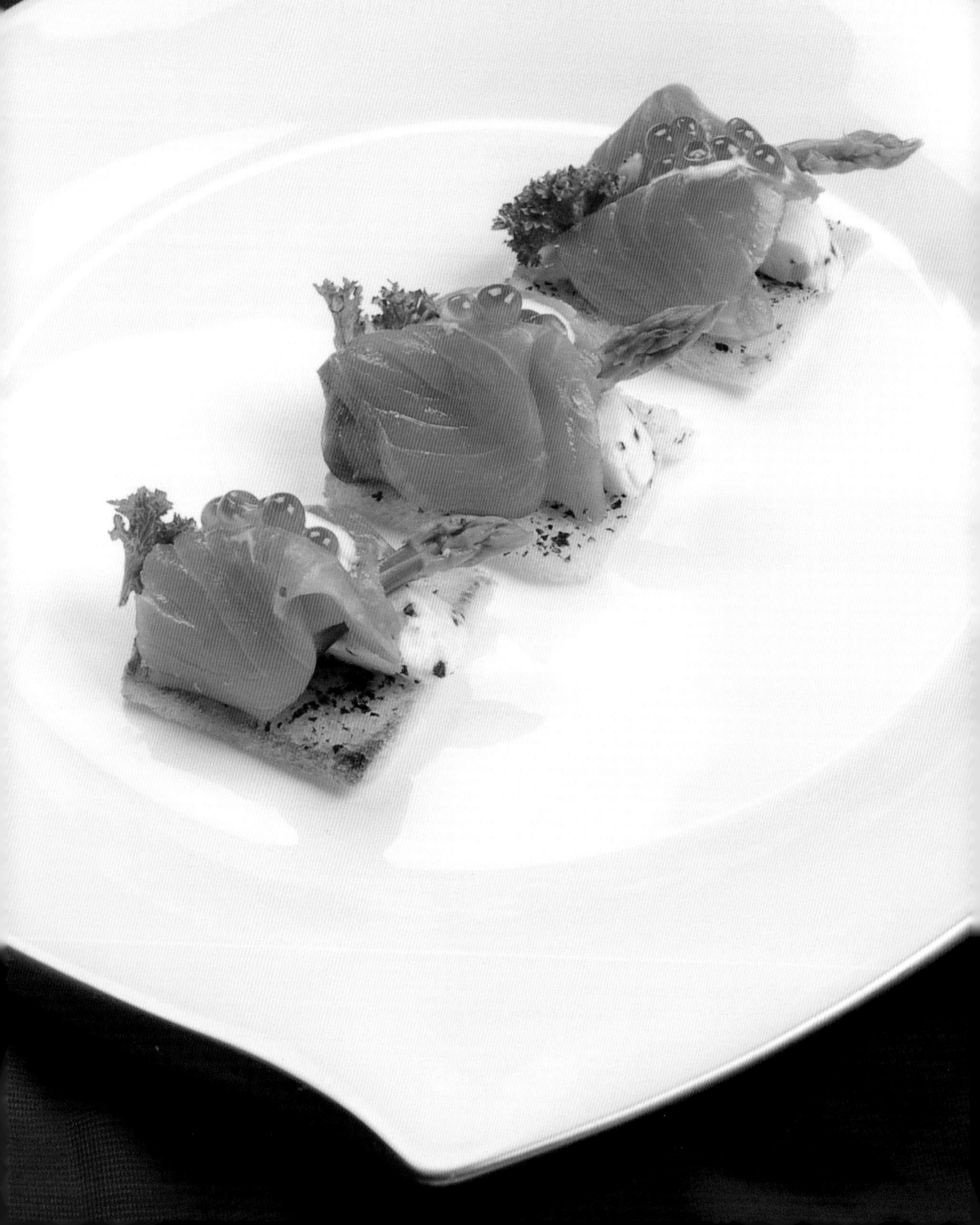

Open Sandwich of Smoked Salmon
훈제연어 오픈 샌드위치

Ingredient/재료 및 분량

- Smoked Salmon(훈제연어) 3pc.
- Asparagus(아스파라거스) 3ea
- Chicory(치커리) 2leaves
- Fresh cream(생크림) 20ml
- Horseradish(호스래디시) 5g
- Bread(식빵) 1pc.
- Butter(버터) 10g
- Salmon egg(연어알) 10g

Cooking Method/조리방법

1. 멜바토스트 만들기(Melba Toast)

재료
- Bread(식빵 슬라이스) 1ea

만들기
1) 식빵 슬라이스 1장을 4등분한 다음 가장자리를 오려서 둥글게 만든다.
2) 프라이팬을 달군 다음 식빵을 넣고 엷은 브라운색이 나도록 굽는다.

2. 오픈 샌드위치 만들기(Open Sandwich Cooking)

1) 최상품의 훈제연어 3쪽을 준비한다.
2) 생크림을 휘핑한 후, 호스래디시를 섞어 크림을 만든다.
3) 아스파라거스는 데치고 치커리는 씻어 놓는다.
4) 멜바토스트 위에 버터를 바르고 아스파라거스를 놓고 연어를 자연스럽게 접어 올린다.

3. 완성하기(Completing)

1) 접시에 만들어진 오픈 샌드위치를 3개 놓는다.
2) 호스래디시 크림을 얹고 연어알을 장식하여 마무리한다.

 Cooking Tip

- 멜바토스트는 오스트레일리아의 콜로라투라 소프라노 가수 멜바가 즐겼다고 해서 붙여진 이름으로 식빵 슬라이스 1/4 정도 크기의 사각이나 둥근 모양을 브라운색이 나도록 구운 것을 말한다.

Assorted Canape(Smoked Salmon, Oyster, Cream & Camembert Cheese, Crabmeat)

모둠 카나페(훈제연어와 굴, 크림 및 카망베르 치즈, 왕게다리살)

Ingredient/재료 및 분량

- Smoked salmon(훈제연어) 3pc.
- Smoked Oyster(훈제굴) 3ea
- Cream cheese(크림치즈) 20g
- Camembert cheese
  (카망베르 치즈) 20g
- Crabmeat(왕게다리살) 20g
- Bread(식빵) 2pc.
- Caviar(캐비아) 5g
- Endive(엔다이브) 3pc.
- Paprika(파프리카) 5g
- Cherry tomato(방울토마토) 3ea
- Fresh Cream(생크림) 5ml
- Orange Section(오렌지) 10g
- Green Olive(그린 올리브) 1ea
- Dill(딜) 1leaf
- Lemon Vinaigrette
  (레몬 비네그레트) 10ml
- Salmon Egg(연어알) 10g
- Butter(버터) 20g

Cooking Method/조리방법

1. 카나페 조리하기(Canape Cooking)

1) 식빵을 둥근 몰드로 찍어 오븐이나 프라이팬에서 브라운색을 내어 멜바토스트를 만든다.
2) 3쪽의 멜바토스트 위에 버터를 바르고 훈제연어를 장미 모양으로 말아 올리고, 캐비아를 토핑한다.
3) 엔다이브 속 3개를 토스트 위에 올리고 그 속에 훈제굴을 놓은 후, 파프리카와 처빌로 장식한다.
4) 방울토마토 속을 파낸 다음, 크림치즈에 생크림을 약간 넣어 농도를 조절한 후, 토마토 속에 짜 넣는다. 허브잎으로 가니쉬한다.
5) 카망베르 치즈에 오렌지살과 올리브로 가니쉬하여 멜바토스트 위에 올린다.
6) 왕게다리살을 레몬 비네그레트로 무쳐 채소 잎에 올린 다음, 버터를 바른 멜바토스트 위에 올리고 연어알로 장식하여 마무리한다.

2. 완성하기(Completing)

1) 카나페용 접시에 3개씩 5줄로 보기 좋게 나열하여 제공한다.

Cooking Tip

- 카나페란 서양에서 전채요리 혹은 칵테일이 제공되는 시간에 곁들여 나오는 것으로 멜바토스트 위에 고기, 치즈, 물고기, 철갑상어알, 푸아그라, 퓌레, 양상추 등을 얹어 만든다. 약간 짜거나 양념이 많이 들어간 것이 적당하며, 한입에 먹을 수 있도록 만들어야 한다.

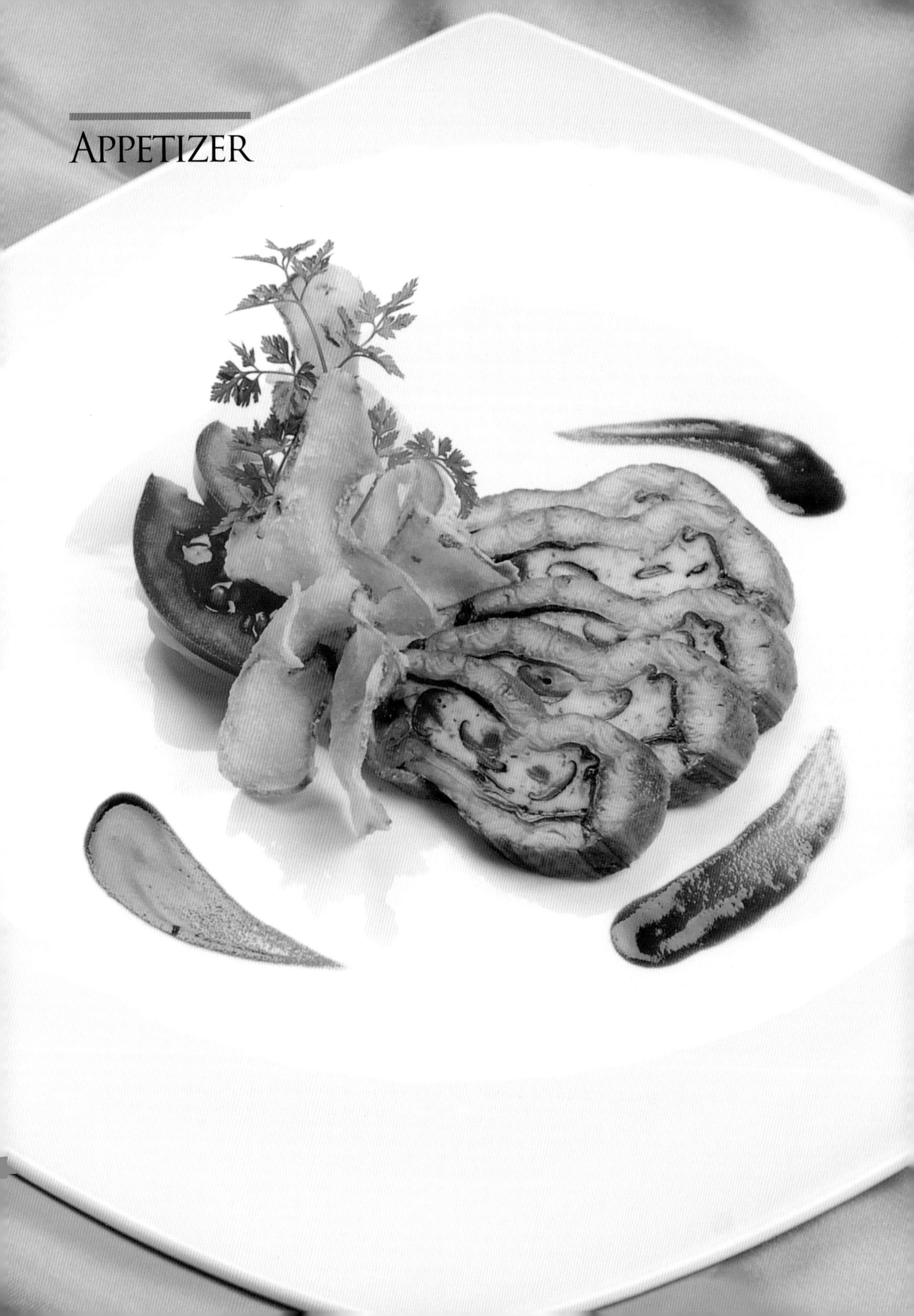

Terrined Eel in Nameko Mushroom with Teriyaki Sauce
나메코 버섯을 넣은 장어 테린과 데리야키 소스

Ingredient / 재료 및 분량

- Eel(장어) 1ea
- Nameko mushroom
  (나메코 버섯) 30g
- Eel Mousse(장어 무스) 40g
- Ginger(생강) 30g
- Chinese Pepper(산초) 1g
- White wine(백포도주) 20ml
- Tomato(토마토) 1/2ea
- Chervil(처빌) 1leaf
- Teriyaki sauce(데리야키 소스)
  40ml
- Salad oil(식용유) 100ml

Cooking Method / 조리방법

1. 데리야키 소스 만들기(Teriyaki sauce, 2리터)

재료

- Rice wine(정종) 500ml • Mirim(미림) 800ml • Soy bean sauce(진간장) 850ml
- Sugar(설탕) 340g • Ginger(생강) 100g • Starch syrup(물엿) 250g
- Eel bone(장어뼈, 말려 구운 것) 5ea • Garlic(마늘) 3ea • Onion(구운 양파) 30g
- Cayenne Pepper(태양초) 3ea • Leek(대파 뿌리) 40g • Licorice(감초) 3g

만들기

1) 냄비에 장어뼈, 정종, 설탕, 미림을 넣고 한 번 끓인다.
2) 간장을 넣고 끓기 시작하면 남은 모든 재료를 넣고 1시간 이상 약한 불로 끓인다.
3) 고운체에 거른 다음 농도를 조절하여 사용한다.

2. 장어 조리하기(Eel Cooking)

1) 민물장어의 뼈를 제거하여 스팀에서 5분 정도 쪄서 기름기를 빼낸다.
2) ①번의 장어에 와인을 뿌려 한 번 구워준 후, 데리야키 소스를 반복하여 바르면서 샐러맨더에서 3회 정도 훈제하여 놓는다.
3) 장어의 머리부분과 꼬리부분을 떼어낸 다음, 체에 내려 무스를 만든다.
4) 나메코 버섯에 굵은소금을 넣고 비벼서 끈끈한 액체를 제거한 후, ③번에 혼합한다.
5) 훈제한 장어를 1/2로 자른 다음, 한쪽에 산초를 뿌린 뒤 ④번의 무스를 놓고 나머지 한쪽을 덮어 랩을 사용하여 타원형으로 만들어 스팀에서 10분 정도 쪄준다.
6) 생강을 슬라이스 머신에 얇게 밀어 전분을 발라 기름에 튀긴다.

3. 완성하기(Completing)

1) 접시에 토마토 웨지를 썰어 놓고 쪄낸 장어를 5쪽으로 어슷썰기하여 가지런히 놓는다.
2) 데리야키 소스와 튀긴 생강, 처빌로 장식하여 완성한다.

 Cooking Tip

- 장어는 해독작용을 하며 양질의 단백질과 세포 재생력이 좋은 점액성 단백질 및 콜라겐, 고혈압, 당뇨, 간염 등 성인병에 특히 좋은 불포화지방산이 다량 함유되어 있다. 예로부터 민물장어는 폐결핵, 요통, 신경통, 폐렴, 관절염, 성기능 회복, 어린아이의 허약체질 개선 등에 좋은 것으로 알려져 있다.

Sous Vide Cuisine of Chicken Breast

수비드 조리법으로 익힌 닭가슴살 요리

마리네이드 Ingredient/재료 및 분량

- Chicken Breast(닭가슴살) 1ea
- Olive oil(올리브 오일) 20ml
- Lemon(레몬) 1/8ea
- White wine(백포도주) 5ml
- Garlic Slice(마늘 슬라이스) 1쪽
- Oregano(오레가노) 1leaf
- Basil(바질) 11leaves
- Salt, Pepper(소금, 후추) 약간씩

만들기

1) 위의 재료로 12시간 이상 마리네이드하여 진공포장한다.
2) 수비드 기계에 더운물을 넣고 66℃로 맞춘 다음, 68분 동안 익힌다.

Cooking Method/조리방법

1. 플레이팅 재료

- Baby Vegetable(베이비 채소) 10g • Cherry Tomato(방울토마토) 1ea
- Beet(비트 슬라이스) 5장 • Apple(사과) 1/8ea • Vinegar(식초) 5ml
- Sugar(설탕) 10g • Salt, Pepper(소금, 후추) 약간씩

2. 오렌지 소스 만들기(Orange sauce)

재료

- Plain yogurt(플레인 요구르트) 60ml • Apple Vinegar(사과식초) 10ml • Mustard(양겨자) 5g
- Orange juice(농축된 오렌지 주스) 20ml • Sugar(설탕) 약간 • Salt, Pepper(소금, 후추) 약간씩

만들기

1) 오렌지 즙을 냄비에 담아 열을 가해서 졸여 식힌다.
2) 플레인 요구르트에 ①번과 양겨자, 설탕, 식초를 넣고 잘 저어준 후, 소금, 후추로 간을 한다.

3. 완성하기(Completing)

1) 채소를 찬물에 담가 싱싱하게 살린 후 물기를 제거해 놓고, 방울토마토와 비트 슬라이스를 준비해 놓는다.
2) 수비드한 닭가슴살을 슬라이스하여 놓는다.
3) 방울토마토, 채소 샐러드를 접시 한쪽에 놓고 슬라이스한 닭가슴살을 펼친다.
4) 오렌지 소스를 곁들이고 비트 슬라이스를 둥글게 뭉쳐 한쪽에 담아 제공한다.

 Cooking Tip

- 수비드 조리법이란? 식재료를 진공 포장하여 더운물에서(저온) 익히는 요리를 말한다. 육즙이 빠져나가지 않아 영양적 가치가 높으며 불에 직접 닿지 않는 습열요리이기 때문에 건강식 조리법이다.

Smoked Duck Breast & Salad with Orange Sauce

오렌지 소스로 맛을 낸 훈제오리 가슴살과 샐러드

Ingredient/재료 및 분량

- Smoked Duck Breast
  (훈제오리 가슴살) 60g
- Apple(사과) 1/4ea
- Red wine(적포도주) 40ml
- Vinegar(식초) 5ml
- Cherry Tomato(방울토마토) 2ea
- Lolla Rossa(롤라 로사) 2leaves
- Soft Lettuce(샐러드나 상추)
  2leaves
- Yellow Paprika
  (노란 파프리카) 1/6ea
- Orange sauce(오렌지 소스) 30ml

Cooking Method/조리방법

1. 오렌지 소스 만들기(Orange sauce)

재료

- Orange(오렌지) 1ea • Plain yogurt(플레인 요구르트) 60ml • Vinegar(식초) 10ml
- Mustard(양겨자) 5g • Sugar(설탕) 약간 • Salt, Pepper(소금, 후추) 약간씩

만들기

1) 오렌지 즙을 냄비에 담아 열을 가한 뒤 졸여 식힌다.
2) 플레인 요구르트에 ①번과 양겨자, 설탕, 식초를 넣고 믹스한 후 소금, 후추로 간을 한다.

2. 훈제오리 가슴살 조리하기(Duck Breast Cooking)

1) 샐러드용 채소를 찬물에 담가 싱싱하게 살린 후 물기를 제거해 놓고, 방울토마토와 노란 파프리카는 오븐에 구워 놓는다.
2) 레드 와인을 냄비에 담아 불에 올리고 식초와 약간의 설탕을 추가한 뒤 사과를 넣어 졸인다.
3) 훈제오리 가슴살은 프라이팬에서 색을 낸 다음, 오븐에 넣어 속까지 열이 스며들도록 하여 식힌 후 길게 슬라이스하여 놓는다.

3. 완성하기(Completing)

1) 사과 졸인 것 3쪽과 방울토마토, 채소 샐러드를 접시 중앙에 놓고 슬라이스한 오리 가슴살을 얹는다.
2) 구운 노란 파프리카에 허브를 넣고 둥글게 말아 토핑한다.
3) 오렌지 소스를 보기 좋게 뿌려 완성한다.

 Cooking Tip

- 오리는 육류 중 유일한 알칼리성 식품으로 수용성의 불포화지방산을 다량 함유하고 있다. 또한 단백질, 칼슘, 철분, 나트륨, 인을 다량 함유했고, 비타민 B_1, B_2, B_3, C, 리놀산, 리놀레인산 등 무기질이 많아, 콜레스트롤 형성 억제 및 원활한 혈액순환 촉진에 매우 효과적이다.

Carpaccio of Tuna & Tartar with Oriental Sauce
오리엔탈 소스로 맛을 낸 참치 카르파초와 타르타르

Ingredient / 재료 및 분량

1-1) Carpaccio
- Tuna(빅아이 참치살) 50g
- Sesame(검정, 흰색 참깨) 30g
- Thyme(타임) 1g
- Pepper corn(통후추) 5g
- Garlic powder(마늘 파우더) 약간
- Gelatin(물젤라틴) 20ml
- Vegetable Bouquet(채소 부케) 1ea

1-2) Tartar
- Tuna(빅아이 참치살) 50g
- Olive(올리브) 5g
- Lemon(레몬) 1/10ea
- Red Onion(붉은 양파) 10g
- Olive oil(올리브 오일) 10ml
- Caper(케이퍼) 5g
- Thyme(타임) 약간
- Parsley chopped(파슬리 찹) 약간
- Flying fish egg(날치알) 10g

Cooking Method / 조리방법

1. 오리엔탈 소스 만들기(Oriental sauce)

재료
- Rice wine(정종) 500ml • Mirim(미림) 800ml • Soy bean sauce(진간장) 850ml
- Sugar(설탕) 340g • Starch syrup(물엿) 250g • Garlic(마늘) 3ea
- Onion(구운 양파) 30g • Japanese apricot Pickle(매실 피클) 15g
- Cayenne Pepper(태양초) 3ea • Leek(대파 뿌리) 40g • Licorice(감초) 3g

만들기
1) 냄비에 정종, 설탕, 미림을 넣고 끓인 다음, 매실 간 것을 추가하여 한 번 더 끓여 준다.
2) 간장을 넣고 끓이다가 나머지 재료를 넣고, 1시간 이상 끓인 후, 체에 걸러 사용한다.

2. 참치 조리하기(Tuna Cooking)

1) 빅아이 참치의 물기를 제거하고, 끓는 소금물에 넣어 겉만 살짝 익힌다.
2) 두 종류의 깨와 타임, 으깬 통후추, 마늘 파우더를 잘 섞은 다음, 젤라틴을 묻힌 ①번의 참치에 골고루 씌워지도록 하여 냉장고에서 굳힌다.
3) Tartar용 참치를 작은 다이스로 썰어 물기를 제거한 후, 믹싱 볼에 담고 올리브 찹, 케이퍼 찹, 타임과 파슬리 찹, 양파 찹을 넣고, 올리브 오일과 레몬주스, 소금, 후추로 간을 하여 맛을 낸다.

3. 완성하기(Completing)

1) 애피타이저용 접시에 몰드를 사용하여 타르타르를 담고, 그 위에 날치알을 올린다.
2) 채소를 찬물에 담가 싱싱하게 살린 후 부케를 만들어 가운데 놓는다.
3) ①번의 옆에 굳혀 놓은 참치를 얇게 슬라이스하여 3쪽을 놓는다.
4) 오리엔탈 소스를 만들어 곁들여 완성한다.

 Cooking Tip

- 참치는 저칼로리, 저지방, 고단백 식품으로 최고의 식품으로 각광받는다.
- 뇌기능을 돕는 DHA성분이 풍부하며, 다량 포함된 아미노산은 간장기능을 강화하고 EPA(불포화지방산), 철분, 비타민 B_{12}가 풍부하며 비타민 B_6, 판토텐산이 다량 함유되어 있어 영양대사에 매우 효과적이다.

Cold Chicken Galantine(Buffet Dish)
차가운 치킨 갤런틴(뷔페용)

Ingredient/재료 및 분량

- Chicken Leg(닭다리) 1ea
- Pork fat(돼지기름) 40g
- Chicken breast(닭가슴살) 50g
- Ham(햄) 50g
- Pistachio(피스타치오) 40g
- Carrot(당근) 50g
- Egg(달걀) 1ea
- Butter(버터) 20g
- White wine(화이트 와인) 30g
- Brandy(브랜디) 20cc
- Salt, Pepper(소금, 후추) 적당량

Cooking Method/조리방법

1. 가니쉬 재료(Garnish Ingredient)

재료

- Gelatin(물젤라틴)(비율 : 젤라틴(분말) 220g: 물 1.6리터), Sugar(설탕) 45g
- Mandarin(만다린, 캔귤) 10ea • Green Olive(그린 올리브) 2ea • Black Olive(블랙 올리브) 2ea
- Parsley(파슬리) 2stalk

2. 닭다리살 조리하기(Chicken Leg Cooking)

1) 준비된 닭다리를 잘 손질하여 뼈를 발라낸다.
2) 채소는 다듬어서 손질하고, 피스타치오는 미지근한 물에 담가둔다.
3) 닭가슴살은 곱게 다져 체에 내려서 소금, 후추, 달걀 흰자, 브랜디를 넣고 무스를 만들어준다.
4) 돼지기름의 80% 정도는 곱게 다져 체에 내려 ③에 섞어준다.
5) 햄과 당근은 스몰 다이스하고 피스타치오는 껍질을 제거해 스몰 다이스 크기로 썰어 ③에 섞는다.
6) 랩을 도마에 깔고 뼈를 제거한 닭다리를 펼쳐 놓고 무스를 넣고 롤로 말아준다.
7) 스팀에서 30분 정도 찐다.

3. 완성하기(Completing)

1) 익힌 갤런틴을 식힌 다음 1/2로 갈라 0.6cm로 썰어 넓게 편다.
2) 올리브 두 종류를 슬라이스하여 위에 올린다.
3) 분량의 젤라틴을 물에 녹여 식힌 다음 위에 뿌린 뒤 냉장고에 굳힌다.
4) 인원 수에 맞춰 뷔페용 트레이에 담아 제공한다.

Seared Goose Liver with Braised Pear
와인에 졸인 배를 곁들인 거위간 구이

Ingredient/재료 및 분량

- Foie gras
  (Goose liver/거위간) 80g
- Brandy(브랜디) 10ml
- Flour(밀가루) 약간
- Parmesan cheese
  (파르메산 치즈) 5g
- Sprout(새싹) 20g
- Sweet Potato(고구마) 20g
- Herb oil(허브 오일) 약간
- Butter(버터) 30g
- Salt, Pepper(소금, 후추) 약간씩

Cooking Method/조리방법

1. 배 조리하기(Pea Cooking)

재료
- Pear(배) 1/4ea • Red wine(레드 와인) 100ml • Red wine Vinegar(와인식초) 10ml
- Brown sauce(브라운 소스) 50ml

만들기
1) 냄비에 와인을 붓고 열을 가한 후, 껍질을 제거한 배를 넣고 졸이면서 와인식초와   브라운 소스, 설탕, 소금을 넣어 맛을 낸다.
2) ①번의 1/2은 체에 내려 무스를 만들고, 나머지는 슬라이스하여 놓는다.

2. 거위간 조리하기(Foie gras)

1) 거위간을 소제한 후 80g으로 자른 다음, 밀가루를 묻혀 사진과 같이 모양을 잡는다.
2) 버터 두른 프라이팬에 브라운색을 낸 후 오븐에 넣고 속까지 익힌다.
3) 오븐에서 꺼낸 거위간이 담긴 팬을 불 위에 올려놓고 브랜디로 플랑베한다.

3. 완성하기(Completing)

1) 조리된 배 무스 1/2을 접시 중앙에 깔고 그 위에 슬라이스한 배를 놓는다.
2) 중앙에 놓은 배 위에 익힌 거위간을 올려놓고, 배 무스를 얹고 파르메산 치즈를 토핑한다.
3) 녹색 새싹을 곁들이고, 고구마 튀김과 허브 오일로 자연스럽게 데커레이션한다.

 Cooking Tip

- Foie gras(Goose liver/거위간)는 서양사람들이 뽑은 3대 진미 중 하나이다. 그만큼 푸아그라는 진귀하며 입에서 녹아내릴 정도로 매우 맛이 좋다. 비타민이 하루 필요량보다 훨씬 많고 기타 무기질이 다량 포함되어 있어 빈혈을 예방하고 스태미나 증강에 매우 효과적인 식품이다.

Seared Salmon Roll in Vegetable with Horseradish Sauce & Salad Bouquet

채소를 채운 연어 롤 구이와 호스래디시 소스, 채소샐러드

Ingredient/재료 및 분량

- Salmon(연어) 80g
- Young Pumpkin(애호박) 10g
- Red Paprika(적파프리카) 10g
- Yellow Paprika(노란 파프리카) 10g
- Onion(양파) 15g
- Cherry Tomato(체리토마토) 1ea
- Red chicory(적경치커리) 2leaves
- Green chicory(그린 치커리) 2leaves
- Chive(차이브) 2leaves
- Radicchio(라디치오) 1leaf
- White wine(백포도주) 20ml
- Salmon egg(연어알) 7g
- Salt, Pepper(소금, 후추) 약간씩

Cooking Method/조리방법

1. 호스래디시 소스 만들기(Horseradish sauce)

재료

- Fish stock(생선스톡) 40ml • Fresh Cream(생크림) 40ml • Horseradish(호스래디시) 10g
- Mushroom(양송이) 2ea • Onion(양파) 10g • Parsley stalk(파슬리 줄기) 2ea
- Salt, Pepper(소금, 후추) 약간씩

만들기

1) Fish stock(생선스톡)에 양송이와 양파, 파슬리 줄기를 넣고 1/2로 졸인다.
2) ①번에 생크림을 넣고 다시 한번 졸여준 다음, 호스래디시를 추가하여 농도를 조절하고 소금, 후추로 간하여 맛을 낸다.

2. 연어롤 조리하기(Seared Salmon Roll)

1) 애호박과 파프리카, 양파는 줄리엔으로 썰어 놓는다.
2) 프레시 연어를 얇게 슬라이스하여 넓게 펴고 화이트 와인과 소금, 후추를 뿌린 뒤 ①번의 채소를 가운데 놓고 둥근 롤로 만다.
3) 프라이팬에 오일을 두르고 연어 롤을 굴려가며 익힌 다음, 5쪽으로 어슷썰기한다.

3. 완성하기(Completing)

1) 치커리를 비롯한 부드러운 채소는 찬물에 담가 싱싱하게 살려 물기를 제거한 뒤 방울토마토에 꽂아 부케를 만들어 놓는다.
2) 애피타이저용 접시에 채소 부케를 놓고, 썰어 놓은 연어를 자연스럽게 담는다.
3) 호스래디시 소스를 뿌리고 연어알과 페스토 소스로 장식하여 제공한다.

 Cooking Tip

- 연어에는 오메가-3 지방산이 고등어, 참치, 정어리, 꽁치 등과 비등하게 많이 들어 있다. 그중에 연어를 최고로 평가하는 것은 연어가 맛이 좋고 요리하기 쉬우며, 단백질이 풍부하고, 생선 비린내가 비교적 적기 때문이다. 또한 비타민이 풍부한 연어는 성인병 예방에도 매우 효과가 좋은 것으로 알려져 있다.

Oven Gratin Snails on Herb Butter
허브 버터를 곁들인 달팽이 그라탱

Ingredient / 재료 및 분량

- Snail(달팽이) 6ea
- Garlic(마늘) 1ea
- Onion(양파) 20g
- Celery(셀러리) 10g
- Leek(대파) 10g
- Red wine(레드 와인) 40ml
- Spinach(시금치) 20g
- Carrot(당근) 20g
- Parsley(파슬리) 1stalk
- Thyme(타임) 1g
- Rosemary(건로즈메리) 1g
- Butter(버터) 40ml
- Almond(아몬드) 20g
- Brown sauce(브라운 소스) 100ml
- Bay leaf(월계수잎) 1leaf
- Salt, Pepper(소금, 후추) 약간씩

Cooking Method / 조리방법

1. 달팽이 버터 만들기(Snail Butter)

재료

- Butter(버터) 200g • Garlic(마늘) 10g • Onion(양파) 15g • Lemon juice(레몬주스) 약간
- Parsley(파슬리) 15g • White wine(백포도주) 10ml • Egg yolk(달걀 노른자) 1ea

만들기

1) 버터를 실온에 두어 부드러운 무스 형태로 만들어 놓는다.
2) 마늘과 양파, 파슬리는 아주 곱게 다져 놓는다.
3) 버터를 흰색이 나도록 휘핑하여 ②, ③번을 혼합하고 달걀 노른자를 넣어 완성한다.

2. 달팽이 조리하기(Snail Cooking)

1) 냄비에 물을 붓고 달팽이를 넣은 다음, 파슬리 줄기, 월계수잎 반쪽을 넣고 1시간 정도 삶는다.
2) 찬물에 깨끗이 씻어 불순물을 완전히 제거한다.
3) 버터 두른 냄비에 양파와 마늘을 볶다가 달팽이를 넣고 한소끔 더 볶은 다음, 레드 와인을 추가하여 졸인 후, 브라운 소스와 타임, 로즈메리를 넣고 농축시킨다.
4) 불에서 내린 다음 버터를 넣어 Monter(풀어주기)를 하여 맛을 낸다.

3. 완성하기(Completing)

1) 달팽이 그라탱 볼을 준비한 후, 데친 시금치와 당근 찹을 버터에 볶아 구멍에 채운다.
2) ①번 위에 달팽이 6개를 모두 채우고, 달팽이 버터를 충분히 올린다.
3) 달팽이 볼을 샐러맨더에 올려 엷은 브라운색이 나도록 그라탱한다.
4) 구워 놓은 아몬드를 올려 제공한다.

 Cooking Tip

- 달팽이의 몸은 끈적거리는 뮤신이라는 점액질로 덮여 있으며 이 주성분은 콘드로이틴이다. 콘드로이틴은 그리스어로 '연골'이라는 뜻으로 인체의 관절과 연골, 피부미용에 매우 좋다고 알려져 있다.
  그 외 무기질 또한 다량 함유하고 있어, 서양인들이 거위간 다음으로 좋아하는 식재료 중 하나이다.

Roasted Salmon with Pan Fried Mushroom and Seafood and White Wine Sauce and Sweet Pumpkin Sauce

버섯과 해산물 볶음을 곁들인 연어구이와 화이트 와인 소스 그리고 단호박 소스

Ingredient/재료 및 분량

- Salmon(연어) 50g
- Mussel(홍합) 20g
- Baby cuttlefish(주꾸미) 20g
- Conch(소라) 10g
- Manila clam(바지락) 20g
- Micro vegetable(마이크로 채소) 5g
- Many mushroom(여러 가지 버섯) 30g
- Tomato dice(토마토 다이스) 5g
- Chive chopped(차이브 다진 것) 5g
- Parsley oil sauce(파슬리 오일) 10cc

Cooking Method/조리방법

1. 단호박 소스 만들기(Sweet pumpkin sauce)

재료

- Sweet pumpkin(단호박) 40g • Lemon juice(레몬주스) 5g • Fish stock(생선육수) 50cc
- Honey(꿀) 10cc • Salt, Pepper(소금, 후추) 약간씩

만들기

1) 단호박을 잘 다듬어서 껍질을 벗겨 스팀으로 익힌다.
2) 스팀에 찐 호박에 생선육수를 넣고 믹서기에 곱게 갈아 레몬주스, 꿀, 소금, 후추 하여 농도를 맞추어 사용한다.

2. 화이트 와인 소스 만들기(White wine sauce)

재료

- White wine(화이트 와인) 50cc • Fresh cream(생크림) 100cc • Chopped onion(다진 양파) 10g
- Parsley stalk(파슬리 줄기) 1stalk • White pepper corn(백통후추) 적당량
- Bay leaf(월계수잎) 1leaf • Fish stock(생선육수) 50cc • Butter(버터) 10g
- Lemon juice(레몬주스) 5g • Tomato dice(토마토 다이스) 10g • Chive chopped(차이브 다진 것) 5g • Salt, Pepper(소금, 후추) 약간씩

만들기

1) 소스팬에 다진 양파, 파슬리 줄기, 월계수잎, 흰 통후추, 백포도주, 생선육수를 넣고 1/3 정도로 졸여 걸러준다.
2) ①번에 생크림을 넣고 은근한 불에서 1/2 정도로 졸인다.
3) ②의 내용물이 들어 있는 소스팬을 불에서 내려 버터 몽테한 다음 소금, 흰 후추, 레몬주스로 양념하고 마지막으로 차이브 다진 것과 토마토 다이스를 넣어 소스를 완성한다.

3. 연어구이 조리하기

1) 연어는 잘 손질하여 소금, 후추, 올리브 오일로 간한 다음 팬에서 노릇노릇하게 잘 굽는다.
2) 여러 가지 버섯은 스몰 다이스로 썰어서 준비하고 해산물들도 잘 다듬어서 준비하여 버터에 볶아서 양념한다.

4. 완성하기(Completing)

1) 접시에 노릇하게 구운 연어를 놓고, 버터에 볶은 모듬 버섯과 해산물을 올린다.
2) 그 위에 화이트 와인 소스를 뿌려준다.
3) 단호박 소스를 모양내어 뿌린 다음 어린잎 채소를 군데군데 놓아 마무리한다.

 Cooking Tip

- 묵은쌀로 밥을 맛있게 지으려면 청주를 넣거나 쌀을 불릴 때 식초 한 방울을 넣으면 묵은내를 제거하고 부드러운 밥맛을 낼 수 있다. 밥을 지을 때 숯이나 식용유를 살짝 넣는 것도 하나의 방법이다.
- 만두소로 쇠고기 대신 닭가슴살을 이용하기도 한다.

Spinach Crepe with Seafood and Tomato Sauce and Mousseline Sauce

해산물을 속에 채운 시금치 크레이프와 토마토 소스 그리고 무슬린 소스

Ingredient / 재료 및 분량

- Scallop(관자) 1ea
- Shrimp(새우) 2ea
- Crab meet(게살) 20g
- Onion(양파) 10g
- Celery(셀러리) 10g
- Red paprika(빨간 파프리카) 30g
- Yellow paprika
  (노란 파프리카) 30g
- White wine(백포도주) 적당량
- Olive oil(올리브 오일) 적당량
- Chopped garlic(다진 마늘) 5g
- Cherry tomato(방울토마토) 1ea
- Basil(바질) 1leaf
- Mousseline sauce
  (무슬린 소스) 50cc
- Tomato sauce(토마토 소스) 30cc
- Fresh cream(생크림) 80cc
- Spinach Crepe(시금치 크레이프) 1ea
- Salt(소금) 약간
- Pepper(후추) 약간

Cooking Method / 조리방법

1. 무슬린 소스(Mousseline sauce)

재료

- Fresh cream(생크림) 50cc • Hollandaise sauce(홀랜다이즈 소스) 60cc

만들기

1) 만들어진 홀랜다이즈 소스에 휘핑한 생크림을 섞어서 소스를 완성한다.

※ 홀랜다이즈 소스는 백포도주, 물, 레몬주스, 월계수잎, 통후추를 넣어 에센스를 만들고, 볼에 달걀 노른자를 넣고 뜨거운 물에 중탕하여 거품기를 이용하여 크림형태로 만든다. 크림형태에 정제버터를 조금씩 넣어가며 휘핑하여 원하는 농도가 되면 소금, 후추로 간하고 소창에 걸러 사용한다.

2. 토마토 소스 만들기(Tomato sauce)

재료

- Tomato(토마토) 1ea • Chopped garlic(다진 마늘) 10g • Chopped onion(다진 양파) 10g
- Olive oil(올리브 오일) 30cc • Basil(바질) 1leaf • Salt, Pepper(소금, 후추) 약간씩
- Tomato paste(토마토 페이스트) 50g

만들기

1) 토마토는 뜨거운 물에 데쳐서 껍질을 제거하고 주사위 모양으로 썰어서 준비한다.
2) 올리브 오일에 마늘과 양파를 넣고 볶다가 토마토를 넣고 볶아준다.
3) 토마토가 볶아지면 페이스트를 넣고 볶다가 육수를 조금 첨가하여 끓인 후 소금, 후추로 간을 한다.

3. 해산물 크레이프 조리하기(Crepe of Seafood)

1) 해산물은 주사위 모양으로 썰어서 준비하고, 양파, 셀러리, 파프리카도 주사위 모양으로 썰어서 준비한다.
2) 팬에 버터를 두르고 다진 마늘과 양파를 넣고 볶다가 해산물과 채소를 넣어 볶는다.
3) 볶아진 재료에 생크림을 조금 첨가하고 소금, 후추로 간하여 팬에 붙인 크레이프지에 감싸서 말아준다.

4. 완성하기(Completing)

1) 준비된 접시에 토마토 소스를 뿌리고 위에 크레이프를 놓는다.
2) 준비된 무슬린 소스를 얹고 샐러맨더에서 브라운색을 내어 굽고 방울토마토와 바질로 장식한다.

 Cooking Tip

- 이 요리는 뜨거우므로 따뜻하게 제공되도록 주의해야 하며, 홀랜다이즈를 만들 때 소스가 너무 많이 익어서 덩어리지지 않도록 주의한다.

Fried Mozzarella Cheese with Tomato Fondue
모차렐라 치즈 튀김과 토마토 퐁뒤

Ingredient / 재료 및 분량

- Mozzarella Cheese
  (모차렐라 치즈) 70g
- Flour(밀가루) 20g
- Bread Crumbs(빵가루) 70g
- Egg(달걀) 1ea
- Parsley chopped(파슬리 찹) 5g
- Salad oil(식용유) 500ml
- Parsley(파슬리) 5g
- Chervil(처빌) 2leaf
- Salt, Pepper(소금. 후추) 약간씩

Cooking Method / 조리방법

1. 토마토 퐁뒤 만들기(Tomato Fondue)

재료
- Whole Tomato(홀 토마토) 2ea • Tomato Paste(토마토 페이스트) 10g
- Garlic(마늘) 1ea • Onion(양파) 15g • Basil(바질) 1leaf

만들기
1) 잘 익은 토마토를 선택하여 칼로 다져 놓는다.
2) 버터 두른 냄비에 마늘 찹과 양파 찹을 볶은 후, 토마토 페이스트를 넣고 3분 정도 볶아 신맛이 가시도록 한다.
3) 닭육수를 넣고 끓이면서 다져놓은 토마토와 바질 찹을 넣고 농축시킨 다음, 소금, 후추로 간하여 완성한다.

2. 모차렐라 치즈 조리하기(Mozzarella Cheese)
1) 모차렐라 치즈 덩어리를 먹기 좋은 크기로 잘라 놓는다.
2) ①번의 치즈에 밀가루를 바르고, 달걀물에 담근 다음, 파슬리 찹을 섞은 빵가루를 묻힌다.
3) 치즈와 고구마 슬라이스를 170℃의 식용유에서 엷은 브라운색이 나도록 튀긴다.

3. 완성하기(Completing)
1) 애피타이저용 접시에 치즈를 보기 좋게 담는다.
2) 만들어 놓은 Tomato Fondue(토마토 퐁뒤)를 곁들인다.
3) 파슬리 찹을 군데군데 뿌리고 처빌잎을 하나 꽂아 완성한다.

 Cooking Tip

- 치즈는 냉장고에 굳히거나 냉동실에 얼려 놓았다가 튀기면 모양이 흐트러지지 않게 할 수 있다.
- 서양인들은 치즈를 신이 내려준 선물이라 칭하며, 완전식품으로 여겨 일상적인 식생활에서 빼놓지 않고 즐긴다.

King Crab with Red Snapper Roll and Asparagus and Butter Sauce

아스파라거스와 게살을 곁들인 적도미 롤 그리고 버터소스

Ingredient/재료 및 분량

- Red snapper(적도미) 60g
- Fresh cream(생크림) 50cc
- Salt, Pepper(소금, 후추) 적당량
- Crab meet(게살) 20g
- Onion(양파) 10g
- Celery(셀러리) 10g
- Red paprika(빨간 파프리카) 10g
- White wine(백포도주) 적당량
- Butter(버터) 20g
- Chopped garlic(다진 마늘) 5g
- Black olive(블랙 올리브) 1ea
- Butter sauce(버터소스) 60ml
- Mushroom(양송이버섯) 20g
- Asparagus(아스파라거스) 2ea
- Clam meat(조갯살) 5ea

Cooking Method/조리방법

1. 버터소스 만들기(Butter sauce)

재료
- Butter(버터) 50g • White wine(백포도주) 50cc • Onion(양파) 30g • White pepper corn(백통후추) 적당량 • Fresh cream(생크림) 10cc • Bay leaf(월계수잎) 1leaf
- Parsley stalk(파슬리 줄기) 1stalk • Fish stock(생선육수) 20cc • Vinegar(식초) 25g

만들기
1) 백포도주, 양파, 백통후추, 파슬리 줄기, 식초, 월계수잎을 넣고 1/2로 조린 다음 생크림을 넣고 조리다가 버터를 조금씩 넣어가며 녹이면서 소스를 만든다.
2) 만든 소스를 고운체에 걸러서 송로버섯과 향신료를 넣고 마무리한다.

2. 도미 조리하기(Red snapper Cooking)

1) 적도미를 손질하여 알맞은 크기로 잘라 살짝 두들겨서 편다.
2) 도미에 양념을 하고 준비한 게살과 다이스로 썰어놓은 양파, 셀러리, 파프리카를 버터에 볶아서 다듬은 아스파라거스와 생선을 롤로 말아서 준비한다.
3) 준비한 생선을 양파와 양송이를 슬라이스하여 냄비에 깔고 위에 도미를 놓고 샐로 포칭한다.

3. 완성하기(Completing)

1) 애피타이저용 접시에 버터소스를 깔고 익힌 도미를 놓는다.
2) 남은 채소를 볶아서 그 위에 올리고 마이크로 채소를 조금 올려 마무리한다.

 Cooking Tip

- 버터소스를 만들 때 온도가 높으면 소스가 분리되는 현상이 있으니, 60℃에서 주의 깊게 만들도록 한다.

Snails Pie with Red Wine Sauce
달팽이 파이와 레드 와인 소스

Ingredient/재료 및 분량

- Spinach(시금치) 30g
- Ham slice(얇은 햄) 1ea
- Puff Pastry dough(생지) 60g
- Egg yolk(달걀 노른자) 1ea
- Fresh cream(생크림) 30ml
- Snail Butter(달팽이 버터) 15g
- Sweet pumpkin(단호박) 15g
- Kidney beans(강낭콩 캔) 20g
- Sweet potato(고구마) 15g
- Salt, Pepper(소금, 후추) 약간씩

Cooking Method/조리방법

1. 달팽이 조리하기(Snail Cooking)

재료
- Snail(달팽이) 7ea • Garlic(마늘) 1ea • Onion(양파) 20g • Red wine(레드 와인) 60ml
- Butter(버터) 40ml • Brown sauce(브라운 소스) 100ml • Bay leaf(월계수잎) 1leaf
- Rosemary(건조 로즈메리) 1g • Salt, Pepper(소금, 후추) 약간씩

만들기
1) 달팽이를 파슬리 줄기와 월계수잎 반쪽을 넣고 1시간 정도 삶는다.
2) 불순물을 제거하고 깨끗이 씻은 다음 슬라이스한다.
3) 냄비에 버터를 두르고 마늘 찹과 양파 찹을 넣고 볶다가 달팽이를 넣는다.
4) 레드 와인 1/2을 넣고 졸인 후, 브라운 소스 1/2을 넣고 끓여 농도가 맞추어지면 버터 몽테하여 맛을 낸다.

2. 달팽이 파이 만들기(Snails Pie)

1) 시금치는 물기를 꼭 짜고 버터에 볶아 놓는다.
2) 생지를 파이 크기로 오려 도마에 올려놓고 햄 슬라이스를 깐 다음, 시금치를 놓고, 그 위에 조리한 달팽이 놓고, 달팽이 버터를 곁들이고, 햄을 다시 올린 후 노른자를 생지 가장자리에 바른 다음, 다른 생지 한 장을 덮은 후, 포크로 가장자리를 눌러 모양을 낸다.
3) 위에 달걀 노른자를 발라 150℃ 오븐에서 15분 동안 굽는다.

3. 완성하기(Completing)

1) 파이를 1/2로 잘라 접시에 담고 브라운 소스를 주위에 잘 곁들인다.
2) 단호박과 고구마를 다이스로 썰어 데친 후, 강낭콩과 함께 냄비에서 살짝 볶은 다음, 생크림을 넣어 졸이면서 소금, 후추로 간을 하여 맛을 낸다. 파이 주위에 곁들여 제공한다.
3) 브라운 소스 맛내기 : 레드 와인을 불에서 졸여 알코올성분을 날려 보낸 다음, 브라운 소스를 혼합하여 끓이면서 간을 맞추고, 불에서 내려 버터 몽테한 후, 완성한다.

 Cooking Tip

- Puff Pastry dough(생지)는 유통되는 메이커 제품을 사용하면 인력 소모를 줄일 수 있다.
- 파이 위에 노른자를 잘 발라야 하며, 오븐의 내부 온도를 주의 깊게 관찰해야 보기 좋은 색상을 얻을 수 있다.

Part 2

Soup

The Professional Western Cuisine

The Professional Western Cuisine
Soup

수프의 개요

수프는 맑은 콩소메 형태와 진한 크림수프로 구분할 수 있는데, 조리방법은 조수육류(鳥獸肉類) 또는 생선의 뼈나 살코기에 채소와 향신료를 조합하여 넣고 끓인 국물(stock)을 기본으로 하여 곡류, 육류, 생선, 채소, 가금류 등을 단독으로 넣거나 함께 섞어서 만든 국물요리의 일종으로 유동식 음식이라 할 수 있다. 따라서 스톡 품질은 수프를 만드는 데 가장 중요한 영향을 미친다. 프랑스 요리사 마르탱(F. Martin)은 스톡을 '소스의 영혼과 맑은 물'이라고 했다.

서양요리에서는 대개 맑은 수프가 식사의 첫 순서로 나오기도 하지만, 진하고 영양가 있는 수프는 중간코스로 나온다. 유럽에서는 채소나 과일 수프를 후식으로 즐겨 먹기도 한다. 중국에서는 식사 내내 맑은 수프를 마시기도 하며 유명한 제비집요리와 상어지느러미수프 같은 고급 수프는 다른 요리의 중간 또는 식사 마지막 무렵에 제공하기도 한다.

크림형태의 수프인 비스크와 차우더는 크림이나 우유에 조개나 생선, 고기나 채소를 넣어 만들기도 한다. 스튜와 같은 진한 수프는 전 세계 농촌지역 요리에서 발견되며 근채류, 콩, 훈제 육류나 신선한 육류가 들어간다.

서양요리에서 수프를 먹을 때는 왼손으로 수프접시를 잡고 수프 스푼을 본인 앞쪽에서 반대쪽을 향하게 하여 뜬 후, 소리가 나지 않게 먹는 것이 좋은 매너이다. 또한 프랑스인들은 수프 스푼을 가볍게 이로 물다시피 하면서 수프를 입에 흘려 넣으면서 넘긴다고 한다.

수프는 농도에 따라 맑은 수프(Clear soup), 진한 수프(Thick soup)가 있고, 온도에 따라 더운 수프(Hot soup)와 찬 수프(Cold soup)로 구분되며, 이용한 스톡의 종류나 결합한 내용물에 따라 그 성격이나 명칭이 달라진다.

수프는 주로 Appetizer(전채요리) 다음 코스에 제공되는 액체의 음식을 말한다. 또한 수프는 식재료를 넣고 은근한 불에 장시간 끓인다는 공통점이 있어 식재료의 형태에 제한받지 않는 예가 다른 요리에 비해 적다. 식재료는 요리하고 남은 것을 사용하여 잘 조리한다면 원가율을 줄일 수 있는 장점이 있다.

수프 농도에 따른 분류

(1) 맑은 수프(clear soup)

스톡과 맑은 수프는 기술과 요리 시간 면에서 비슷한 조리법이 이용된다. 주요 차이점이라면 맑은 수프는 그 자체로 제공되는 반면 스톡은 다른 요리의 재료로 사용된다는 것이다. 맑은 수프는 향을 뽑은 용액, 엑기스, 혹은 잘 걸러진 퓌레들이 독특한 특징을 만들기 위해 종종 사용되기도 한다. 식재료와 상관없이 끓이는 방법은 주로 White stock or broth를 이용하여 만든다. 대부분의 맑은 수프는 콩소메(consomme)가 주를 이루며, 그릇에 담은 후 띄우는 가니쉬에 Crepes, 당근, 마카로니 등이 쓰이며 어떤 것을 올리느냐에 따라 이름이 달라지기도 한다.

① Consomme soup

쇠고기 간 것과 닭고기 간 것에 채소와 향신료를 넣고 끓인 스톡에 달걀 흰자를 넣어 불순물을 제거하여 맑게 끓여 만든 수프로 단백질이 풍부하다. 품질 좋은 수프는 맑고 풍부한 맛을 지니며 향이 있고, 좋은 풍미와 인식할 수 있는 정도의 농도를 가지고 있다.

종류: Chicken consomme, Beef consomme, Fish consomme, Game consomme, Mushroom consomme 등 재료에 따라 맛과 이름이 달라진다.

② Broth soup

치킨이나 육류의 Stock을 1/3로 농축시킨 다음 건더기를 함께 넣은 수프이다. 끓이는 방법은 육류 또는 가금류, 생선, 뼈 등을 오븐에 구워 갈색을 낸 다음, 적절한 양념과 찬물을 섞어 재료가 완전히 잠기게 한 다음, 천천히 용액을 Simmer(은근히 끓이다)하여 최대한의 맛을 우려내고 자연적으로 투명하게 만들어야 한다.

종류: Fish Broth, Veal Broth, Turkey Broth, Game Bird Broth, Shellfish Broth, Vegetable Broth

③ Hearty Broth

Hearty Broth(하티 브로스)는 영양과 향미가 풍부하며 농도가 짙고 진한 질감을 가진 수프로서 육수보다는 다양한 재료를 곁들여 만듦으로써 한끼 식사대용으로도 손색이 없는 수프이다. Garnishes(곁들임)는 식빵을 사각형으로 자른 뒤 구워서 수프에 올려주는 곁들임과 채소를 띄워주는 것, 또는 프랑스식 그라탱으로 만든 양파수프 등이 있다.

④ Vegetable soup

비교적 맑은 국물에 채소 건더기가 많은 수프이다. 대표적인 것으로 Minestrone Soup와 French onion soup가 있다.

(2) 진한 수프(thick soup)

주로 Liaison(리에종)을 사용한 걸쭉한 상태의 soup를 말한다. 포타주(potage)라고도 하며, Cream, puree, Chowder, Bisque로 나눌 수 있다. 가니쉬를 띄우지 않을 때도 있지만, 흔히 크래커나 크루통(Crouton: 식빵을 사각으로 썰어 구운 것), 콘플레이크 등을 쓴다.

① Cream soup

Liaison(리에종)을 사용한 걸쭉한 상태의 수프로 White Roux와 milk를 사용하여 만드는 것이 기본이며, Veloute(Roux와 stock)를 이용하기도 하므로 두 가지로 예를 들 수 있으며 루를 우유나 스톡으로 풀어 주재료와 생크림을 넣고 만든 것이다. 여기에 건더기가 있으면 Chowder soup가 된다.

종류: Shrimp bisque soup, Mushroom cream soup, Broccoli cream soup

② Puree soup

퓌레 수프는 전분질이 있는 감자, 호박, 당근, 콩 등의 녹말성분이 많이 들어 있는 채소를 이용하여 걸쭉한 농도를 낸 Soup로 리에종이나 루를 사용하지 않기 때문에 크림수프에 비해 주재료의 향이 강하고 약간은 거칠어 자연적인 느낌을 갖기도 한다. 농도 또는 밀도를 높이기 위해 cream이나 milk를 사용하기도 한다.

종류: Pumpkin soup, Corn soup, Potato Soup

③ Chowder soup

크림수프에 생선, 채소를 주재료로 한 건더기를 넣은 수프이다. 수프를 끓일 때는 Roux(루)보다는 주로 감자를 사용하는 것이 특징이다.

종류: Clam chowder soup, Potato chowder soup, Corn chowder soup

④ Bisque soup

비스크 수프는 전통적으로 Lobster(바닷가재), Shrimp(새우) 등의 Shellfish를 이용하여 만든 진한 어패류 Soup로 고급 수프로 인식되어 각광받고 있다. 갑각류의 머리와 꼬리를 이용하여 향을 내며, 건더기로 살을 띄워주는 방법이어서 원가 절감에도 크게 기여한다고 할 수 있다. 농후제는 밀가루보다 쌀가루를 이용하는 것이 더 고급스럽게 느껴진다.

수프의 온도에 따른 분류

(1) Hot soup : 대부분의 수프는 더운 것이라고 할 수 있다.

종류: Mushroom, Broccoli, Asparagus, Carrot, Pumpkin 등

(2) Cold soup : 말 그대로 차가운 수프이다.

① Cold consomme soup : 쇠고기 간 것과 닭고기 간 것에 채소와 향신료를 넣고 끓인 스톡에 달걀 흰자를 넣은 뒤 불순물을 제거하여 맑게 끓여 만든 후, 차갑게 식혀서 제공하는 수프로 여름철에 주로 이용한다.

② Gazpacho soup : 오이와 토마토를 재료로 올리브유를 넣고 고운체에 거른 다음, 마요네즈와 케첩을 주재료로 만든 스페인의 Soup이다.

③ Cold cucumber soup : 오이를 갈아서 만든 차가운 수프이다.

④ Vichyssoise : 감자를 삶아 갈아서 만든 Soup이다.

⑤ 과일로 만든 수프로 Melon soup, Avocado soup 등이 있다.

수프 재료에 따른 분류

(1) 고기수프

① Borchtch soup

동유럽에서 주로 먹었던 수프이며, 고기와 국물을 함께 섞은 것으로 콩소메에 고기가 들어간 것이다.

② Goulash soup

쇠고기가 들어간 매운 채소 수프로 'Hungarian soup'이다.

(2) Vegetable Soup(채소수프)

Cabbage, Carrot, Onion, Tomato 등 여러 가지 채소와 토마토 페이스트를 이용하여 만든 대표적인 Italian Minestone soup가 있다.

(3) 생선수프

대표적인 것으로 Bouillabaiss soup가 있다. 피시 콩소메를 만든 후, 생선살, 조개 등의 내용물을 많이 넣어 만든 수프로 프랑스 요리의 대표적인 Soup이다.

(4) National soup

가장 대표적인 National Soup로는 프랑스의 부야베스(Bouillabaisse soup), 헝가리의 굴라쉬 수프(Goulash soup), 이탈리아의 미네스트로네(Minestrone soup), 스페인의 가스파초(Gazpacho soup), 러시아의 보르시(borsch), 미국의 클램 차우더(clam chowder), 영국의 아이리시 스튜(Irish stew), 우리나라의 다양한 죽 등이 있다.

(5) Special Soup(스페셜 수프)

Special Soup(스페셜 수프)는 특이한 재료를 사용하여 만들거나 제철에 수확되는 향미 있는 채소 및 어패류를 주재료를 이용하여 조리법을 독특하게 하여 만든 수프를 일컫는다. Special Soup(스페셜 수프)는 조리사의 능력에 따라 매우 다양하게 조리할 수 있지만 대표적인 것은 다음과 같다.

① Beef Tea Soup(비프 티 수프)
② Real Turtle Soup(자라 수프)

Bisque en Courte Soup
밀반죽을 덮어 구운 갑각류 향 수프

Ingredient/재료 및 분량

- Shrimp(새우) 2ea
- Crustacean(갑각류 부스러기) 100g
- Onion(양파) 30g
- Celery(셀러리) 15g
- Leek(대파) 10g
- Tomato paste(토마토 페이스트) 15g
- Rice powder(쌀가루) 10g
- Butter(버터) 30g
- Fresh cream(생크림) 40ml
- White wine(백포도주) 30ml
- Brandy(브랜디) 20ml
- Bay leaf(월계수잎) 1leaf
- Pepper corn(통후추) 2g
- Salt, Pepper(소금, 후추) 약간씩
- Chicken stock(육수) 100ml
- Puff Pastry dough(생지) 100g
- Egg yolk(달걀 노른자) 1ea

Cooking Method/조리방법

1. 생지 만들기(Puff Pastry dough)

재료

- Strong Flour(강력밀가루) 60g • Flour(중력 밀가루) 60g • Butter(버터) 10g • Egg(달걀) 17g
- Cold water(찬물) 45ml • Salt(소금) 1g • Roll in Butter(무스형태 버터) 40g

만들기

1) 두 종류의 밀가루를 고운체에 내려 녹인 버터를 넣고 반죽하여 냉장고에 넣어 휴지시킨다.
2) 휴지시킨 반죽을 꺼내 얇게 밀어 무스형태 버터를 발라 겹쳐서 다시 민다. 이와 같이 4회 반복하여 다시 휴지시킨 다음, 사용한다.

2. 갑각류 수프 조리하기(Bisque Soup Cooking)

1) 허드레 갑각류(새우 머리와 꼬리 포함)를 깨끗이 손질한 후, 오븐에서 구워 놓는다.
2) 두꺼운 냄비에 버터를 넣고 달군 다음 셀러리, 양파, 대파를 넣고 살짝 볶은 후 ①번을 추가하여 붉은색이 나도록 볶는다.
3) 토마토 페이스트를 넣고 볶다가 화이트 와인을 넣고 졸인 다음, 브랜디를 넣고 플랑베하여 잡맛이 날아가도록 한다.
4) 찹쌀가루를 넣고 잘 볶은 후, 스톡을 넣고 끓이면서 Spice(향신료)를 추가하여 충분히 끓여서 고운체에 거른다.
5) 다시 냄비에 담고 끓이면서 생크림을 넣고 농도를 조절하여 소금, 후추를 넣고 맛을 낸 다음, 차갑게 식힌다.

3. 완성하기(Completing)

1) 새우 몸통을 Shallow poach(살짝 데치기)하여 다이스로 썰어 놓는다.
2) 수프 볼에 식혀 놓은 수프를 담고 생지로 덮은 후, 가장자리를 눌러 완전하게 밀봉한 다음, 노른자를 골고루 바른다.
3) 150℃ 오븐에서 15분 정도 구워 엷은 브라운색을 낸 후, 가스 불에 올려 한 번 더 끓여 제공한다.

 Cooking Tip

- Puff Pastry dough(생지)를 씌운 En Courte Soup은 식재료 본래 향이 보존되도록 조리하여 제공하는 수프이므로 조리할 때 터지지 않도록 한다.
- 수프를 끓이는 허드레 갑각류는 오븐에서 한 번 구운 후 사용해야 잡맛을 없앨 수 있다.

Beef Consomme with Vegetable
채소를 넣은 맑은 쇠고기 수프

Ingredient/재료 및 분량

- Ground beef(쇠고기 간 것) 80g
- Beef muscle(쇠고기 스지) 150g
- Slice Onion(양파채) 100g
- Slice Carrot(당근채) 50g
- Celery(셀러리) 50g
- Beef stock(쇠고기 육수) 400ml
- Tomato(토마토) 30g
- White wine(백포도주) 20ml
- Sherry wine(셰리 와인) 약간
- Bay leaf(월계수잎) 1leaf
- Parsley stalk(파슬리 줄기) 1ea
- Egg white(달걀 흰자) 1ea
- Pepper corn(통후추) 3ea
- Clove(정향) 1ea
- Fresh Thyme(신선한 타임) 1g
- Salt, Pepper(소금, 후추) 약간씩

Cooking Method/조리방법

1. 가니쉬 만들기(Garnish)

재료

- Egg(달걀) 1ea • Carrot(당근) 10g • Celery(셀러리) 10g • Young Pumpkin(애호박) 10g

만들기

1) 달걀을 노른자와 흰자로 분리한 다음 지단을 부쳐 마름모꼴로 썬다.
2) 당근을 비롯한 채소를 살짝 데쳐 다이아몬드 형태로 썬다.

2. 콩소메 수프 조리하기(Consomme Soup Cooking)

1) 쇠고기 스지를 오븐에 구워 놓고, 양파, 당근, 셀러리 등 채소 1/2을 갈색으로 볶아 물에 혼합한 후, 브라운스톡을 끓여 놓는다.
2) 믹싱 볼에 쇠고기 간 것을 넣고 채소 1/2과 토마토, 향신료, 달걀 흰자(휘핑), 화이트 와인을 넣고 흰자의 형태가 살아 있도록 섞는다.
3) 두꺼운 냄비에 차가운 브라운스톡을 넣고 불 위에 올린 다음, ②번을 넣고 가스불을 중불로 켠다.
4) 나무주걱으로 저으면서 서서히 끓인다. 끓어 올라오면 가운데 구멍을 내고 약한 불로 줄인 후, 은근히 4~5시간 끓인다.

3. 완성하기(Completing)

1) 수프에 소금, 후추로 간을 한 후, 고운 소창에 걸러 맑은 수프를 얻는다.
2) 수프 볼에 Sherry wine을 먼저 넣고 콩소메 수프 200ml 이상을 담은 후, 가니쉬를 얹어 제공한다.

 Cooking Tip

- 쇠고기에 함유된 영양성분을 우려내는 수프이므로 투명하고 맑아야 한다.
- 맑은 수프를 얻으려면 끓이면서 거품과 기름을 잘 제거해야 한다.
- 가운데 구멍을 내고 불을 잘 조절해야 한다.

SOUP

Mushroom Cream Soup
양송이 크림수프

Ingredient/재료 및 분량

- Fresh Bottom Mushroom(양송이 버섯) 50g
- Shiitake mushroom(표고버섯) 20g
- Onion(양파) 20g
- Chicken stock(닭육수) 300ml
- Flour(중력밀가루) 15g
- Butter(버터) 30g
- Fresh cream(생크림) 30ml
- Milk(우유) 80ml
- White wine(백포도주) 15ml
- Parsley chopped(파슬리 찹) 1g
- Bay leaf(월계수잎) 1/2leaf
- Salt, Pepper(소금, 후추) 약간씩

Cooking Method/조리방법

1. 양송이 수프 조리하기(Mushroom Soup Cooking)

1) Fresh Bottom Mushroom(양송이버섯)과 Shiitake mushroom(표고버섯)을 가늘게 슬라이스하여 놓는다.(가니쉬로 사용할 버섯을 조금 남겨둔다.)
2) 양파를 가늘게 슬라이스로 썰어 놓는다.
3) 밀가루와 버터를 1:1로 섞은 다음 두꺼운 팬에서 White Roux(흰색 루)로 볶아 놓는다.
4) 두꺼운 냄비를 달군 다음, 버터를 두르고 양파를 넣어 볶다가 두 가지 버섯을 넣고 한 번 더 볶은 후, 화이트 와인을 추가하여 졸여준다.
5) ④번에 치킨스톡과 월계수잎, 화이트 루를 넣고 푹 끓인다.
6) 월계수잎을 건져내고 믹서기에 곱게 갈아 체에 거른다.
7) ⑥번을 냄비에 다시 담고 끓이면서 나무주걱으로 잘 저으면서 눌어붙지 않도록 한다.
8) 우유를 넣고 한소끔 더 끓인 후, 생크림을 첨가하여 열을 가한다.
9) 소금과 후추를 넣어 맛을 조절한다.

2. 완성하기(Completing)

1) 맛을 낸 수프를 불에서 내리고 버터를 넣어 버터 몽테를 한다.
2) 수프 볼에 200ml 이상의 수프를 담고, 준비해 놓은 가니쉬(양송이, 파슬리)를 띄워 제공한다.

 Cooking Tip

- 버섯 고유의 향을 살려야 한다.
- 수프는 농도가 중요하므로 반유동적 상태여야 한다.

Italian Style Seafood Soup
이탈리안 스타일의 해산물 수프

Ingredient/재료 및 분량

- Small Octopus(낙지) 30g
- Sole(넙치살) 20g
- Mussel(피홍합) 5ea
- Shrimp(새우) 2ea
- Clam(모시조개) 3ea
- Scallop(가리비살) 1ea
- Onion(양파) 20g
- Celery(셀러리) 15g
- Tomato(토마토) 20g
- Tomato paste(토마토 페이스트) 15g
- Garlic(마늘) 1ea
- Shiitake(표고버섯) 1ea
- White wine(백포도주) 20ml
- Fresh Basil(신선한 바질) 1leaf
- Red Paprika(붉은 파프리카) 10g
- Olive oil(올리브 오일) 20ml
- Italian Parsley(이태리 파슬리) 1leaf
- Salt, Pepper(소금, 후추) 약간씩

Cooking Method/조리방법

1. 해산물 수프 조리하기(Seafood Soup Cooking)

재료

- Olive oil(올리브 오일) 30ml • Vinegar(식초) 10ml • Lemon(레몬) 1/4ea • Dill(딜) 2g
- Mustard(양겨자) 5g • Tomato(토마토) 1/4ea • Basil fresh(바질) 1leaf
- Red Onion(적양파) 10g • Green Olive(그린 올리브) 2ea • White wine(백포도주) 10ml
- Salt, Pepper(소금, 후추) 약간씩

만들기

1) 낙지는 내장을 제거하고 먹기 좋은 크기로 썰어 놓는다.
2) 홍합은 깨끗이 다듬어 씻어 놓고, 조개는 소금물에 담가 해감시켜 놓는다.
3) 냄비를 달군 다음 올리브 오일을 넣고 양파를 살짝 볶다가 홍합과 조개를 넣고 화이트 와인을 추가하여 껍질이 벌어지도록 한다.
4) 새우를 살짝 삶아서 머리와 꼬리를 남기고 가운데 껍질만 제거한다.
5) 바질과 이태리 파슬리는 가니쉬 용도는 남겨두고, 나머지는 곱게 찹하여 놓는다.
6) 두꺼운 냄비에 올리브 오일을 두르고 달군 후 파프리카, 마늘 슬라이스, 양파 찹을 넣고 볶다가 토마토 페이스트를 넣고 7~8분 동안 볶아 신맛을 제거한다.
7) 낙지를 추가하고 스톡을 넣어 한소끔 더 끓이면서 조개와 홍합, 표고버섯, 새우를 넣어 익힌다.

2. 완성하기(Completing)

1) 소금, 후추로 맛을 낸다. 농도는 묽게 해야 시원한 맛을 낼 수 있다.
2) 깊은 수프용 그릇에 보기 좋게 담고, 바질과 차이브로 장식하여 제공한다.

 Cooking Tip

- 토마토 페이스트는 오래 볶아야 신맛이 없어지고 감칠맛이 난다.
- 해산물을 넣은 후에는 3~4분만 끓인다.
- 국물에 토마토 향이 스며 있어야 고급으로 평가받을 수 있다.

SOUP

Clam Chowder Soup
조개 차우더 수프

Ingredient/재료 및 분량

- Short-necked Clam(바지락) 15ea
- Leek(흰 대파) 20g
- Onion(양파) 20g
- Potato(감자) 50g
- Clam stock(조개육수) 300ml
- Lemon Zest(레몬 껍질) 10g
- Bay leaf(월계수잎) 1leaf
- Pepper corn(통후추) 3ea
- White wine(백포도주) 30ml
- Fresh cream(생크림) 25ml
- Milk(우유) 50ml
- Butter(버터) 30g
- Fresh Chervil(처빌) 1ea
- Salt, Pepper(소금, 후추) 약간씩

Cooking Method/조리방법

1. 차우더 수프 조리하기(Chowder Soup Cooking)

1) 양파와 대파는 가늘게 슬라이스하여 놓고, 감자는 썰어서 물에 담가 놓는다.
2) 조개를 씻어 해감시킨 후, 조개스톡을 끓여 국물과 건더기를 분리하여 놓는다.
3) 조리용 냄비를 달군 다음 버터를 두르고, 양파와 대파를 넣고 볶다가 감자를 추가하여 한 번 더 볶아준다.
4) ③번에 조개스톡과 월계수잎을 첨가하여 감자가 푹 익도록 충분히 끓인다. 우유를 넣고 한 번 더 끓여 믹서기에 곱게 갈아 고운체에 걸러 다시 냄비에 옮긴다.

2. 완성하기(Completing)

1) 냄비에 담긴 내용물에 우유와 생크림을 넣고 푹 끓이면서 소금, 후추로 간을 하여 맛을 낸다.
2) 버터 몽테 후 고운체에 걸러 수프 볼에 200ml 정도 양을 담는다.
3) 조갯살을 가운데 띄우고 레몬 제스트와 신선한 처빌로 장식하여 제공한다.

 Cooking Tip

- Chowder란 크림형태의 수프이며, 수프 안에 건더기가 곁들여지는 것을 말한다.
- 조개국물의 시원한 맛은 질소화합물인 타우린, 아미노산, 베타인, 핵산류와 호박산 등의 작용 때문이라고 할 수 있다.

Garlic Cream Soup with Ginseng
인삼을 곁들인 마늘 크림수프

Ingredient/재료 및 분량

- Garlic(마늘) 40g
- Jinseng(인삼) 20g
- Onion(양파) 20g
- Chicken stock(닭육수) 300ml
- Flour(중력밀가루) 20g
- Butter(버터) 30g
- Fresh cream(생크림) 30ml
- Milk(우유) 50ml
- White wine(백포도주) 15ml
- Bay leaf(월계수잎) 1/2leaf
- Parsley chopped(파슬리 찹) 1g
- Salt, Pepper(소금, 후추) 약간씩

Cooking Method/조리방법

1. 인삼 마늘 수프 조리하기(Ginseng with Garlic Cooking)

1) Garlic(마늘)과 Jinseng(인삼)을 가늘게 슬라이스하여 놓는다.
   (가니쉬로 사용할 인삼과 마늘을 조금 남겨둔다.)
2) 양파를 가늘게 슬라이스로 썰어 놓는다.
3) 밀가루와 버터를 1:1로 섞은 다음, 두꺼운 팬에 White Roux(흰색 루)로 볶아 놓는다.
4) 두꺼운 냄비를 달군 다음, 버터를 두르고 양파를 넣어 볶다가 마늘과 인삼을 넣고 한 번 더 볶은 후, 화이트 와인을 추가하여 졸여준다.
5) ④번에 치킨스톡과 월계수잎, 화이트 루를 넣고 푹 끓인다.
6) 월계수잎을 건져내고 믹서기에 곱게 갈아 냄비에 다시 담아 끓이면서 나무주걱으로 잘 저어서 눌어붙지 않도록 한다.

2. 완성하기(Completing)

1) 우유를 넣고 한소끔 더 끓인 후, 생크림을 첨가하여 열을 가한다.
2) 소금과 후추를 넣어 맛을 조절한 다음, 버터로 몽테하여 완성한다.
3) 수프 볼에 200ml 정도의 양을 담고 준비해 놓은 가니쉬를 띄워 제공한다.

 Cooking Tip

- 인삼과 마늘을 냄비에서 볶을 때, 속까지 익도록 볶아야 강한 향을 줄일 수 있다.
- 마늘과 인삼은 음식 궁합이 매우 잘 맞아 성인 건강에 좋은 식품이다.

Natural Oyster Cream Soup
자연산 굴 크림수프

Ingredient/재료 및 분량

- Natural Oyster(자연산 굴) 7ea
- Leek(흰 대파) 20g
- Onion(양파) 20g
- Potato(감자) 50g
- Short-necked Clam(바지락) 5ea
- Paprika powder(파프리카 파우더) 2g
- Bay leaf(월계수잎) 1leaf
- Pepper corn(통후추) 3ea
- White wine(백포도주) 30ml
- Fresh cream(생크림) 25ml
- Milk(우유) 50ml
- Butter(버터) 30g
- Parsley chopped(파슬리 찹) 1g
- Salt, Pepper(소금, 후추) 약간씩

Cooking Method/조리방법

1. 자연산 굴 수프 조리하기(Natural Oyster Soup)

1) 양파와 대파는 가늘게 슬라이스하여 놓고, 감자는 썰어 물에 담가 놓는다.
2) 바지락조개를 씻어 해감시킨 후, 조개 스톡을 끓여 국물과 건더기를 분리하여 놓는다.
3) 자연산 석화를 칼로 쪼개 알을 꺼낸다.
4) 두꺼운 조리용 냄비를 달군 다음 버터를 두르고, 양파와 대파를 넣고 볶다가 감자를 추가하여 한 번 더 볶아준다.
5) 조개 스톡과 월계수잎을 첨가하여 감자가 푹 익도록 충분히 끓여 믹서기에 곱게 간다.
6) 우유와 생크림, 파프리카 파우더를 넣고 한 번 더 끓여서 고운체에 걸러 다시 냄비에 옮긴다.

2. 완성하기(Completing)

1) 자연산 굴을 넣고 끓이면서 소금, 후추로 간을 하여 맛을 내고 익은 굴은 따로 분리한다.
2) 수프 볼에 200ml 정도 양을 담고, 건져 놓은 굴을 가운데 띄우고 파슬리 찹과 허브를 한 잎 꽂아 제공한다.

 Cooking Tip

- 바다의 우유 또는 바다의 보약이라 일컫는 굴은 일찍부터 서양인들이 더 좋아하고 애용해 온 것으로 알려져 있다. 굴의 단백질 함량은 10% 정도이며, 우유와 같이 영양분을 균형 있게 함유한 것이 특징이다.

SOUP

French Seafood Bouillabaisse
프랑스식 맑은 해산물 수프(부야베스)

Ingredient/재료 및 분량

- Shrimp(새우) 2ea
- Mussel(홍합) 3ea
- Medium Clam(중합) 1ea
- Razor clam(맛조개) 2ea
- Sole(허넙치) 10g
- Cuttlefish(갑오징어 다리) 20g
- Short-necked Clam(바지락) 5ea
- Saffron(사프란) 약간
- Onion(양파) 20g
- Garlic(마늘) 5g
- Tomato(토마토) 20g
- Bay leaf(월계수잎) 1leaf
- Pepper corn(통후추) 3ea
- White wine(백포도주) 30ml
- Thyme(타임) 1stalk
- Parsley chopped(파슬리 찹) 1g
- Fresh Chervil(프레시 처빌) 1stalk
- Salt, Pepper(소금, 후추) 약간씩

Cooking Method/조리방법

1. 부야베스 수프 조리하기(French Bouillabaisse Soup)

1) 바지락조개와 홍합을 함께 끓여 스톡을 만들어 놓는다.
2) 맛조개와 새우, 오징어다리는 깨끗이 손질하여 놓는다.
3) 두꺼운 조리용 냄비를 달군 후 마늘과 양파 슬라이스를 넣고 볶다가 맛조개와 오 징어다리를 넣고 화이트 와인을 넣어 졸인 후 스톡을 넣고 끓인다.
4) ③번에 토마토 다진 것과 타임을 넣고 한소끔 끓인 다음, 사프란을 추가하여 열 을 가한다.
5) ④번에 소금과 후추로 간하여 맛을 낸 다음, 건더기를 건져 맑은 국물(콩소메)을 만든다.

2. 완성하기(Completing)

1) 맑게 맛을 낸 생선 콩소메에 익혀 놓은 조개와 생선살을 넣은 다음, 한 번 더 끓 인다.
2) 최종으로 맛을 확인하고 그릇에 보기 좋게 입체적으로 담고, 처빌로 장식하여 제 공한다.

 Cooking Tip

- Bouillabaisse는 프랑스풍의 맑은 해산물 수프를 일컫는다. 따라서 약한 불에서 서서히 끓여 생선살이 부서지지 않도록 하고, 국물 은 한국인이 느끼는 시원한 해산물 맛이 나야 한다.
  세계 3대 수프에 속한다.

Barley Cream Soup with Carrot
당근을 곁들인 보리 크림수프

Ingredient/재료 및 분량

- Barley(보리) 50g
- Onion(양파) 20g
- Carrot(당근) 10g
- Celery(셀러리) 10g
- Bay leaf(월계수잎) 1leaf
- Young Pumpkin(애호박) 10g
- Flour(밀가루) 15g
- Butter(버터) 30g
- Fresh Cream(생크림) 50ml
- Milk(우유) 60ml
- Chicken Stock(닭육수) 300ml
- White wine(백포도주) 20ml
- Salt, Pepper(소금, 후추) 약간씩

Cooking Method/조리방법

1. 보리 크림수프 만들기(Barley Cream Soup Cooking)

1) 보리를 미지근한 물에 담가 충분히 불린 후, 채반에 건져 물기를 제거한다.
2) 당근과 애호박을 얇게 밀어 장식용 마름모꼴로 소량을 썰어 놓고 나머지는 볶는 용으로 준비한다.
3) 밀가루와 버터를 1:1로 섞은 후, 냄비에 볶아 White Roux(흰색 루)를 만들어 놓는다.
4) 두꺼운 조리용 냄비를 불 위에 올려 달군 다음, 버터를 두르고 양파와 당근, 셀러리 슬라이스를 넣고 볶으면서 화이트 와인을 넣어 졸인다.
5) ④의 불려 놓은 보리를 넣어 한 번 더 볶아준 후, 치킨스톡과 월계수잎을 추가하여 푹 끓여준 다음, 소량의 보리를 건져 놓고 나머지는 믹서기에 곱게 갈아 체에 거른다.
6) ⑤번의 내용물을 냄비에 다시 담아 끓이면서 볶아 놓은 화이트 루(Roux)를 넣어 농도를 조절한다.
7) ⑥번의 내용물에 우유를 넣고 한소끔 끓인 다음, 생크림을 첨가하여 끓인다.

2. 완성하기(Completing)

1) 소금, 후추로 간을 하여 맛을 조절하고 버터 몽테를 한다.
2) 수프 볼에 200ml 정도를 담고, 남겨 놓은 보리와 마름모꼴 당근, 애호박을 위에 띄워 제공한다.

Cooking Tip

- 다른 곡류에 비해 보리에는 탄수화물이 비교적 작게 함유되어 있어 당뇨환자 식단이나 다이어트 식단에 잘 어울린다.

Bisque with Crabmeat
게다리 살을 곁들인 비스크 수프

Ingredient/재료 및 분량

- Crab leg(게다리살) 30g
- Crustacean(통게나 갑각류) 100g
- Onion(양파) 30g
- Celery(셀러리) 15g
- Leek(대파) 10g
- Tomato paste(토마토 페이스트) 15g
- Rice powder(쌀가루) 10g
- Butter(버터) 30g
- Fresh cream(생크림) 40ml
- Chicken stock(육수) 100ml
- White wine(화이트 와인) 30ml
- Brandy(브랜디) 20ml
- Bay leaf(월계수잎) 1leaf
- Pepper corn(통후추) 2g
- Salt, Pepper(소금, 후추) 약간씩

Cooking Method/조리방법

1. 비스크 수프 조리하기(Bisque Soup Cooking)

1) 통꽃게 또는 허드레 갑각류를 깨끗이 손질한 후, 오븐에 구워 놓는다.
2) 두꺼운 냄비에 버터를 넣어 달군 다음, 셀러리, 양파, 대파를 넣고 살짝 볶은 후 ①번을 추가하여 붉은색이 나도록 볶는다.
3) ②번에 토마토 페이스트를 넣고 볶다가 화이트 와인을 넣고 졸인 다음, 브랜디로 플랑베하여 잡맛이 날아가도록 한다.
4) ③번의 내용물에 찹쌀가루를 넣고 잘 볶은 후, 닭육수를 넣어 끓이면서 Spice(향신료)를 추가하여 충분히 끓인 다음, 고운체에 거른다.
5) 다시 냄비에 담고 끓이면서 생크림을 추가하여 농도를 조절하고 소금, 후추를 넣어 맛을 낸다.
6) Crab leg(게다리살)을 파이팬에 놓고 화이트 와인을 뿌려 오븐에 넣어 살짝 익혀 놓는다.

2. 완성하기(Completing)

1) 볼에 맛을 낸 수프 200ml 이상을 담는다.
2) 오븐에서 익힌 홍게다리살을 가니쉬로 띄우고 허브잎을 얹어 제공한다.

 Cooking Tip

- 수프의 농후제는 밀가루보다 쌀을 이용하는 것이 더 좋다.
- 잡맛을 없애고 갑각류 향을 높이려면 브랜디 플랑베를 필히 해야 한다.
- 볶는 과정에서 내용물을 육안으로 잘 살펴서 검붉은색이 되지 않도록 한다.

SOUP

Nurungji Cream Soup with Abalone
전복을 넣은 누룽지 크림수프

Ingredient/재료 및 분량

- Nurungji(누룽지) 40g
- Abalone(전복) 30g
- Short-necked Clam(바지락) 10ea
- Onion(양파) 20g
- Leek(대파) 10g
- Celery(셀러리) 20g
- Sesame oil(참기름) 5ml
- Bay leaf(월계수잎) 1leaf
- Butter(버터) 30g
- Fresh Cream(생크림) 50ml
- Milk(우유) 60ml
- White wine(백포도주) 20ml
- Salt, Pepper(소금, 후추) 약간씩

Cooking Method/조리방법

1. 전복 누룽지 수프 조리하기(Abalone Soup Cooking)

1) 브라운색 누룽지를 미지근한 물에 담가 충분히 불린 후, 건져서 물기를 제거한다.
2) 양파와 셀러리, 당근을 슬라이스하여 놓는다.
3) 전복은 살짝 데쳐 찹을 하여 놓는다.
4) 바지락과 허드레 채소를 이용하여 조개 스톡을 만들어 놓는다.
5) 두꺼운 조리용 냄비를 불 위에 올려 달군 다음, 버터를 두르고 양파와 대파, 셀러리 슬라이스를 넣고 볶으면서 화이트 와인을 첨가하여 졸인다.
6) ⑤번에 불려 놓은 누룽지를 넣어 한 번 더 볶아준 후, 조개 스톡과 월계수잎을 넣고 푹 끓여준 다음, 믹서기에 곱게 갈아 체에 걸러 냄비에 다시 담아 끓인다.
7) 전복찹을 소량만 남기고 참기름에 볶아 ⑥번의 내용물에 혼합한다.
8) ⑦번의 내용물에 우유를 넣고 한소끔 끓인 다음, 생크림을 첨가하여 끓인다.

2. 완성하기(Completing)

1) 소금, 후추로 간을 한 후 버터 몽테하여 맛을 낸다.
2) 수프 볼에 200ml 정도의 양을 담고, 남겨 놓은 전복 다이스와 파슬리 찹을 띄워 제공한다.

 Cooking Tip

- 고소한 맛을 높이려면 브라운색이 있는 누룽지를 고른다.
- 전복은 참기름에 볶는다.

Green Peas Soup with Bacon
베이컨을 곁들인 완두콩 크림수프

Ingredient/재료 및 분량

- Green peas(완두콩) 50g
- Green Beans(줄기콩) 30g
- Potato(감자) 25g
- Leek(흰 대파) 20g
- Onion(양파) 20g
- Chicken stock(닭육수) 300ml
- Bacon(베이컨) 20g
- Bay leaf(월계수잎) 1leaf
- Fresh cream(생크림) 15ml
- Milk(우유) 50ml
- Butter(버터) 30g
- Salt, Pepper(소금, 후추) 약간씩

Cooking Method/조리방법

1. 완두콩 크림수프 조리하기(Green peas Soup Cooking)

1) 양파와 대파는 가늘게 슬라이스하여 놓고, 감자는 썰어 물에 담가 놓는다.
2) 완두콩은 깨끗이 씻어 놓고, 줄기콩은 물에 살짝 데쳐 놓는다.
3) 두꺼운 조리용 냄비를 달군 다음 버터를 두르고, 양파와 대파, 베이컨을 넣어 볶다가 감자를 추가하여 한 번 더 볶아준다.
4) ③번에 완두콩과 줄기콩을 소량 남기고, 나머지를 냄비에 넣고 한소끔 볶은 후, 월계수잎, 치킨스톡을 첨가하여 5분 정도 끓인다.
5) 베이컨은 건져 놓고, 나머지 내용물은 믹서기에 곱게 갈아 다시 냄비에 옮긴다.
6) ⑤번의 내용물에 우유와 생크림을 차례로 넣고 끓이면서 농도를 조절한다.

2. 완성하기(Completing)

1) 소금, 후추로 간을 맞추고 버터 몽테하여 맛을 낸다.
2) 수프 볼에 200ml 정도 담고, 줄기콩 슬라이스와 브라운색을 낸 베이컨을 위에 띄워 제공한다.

 Cooking Tip

- 완두콩 수프는 녹색을 잘 유지하는 것이 관건이다. 그렇게 하기 위해서는 완두콩을 넣고 오래 끓이지 않아야 한다.
- 농후제로는 밀가루보다 감자를 사용하는 것이 더 효과적이다.

Cream Soup with Blue Crab
바다 꽃게 크림수프

Ingredient/재료 및 분량

- King Crab(왕게다리살) 10g
- Blue Crab(꽃게) 100g
- Onion(양파) 30g
- Celery(셀러리) 15g
- Carrot(당근) 15g
- Flour(밀가루) 20g
- Butter(버터) 30g
- Milk(우유) 50ml
- Fresh cream(생크림) 40ml
- White wine(백포도주) 30ml
- Brandy(브랜디) 20ml
- Bay leaf(월계수잎) 1leaf
- Chicken stock(닭육수) 100ml
- Pepper corn(통후추) 2g
- Salt, Pepper(소금, 후추) 약간씩

Cooking Method/조리방법

1. 꽃게 크림수프 조리하기(Blue crab Soup Cooking)

1) 꽃게 다리를 깨끗이 손질한 후, 오븐에서 구워놓는다.
2) King Crab(왕게다리살)을 파이팬에 놓고 화이트 와인을 뿌려 오븐에 넣어 살짝 익혀 놓는다.
3) 두꺼운 냄비에 버터를 넣고 달군 다음, 셀러리, 양파, 당근을 넣고 살짝 볶은 후 ①번을 추가하여 볶는다.
4) ③번의 내용물에 화이트 와인을 넣고 졸인 다음, 브랜디 넣고 플랑베하여 잡맛이 날아가도록 한다.
5) ④번에 스톡을 넣고 끓이면서 Spice(향신료)를 추가하여 충분히 끓인 후, 고운체에 거른다.
6) 밀가루와 버터를 1:1로 혼합하여 프라이팬에 볶아 White Roux(흰색 루)를 만든 다음, ⑤번에 Mix(혼합)하여 농도를 조절한다.

2. 완성하기(Completing)

1) 우유와 생크림을 넣고 한소끔 끓인 후, 소금, 후추로 맛을 낸다.
2) 수프 볼에 200ml의 양을 담고, 익혀 놓은 왕게다리살과 처빌을 띄워 제공한다.

 Cooking Tip

- 갑각류 향이 풍부한 수프여야 하므로 바닷가재, 새우, 게 등의 껍질을 많이 활용하면 좋다.
- 허드레 갑각류를 활용할 때는 오븐에서 완전히 익힌 다음, 스톡을 끓여 사용한다.

Sweet Pumpkin Soup with Potato Gnocchi
감자 뇨키를 곁들인 단호박 수프

Ingredient/재료 및 분량

- Sweet pumpkin(단호박) 1/6ea
- Onion(양파) 20g
- Chicken stock(치킨스톡) 400ml
- Milk(우유) 60ml
- Fresh cream(생크림) 50ml
- Butter(버터) 50g
- Bacon(베이컨) 30g
- Sugar(설탕) 10g
- Bay leaf(월계수잎) 1leaf
- Herb(허브) 1leaf
- Salt, Pepper(소금, 후추) 약간씩

Cooking Method/조리방법

1. 뇨키 만들기(Potato Gnocchi Cooking)

재료
- Potato(감자, 대) 1ea • Flour(밀가루) 50g • Parmesan cheese(파마산 치즈가루) 10g
- Nutmeg(넛멕) 0.5g • Parsley(파슬리) 5g

만들기
1) 감자를 푹 삶아 체에 내린다.
2) 밀가루와 파마산 치즈, 넛멕, 파슬리 찹을 넣고 반죽한다.
3) 3cm 크기 leaf(나뭇잎) 모양을 6개 만든다.
4) ③번을 물에 삶아 건진 후, 수프에 곁들인다.

2. 수프 만들기(Soup Cooking)

1) 단호박과 양파를 슬라이스한다.
2) ①번을 버터에 두른 냄비에 베이컨과 함께 볶은 다음 스톡과 월계수잎을 넣고 10분 정도 끓인다.
3) ②번의 내용물을 믹서기에 곱게 갈아 냄비에 다시 넣고 끓인다.

3. 완성하기(Completing)

1) 우유를 넣고 5분 정도 끓인 후, 다시 생크림과 설탕, 소금, 후추를 넣고 5분 정도 끓여 맛을 낸다.
2) 버터 몬테를 한 다음 고운체에 걸러 수프 볼에 250ml 정도를 담는다.
3) 단호박 다이스 삶은 것과 만들어놓은 나뭇잎 모양의 뇨키를 위에 띄워 제공한다.

 Cooking Tip

- Gnocchi : 감자, 호밀, 옥수수 등 다양한 재료를 이용하여 만드는 이태리식 요리이다.
  방법은 감자를 찐 다음 껍질을 제거하고, 분쇄기로 미세하게 분쇄한다.
  달걀, 밀가루와 함께 기타 재료를 혼합하여 도우를 완성한다.
  여러 형태로 모양을 만든 후, 삶아서 토마토 또는 크림소스에 버무려서 제공한다.

Part 3

Salad & Dressing

The Professional Western Cuisine

The Professional Western Cuisine

Salad & Dressing

현대인은 건강을 최우선으로 여기는 성향 때문에 채소를 이용한 샐러드에 대한 관심이 지속적으로 높아지고 있다. 샐러드는 서양요리에서 주로 육류요리와 함께 먹는 것으로 채소와 과일을 주재료로 하며, 마요네즈를 주원료로 하는 드레싱이나 식초와 오일(샐러드, 올리브)을 소스에 곁들여 먹는 것을 말한다. 샐러드는 필수지방산과 미네랄을 섭취하는 데 크게 도움이 되어 건강한 육체를 유지하는 데 매우 유익하다고 할 수 있다. 라틴어 'Sal(소금)'에서 유래되었다고도 하며, 16세기경 프랑스에서 'Salade'라 불리었던 채소그릇 모양이 반구형 투구와 비슷한 데서 유래된 것으로 전해지고 있다. 샐러드를 만들 때는 신선한 채소를 사용하는 것이 매우 중요하다. 특히 여름철 같은 때는 재료를 찬물에 충분히 담가서 채소 본래의 모양을 살려 사용해야 제맛을 낼 수 있다. 재료를 씻은 후에는 물기를 완전히 빼는 것이 좋고, 시저 샐러드와 같이 소스에 무치는 것은 식탁에 내기 직전에 버무리는 것이 좋다. 향신료나 양념을 효과적으로 사용하고, 토마토 등의 빛깔 있는 재료를 섞어 시각적인 효과를 내어 미각을 한층 돋우도록 한다. 그린샐러드의 영양가는 옛날부터 높이 평가되어 왔는데, 이는 각종 비타민과 무기질이 다량 함유되어 있기 때문이다. 샐러드는 재료에 따라 단순샐러드와 혼합샐러드, 복합샐러드로 구분한다.

Salad(샐러드)의 종류

① 단순샐러드(Simple Salad)

Green chicory, Lettuce, Mustard leaf 등 신선한 채소로만 만든 샐러드를 일컫는 것으로 조리사의 능력에 따라 다양하게 만들 수 있다.

종류 : Green salad, Romaine salad, Lettuce salad, Cucumber salad 등

② 혼합샐러드(Mixed Salad)

Fresh Vegetable(신선한 채소)과 함께 과일, 육류, 가금류, 해산물 등을 혼합하여 만든 샐러드를

말한다.

종류 : Chicken salad, Seafood salad, Beef salad, Duck Breast salad 등

③ 복합샐러드(Combined Salad)

한 접시에 맛, 형태, 질감 등이 서로 다른 다양한 샐러드의 조합으로 형성된 것이며, 주요리로 제공되는 것과 전채(Appetizer) 등으로 제공되는 것을 뜻한다. 만들 때 주의할 점은 각 재료가 다른 재료와 얼마나 잘 어울리는지를 고려하고 접시의 각 구성요소는 완전하게 준비되어야 하며, 각 구성성분을 배열할 때는 음식의 질감과 색깔이 조화를 이루도록 테크닉을 발휘해야 한다.

드레싱(Dressing)의 종류

드레싱은 샐러드의 맛을 조절하고 향과 풍미를 제공하는 것으로 유럽에서는 Vinaigrette(비네그레트) 또는 Sauce(소스)라고 부르며, 미국에서는 드레싱이라 부른다. 드레싱의 종류에는 마요네즈 계열과 Salad Oil & Vinegar(샐러드 오일과 식초) 계열 등으로 분류할 수 있다.

① French Dressing(프렌치 드레싱) : 샐러드 오일과 식초, 머스터드, 마늘, 향신료를 넣고 만든 드레싱이다.

② Italian Dressing(이탈리안 드레싱) : 오일에 적포도주, 식초, 마늘, 타라곤 등으로 만든 것이다.

③ Blue Cheese Dressing(블루치즈 드레싱) : 프렌치 드레싱에 블루치즈를 갈아 넣은 것으로 독특한 냄새가 나는 것이 특징이다.

④ Thousand Island Dressing(사우전드아일랜드 드레싱) : 마요네즈, 토마토 케첩, 삶은 달걀, 양파, 후추 등을 넣어 고형물이 1,000개의 섬이 보이는 것처럼 만든 것이다.

⑤ Russian Dressing(러시안 드레싱) : 사우전드아일랜드 드레싱에 캐비아(Caviar) 등을 넣은 드레싱이다.

⑥ Anchovy Dressing(앤초비 드레싱) : 멸치 페이스트(Anchovy Paste), 달걀, 겨자, 레몬주스 등으로 만든 드레싱이다.

⑦ Fruits Dressing(과일 드레싱) : 키위, 오렌지, 딸기 등 여러 가지 과일을 이용하여 오일과 식초, 레몬주스를 이용하여 만든 드레싱이다.

Oil(오일)의 종류 및 특징

① Corn Oil (옥수수 오일)

옥수수의 씨눈에서 채취한 옥수수 오일은 비타민 E를 다량 함유하고 있고 산화되지 않는 특성이 있으며 보관성이 매우 좋다. 가격이 저렴하고 구입하기도 쉬워 경제적이기도 하며, 주로 샐러드 드레싱이나, 튀김 오일, 마요네즈 제조 등에 다양하게 쓰인다.

② Sesame Oil (참깨 오일)

참기름은 참깨를 볶아 유지를 활성화시킨 뒤 압착하여 만든 것으로 필수지방산이 매우 많이 함유되어 있어 부드럽고 고소한 맛이 강한 냄새가 나는 것이 특징이다. 때문에 샐러드를 비롯한 서양요리에서는 순한 기름에 희석하여 사용하는 것이 좋다. 우리나라 전통요리에서 조미료로 가장 많이 쓰인다.

③ Olive Oil(올리브 오일)

올리브 오일은 올리브 열매로부터 얻은 식물성 기름을 말한다. 주로 지중해에 연안인 이태리, 스페인 등이 원산지이며 이 지역의 요리에 주로 이용된다. 특유의 향과 맛이 좋고 올레인산 함유량이 많아 전 세계에서 최고급 오일로 각광받는다. 식용 외에도 화장품, 약품, 비누 등의 원료로도 이용된다. Extra Virgin Olive Oil(엑스트라 버진 올리브 오일)은 순도가 가장 높고 다양한 맛과 향을 가지고 있어 올리브 오일 중에서도 최고급에 속한다. 샐러드 소스로 곁들여지는 비네그레트에는 주로 올리브 오일을 많이 사용한다.

④ Peanut Oil(땅콩 오일)

땅콩 오일은 땅콩 열매에서 얻으며, 향이 강하고 비타민 E를 함유하고 있으며 쉽게 산화되지 않는 오일로 견과류의 깊은 맛이 있어 샐러드 드레싱 제조 시에 많이 쓰인다.

⑤ Walnut Oil(호두 오일)

호두에는 단백질과 소화흡수가 잘되는 지방성분이 다량 함유되어 있으며 알칼리성 식품으로 몸에 쌓여 있는 노폐물을 씻어내는 작용도 하며 혈중 콜레스테롤의 양을 감소시키는 필수지방산이 많기 때문에 혈관 벽의 콜레스테롤 부착을 억제시켜 주는 작용을 한다. 이러한 성분이 함유된 호두는 비가열 압착으로 오일을 만들기 때문에 맛이 부드러워 샐러드에 사용되는 드레싱 재료로 많이 애용된다.

⑥ Sunflower Oil(해바라기 오일)

해바라기씨에는 엽산성분이 풍부하게 함유되어 있는데 이 엽산은 혈액응고와 동맥경화를 촉진하는 성분을 감소시켜 주어 심장질환과 뇌졸중 예방에 좋다고 알려져 있다. 또한 해바라기씨에는 비타민 A, 비타민 E성분이 풍부하게 함유되어 있어 각종 질병을 예방해 주는 효능이 좋다. 이렇듯 기능성이 함유된 해바라기씨에서 얻어지는 해바라기씨 오일은 맛이 부드럽고 향이 좋아 드레싱용으로 잘 어울린다.

Vinegar(식초)의 종류 및 특징

식초는 체내에 들어가면 알칼리성으로 바뀌어 우리의 위와 장 속의 노폐물을 세척해 주는 역할을 한다. 피로감이 느껴질 때 식초를 마시면 신체조직에 축적된 젖산을 빠르게 분해하여 체내 대사를 원활하게 해주어 피로를 회복시켜 준다. 식초는 아세테제라고 하는 균의 작용으로 와인 또는 여러 식품이 발효되어 만들어지며 샐러드 드레싱을 만들기 위해 사용되는 기초 재료로써, 식초의 산미는 소화를 촉진시키고 채소의 향기를 높이는 역할을 한다. 또한 짠맛을 덜어주고 지방을 중화하는 효과도 있다. 과일식초에 많이 든 비타민 C와 초산·아미노산·사과산·호박산·주석산 등을 비롯한 60여 종의 유기산이 항산화작용으로 활성산소를 제거해 노화를 방지하고 동맥을 보호하며 콜레스테롤이 생성되는 것을 억제하여 혈액순환을 원활하게 해준다. 또한 암 예방에 도움이 된다.

① Balsamic Vinegar(발사믹 식초)

Balsamic Vinegar(발사믹 식초)는 빛깔 좋은 붉은 갈색의 이탈리안 식초로 단맛이 강한 포도즙을 나무통(오크통)에 넣어 목질이 다른 통에 여러 차례 옮겨 담아 5년 이상 숙성시킨 포도주 식초이다. 식초 가운데 가장 고급으로 인정받으며, 그 자체만으로도 드레싱으로 쓰일 만큼 맛과 향기가 뛰어나다. 샐러드 드레싱뿐 아니라 생선이나 육류 요리용 소스로도 쓰이고 올리브 오일에 한 방울 떨어뜨린 뒤 바게트빵이나 흑빵을 찍어 먹으면 버터와는 매우 다른 색다른 맛이 난다. 이탈리아의 북부 에밀리아로마냐주 모데나 지방의 레조에밀리아에서 전통적인 기법으로 만든 식초가 가장 상품이며 와인과 마찬가지로 숙성된 기간이 길수록 향기와 풍미가 좋고, 시럽 같은 농도의 액체에 짙은 다갈색으로 독특한 향기를 가진 것이 특징이다.

② White Wine Vinegar(백포도주 식초)

White Wine Vinegar(화이트 와인식초)는 프랑스에서 생산되는 다양한 품종으로 만든 화이트 와인을 다시 발효시킨 것을 말하며, 맛이 달면서 깨끗하고 상큼함을 가지고 있어 신선한 채소와 함께 먹는 소스에 잘 어울린다.

③ Red Wine Vinegar(적포도주 식초)

Red Wine Vinegar(레드 와인식초)는 포도로 만든 일반적인 식초를 일컫는 것으로 모든 레드 와인으로 만들 수 있으며, 화이트 와인식초보다는 맛이 강하면서도 달콤하다. 약간의 타닌 맛으로 드레싱이나 조림용 소스로 잘 어울려 채소 샐러드 드레싱으로 많이 활용된다.

④ Herb Vinegar(허브식초)

White wine Vinegar(화이트 와인식초)에 신선한 허브 Basil, Rosemary, Thyme, Sage, Bay leave를 첨가하여 숙성시킨 것으로 색과 풍미가 훌륭하여 여러 가지 요리와 조화를 잘 이룬다.

⑤ Apple Vinegar(사과식초)

사과식초에는 유기산이 소량 함유되어 있고, 사과산이 대부분이며, 무기질의 경우 칼륨이 많고 그 밖에 칼슘, 철분도 함유되어 있어 정장작용과 함께 고혈압을 예방하기도 한다. 잘 익은 사과 과즙이 주원료이며 사과 특유의 상큼한 풍미가 풍부해 현대인에게 매우 인기가 높다. 채소 드레싱은 물론 다양한 요리에 폭넓게 쓰인다.

3 Kinds of Cherry Tomato & Richtta Cheese Salad with Basil oil

바질 오일로 맛을 낸 삼색 토마토와 어린잎 야채 샐러드

Ingredient/재료 및 분량

- Red Cherry tomato(빨강 방울토마토) 2ea
- Yellow cherry tomato(노랑 방울토마토) 2ea
- Green cherry tomato(파랑 방울토라토) 2ea
- Edible flowers(식용꽃) 3g
- Frisee(프리세) 3g
- Ricotta cheese(리코타 치즈) 80g
- Apple(사과) 30g
- Shallot(샬롯) 20g
- Green chile(청고추) 20g
- Coriander(고수) 3g
- Hot sauce(핫소스) 1ts
- Lemon(레몬) 1/4ea
- Mixed baby leaves(어린잎 야채) 5g
- Basil(바질) 90g
- Olive oil(올리브오일) 150ml
- Salt & Pepper(소금, 후추) 약간

Cooking Method/조리방법

1. 바질 오일(Basil Oil)

Ingredients

- Basil(바질) 90g • Olive oil(올리브오일) 150ml

Cooking Sauce

1) 끓는물에 바질을 가볍게 데쳐내어 찬물에 담가둔다. 바질을 건져내어 손으로 물기를 짜서 블렌더에서 갈아줄 수 있도록 적당히 슬라이스한다.
2) 블렌더에 바질과 올리브오일을 넣고 곱게 갈아준다.
3) 갈아준 바질오일을 소스팬(Sauce pan)에 부어주고 약불로 열을 가하여 수분을 날려준다. 튀겨지는 소리가 나는데 끓으면서 수분이 날아가게 된다.
4) 얼음을 넣은 볼(bowl)에 오일을 식힌다. 식으면 볼 위에 면보를 깔고 오일을 부어서 걸러 주고 면보를 가볍게 눌러준다는 느낌으로 짜서 바질오일을 완성한다.

2. 사과 살사 조리하기(Apple Salsa Cooking)

- Apple(사과) 30g • Shallot(샬롯) 20g • Green chile(청고추) 20g • Coriander(고수) 3g
- Hot sauce(핫소스) 1ts • Lemon Zest(레몬 제스트) 1ts • Lemon juice(레몬 쥬스) 2Ts
- Olive oil(올리브 오일) 1ts • Salt & Pepper(소금, 후추) 약간

1) 사과는 껍질을 제거하고 브루노아즈(Brunoise) 사이즈로 자른다. 샬롯과 청고추도 동일한 사이즈로 자르고, 고수는 찹(chop)으로 준비한다.
2) 레몬 껍질은 제스트(Zest)하여 화인 다이스(Fine dice)하고, 과육은 제스터(Zester)를 이용해 레몬즙을 내려 소창에 걸러서 레몬 쥬스(Lemon juice)를 준비한다.
3) 볼(bowl)에 ①, ②를 넣고 핫소스(Hot sauce), 레몬 쥬스, 소금, 후추로 간한다.

3. 샐러드 조리하기(Cherry Tomato & Richtta Cheese Salad)

1) 어린잎 야채, 식용꽃, 프리세(Frisee)는 찬물에 담가서 싱싱하게 한다. 다듬어 물기를 제거해 놓는다.
2) 끓는물에 3색 체리토마토를 데쳐내어 얼음물에 담가 식힌 후, 껍질을 벗겨 놓는다.
3) 리코타 치즈(Ricotta cheese)는 라지 다이스(Large dice)로 5~6개 준비한다.

4. 접시담기(Plating)

1) 접시 중앙에 리코타 치즈를 5~6개 놓고 위에 어린잎 야채를 올린다.
2) 리코타 치즈 주변에 껍질을 제거한 삼색 토마토가 대칭을 이루도록 놓는다.
3) 어린잎 야채와 토마토 위에 사과 살사를 올리고, 바질 오일(Basil oil)을 골고루 뿌려준다.
4) 식용꽃과 프리세로 장식하여 마무리한다.

Caesar Salad with Baked Bacon
구운 베이컨을 곁들인 시저 샐러드

Ingredient/재료 및 분량

- Romain Lettuce(이태리 상추) 70g
- Caesar Dressing(시저 드레싱) 80g
- Parmesan Cheese(파르메산 치즈) 15g
- Garlic Bread croutons (마늘 크루통) 10g
- Bacon(베이컨) 20g
- Red Onion(붉은 양파) 20g

Cooking Method/조리방법

1. 시저 드레싱 만들기(Caesar Dressing)

재료

- Egg yolk(달걀 노른자) 1ea • Olive oil(올리브 오일) 60ml • Anchovy(앤초비) 10g
- Garlic Chopped(마늘 찹) 1ea • Lemon juice(레몬주스) 10ml • Vinegar(식초) 20ml
- Parmesan cheese(파르메산 치즈) 20g • Mustard(양겨자) 5ml
- Salt, Pepper(소금, 후추) 약간씩

만들기

1) Anchovy(앤초비)와 Garlic(마늘)은 곱게 다져 놓는다.
2) 믹싱 볼에 달걀 노른자와 양겨자를 혼합하여 잘 젓는다.
3) 올리브 오일을 조금씩 넣어가면서 Whisk로 잘 저어 유화시킨다.
4) 식초와 마늘 찹, 앤초비, 레몬주스를 넣는다.
5) 드레싱 농도가 되면 소금, 후추를 넣고 파르메산 치즈가루, 파슬리 찹을 넣어 완성한다.

2. 시저 샐러드 만들기(Caesar Salad Cooking)

1) 이태리 상추의 겉잎을 제거하고 찬물에 담가 싱싱하게 살아나면 채반에 건져 물기를 제거한다.
2) 식빵에 마늘버터를 발라 오븐에서 브라운색이 나도록 구워 크루통을 만든다.
3) 베이컨을 슬라이스하여 프라이팬에 바삭하게 구워 기름기를 완전히 제거한다.
4) 파마산 치즈 덩어리는 강판을 사용하여 얇게 밀어 놓는다.

3. 완성하기(Completing)

1) 믹싱 볼에 로메인 레터스를 담고, 베이컨 1/2과 시저드레싱을 넣어 잘 버무린다.
2) 접시에 담고 마늘빵 크루통과 베이컨, 파르메산 치즈 슬라이스를 위에 뿌린다.
3) 붉은 양파 슬라이스를 위에 얹어 제공한다.

 Cooking Tip

- 제공하기 바로 전에 샐러드를 소스에 버무리거나 고객 앞에서 직접 만들어 제공해야 최고의 맛을 낼 수 있다.

Salad & Dressing

Green Salad with Cajun Fried Chicken
케이준 향의 치킨 샐러드

Ingredient/재료 및 분량

- Chicken(닭고기) 100g
- Green Vitamin(그린비타민) 10g
- Chicory(치커리) 10g
- Endive(엔다이브) 3leaves
- Cresson(크레송) 5g
- Green Corn(그린콘 잎) 5g
- Beet(비트) 10g
- Cajun Paste(케이준 반죽) 80ml
- Salt, Pepper(소금, 후추) 약간씩

Cooking Method/조리방법

1. 케이준 반죽 만들기(Cajun Cooking)

재료

- Garlic(마늘) 7g • Paprika(파프리카) 5g • Cayenne(카엔) 10g • Thyme(타임) 2g
- Hot Pepper(매운 고춧가루) 5g • All Spice(올스파이스) 2g • Flour(밀가루) 100g
- Egg(달걀) 1ea • Mustard(양겨자) 5g • Parsley(파슬리) 2g
- Black Pepper(검은 후추) 약간, Salt(소금) 약간

만들기

1) 마늘과 허브를 아주 곱게 다진다.(믹서기에 갈아도 됨)
2) 믹싱 볼에 밀가루와 물을 혼합하여 농도를 맞추고 소금을 약간 넣어 간을 한다.
3) ③번에 다져놓은 허브와 매운 고춧가루, 향신료를 섞는다.
   (주의: 나무젓가락으로 최소 횟수만 저어 반죽한다.)

2. 치킨 샐러드 조리하기(Fried Chicken Cooking)

1) 닭가슴살을 손질한 후, 길게 썰어 케이준 반죽에 마리네이드한다.
2) Green Vegetable은 깨끗이 다듬은 후, 찬물에 담가 싱싱하게 살린다.
3) 비트는 얇게 Julienne으로 썰어 찬물에 담가 놓는다.
4) 깊은 팬에 식용유를 넣고 180℃까지 열을 가한 다음, 마리네이드한 닭가슴살을 바삭하게 튀긴다.

3. 완성하기(Completing)

1) 담가 놓은 채소의 물기를 제거하여 접시에 보기 좋게 담는다.
2) 그 위에 튀겨놓은 닭고기를 올린 다음 허니 머스터드 소스를 뿌려 제공한다.

※ **Honey Mustard Sauce**
마요네즈와 머스터드, 꿀을 혼합하고 식초와 소금을 약간 넣어 완성한다.

Cooking Tip

- 튀김반죽 제조 시 밀가루를 넣고 나무젓가락을 이용하여 최소한의 횟수로 저어야 글루텐 형성을 예방할 수 있다.(글루텐이 형성되면 반죽이 끈끈하게 되어 튀김이 눅눅해진다.)

Salad & Dressing

Mixed Vegetable & Avocado Salad with Whole Grain Mustard Dressing

홀 그레인 마스터드 소스를 곁들인 다양한 야채와 아보카도 샐러드

Ingredient/재료 및 분량

- Ciabatta(치아바타) 40g
- Walnut(호두) 40g
- Avocado(아보카도) 50g
- Sorrel (쏘렐) 5g
- Sprout(새싹야채) 5g
- Orange(오랜지) 1ea
- Lomaine lettuce 100g
- Sorrel(쏘렐) 5g
- Greek yogurt(그릭 요거트) 1Ts
- Dijon mustard(디죤 마스터드) 1ts
- Whole grain mustard(홀 그레인 마스타드) 1ts
- Sherry wine vinegar(쉐리와인 식초) 15ml
- Olive oil(올리브오일) 50ml
- Honey 3ml
- Sugar 1ts
- Salt & Pepper(소금, 후추) 약간

Cooking Method/조리방법

1. 홀 그레인 마스터드 드레싱(Whole Grain Mustard Dressing)

Ingredients

- Dijon mustard(디죤 마스터드) 1ts • Whole grain mustard(홀 그레인 마스타드) 1ts
- Olive oil(올리브오일) 50ml • Sherry wine vinegar(쉐리와인 식초) 15ml • Honey 3ml
- Salt & Pepper(소금, 후추) 약간

Cooking Sauce

1) 믹싱 볼(Mixing bowl)에 디죤 마스터드(Dijon mustard), 홀 그레인 마스터드 (Whole grain mustard), 올리브오일(Olive oil), 쉐리와인식초(Sherry wine vinegar) 소금, 후추를 넣고 거품기(Whisk)로 잘 혼합하여 드레싱을 완성한다.

2. 샐러드 조리하기(Mixed Vegetable & Avocado Salad Cooking)

1) 찬물에 담가두었던 로메인 상추(Romaine lettuce)는 물기를 제거하고 한입 크기 로 적당히 다듬어 놓는다.
2) 찬물에 담가두었던 쏘렐과 새싹야채는 다듬어 물기를 제거하여 놓는다.
3) 오렌지는 껍질을 제거하고 세그멘트(Segment)하여 5~7개 준비하고, 호두는 버 터, 설탕, 소금 약간에 글레이징(Glazing) 한다.
3) 아보카도는 껍질을 제거하고 과육과 씨앗을 구분하고, 과육은 라지 다이스(Large dice)로 잘라 놓는다.
4) 치아바타(Ciabatta)는 1cm 두께로 어슷하게 슬라이스하여 격자무늬 후라이팬에 서 버터를 두르고 노릇하게 굽는다.

3. 접시담기(Plating)

1) 위 ①~④까지 준비해 놓은 재료들을 접시에 보기 좋게 담아주고 샐러드 위에 홀 그레인 마스터드 드레싱(Whole grain mustard dressing)을 적당량 뿌려준다.
2) 새싹야채와 쏘렐(Sorrel)), 치아바타, 그릭요거트(Greek yogurt)로 장식하여 마무 리한다.

Mushroom Salad in Garlic Vinaigrette
마늘 소스로 맛을 낸 양송이 샐러드

Ingredient/재료 및 분량

- Bottom Mushroom(양송이) 12ea
- Garlic(마늘) 1ea
- Green Pimento(청피망) 15g
- Red Pimento(홍피망) 15g
- Parsley Chopped(다진 파슬리) 5g

Cooking Method/조리방법

1. 마늘 비네그레트 만들기(Garlic Vinaigrette)

재료

- Olive Oil(올리브 오일) 30ml • Vinegar(식초) 10ml • Lemon Juice(레몬주스) 10ml
- Pepper corn(통후추 으깬 것) 약간 • Salt(소금) 약간

만들기

1) 마늘을 곱게 다져 놓는다.
2) 믹싱 볼에 올리브 오일과 식초를 조금씩 넣어가며 Whisk로 잘 저어 유화시킨다.
3) ①번의 마늘과 통후추 으깬 것을 넣고 잘 섞은 후, 소금으로 간을 하여 3~4시간 숙성시켜 사용한다.

2. 양송이 샐러드 조리하기(Mushroom Salad Cooking)

1) Fresh Bottom Mushroom(양송이)를 깨끗이 씻어 4등분한 후, 올리브 오일에 살짝 볶아 놓는다.
2) Green Pimento(청피망)와 Red Pimento(홍피망)를 Slice하여 놓는다.
3) 파슬리를 곱게 다진 다음, 소창을 이용하여 물로 씻은 후, 물기를 제거하여 놓는다.
4) 마늘 1개를 얇게 썰어 기름에 노릇노릇하고 바삭하게 튀겨 놓는다.
5) 믹싱 볼(Bowl)에 ①번의 양송이와 슬라이스 피망, 마늘 비네그레트를 넣어 골고루 버무려준다.

3. 완성하기(Completing)

1) 샐러드용 접시를 준비한 후, Mushroom Salad를 정갈하게 담는다.
2) 튀겨 놓은 마늘과 다진 파슬리를 가니쉬 형태로 알맞게 뿌려 제공한다.

 Cooking Tip

- 양송이라는 말은 '서양의 송이'라는 뜻으로 그만큼 서양에서는 고귀하게 여기는 버섯이다.
- 양송이는 비타민 D와 B2, 티로시나아제, 엽산 등을 많이 함유하고 있어 고혈압 예방과 빈혈 치료에 매우 효과가 좋다.
- 전분질이 거의 없어 당뇨병 식사와 비만병 예방 및 혈액순환에 좋다.

Mixed Vegetable with Couscous & Salad with Lemon Juice
혼합채소를 곁들인 레몬 향의 쿠스쿠스와 샐러드

Ingredient / 재료 및 분량

- Couscous(쿠스쿠스) 80g
- Green Pimento(청피망) 10g
- Red paprika(적파프리카) 10g
- Chicken stock(닭육수) 30ml
- Yellow paprika(노란 파프리카)
  10g
- Raisin(건포도) 15g
- Onion(양파) 10g
- Tomato(토마토) 20g
- Italian parsley(이탈리안 파슬리)
  5g
- Olive oil(올리브 오일) 20ml
- Lemon juice(레몬주스) 10ml

Cooking Method / 조리방법

1. 올리브 비네그레트 만들기(Olive Vinaigrette)

재료

- Olive oil(올리브 오일) 30ml • Vinegar(식초) 10ml • Green olive(그린 올리브) 3ea
- Salt, Pepper(소금, 후추) 약간씩

만들기

1) 올리브 오일 30ml와 식초 10ml를 믹싱 볼에 넣고 잘 유화시킨다.
2) 소금, 후추로 간을 하고 올리브 찹을 넣어 완성한다.

2. 쿠스쿠스 샐러드 만들기(Couscous Salad cooking)

1) 조리용 냄비를 준비한 다음, 불 위에 올려 열을 가하여 버터를 두르고 양파 슬라이스를 볶은 후, 먼저 준비한 닭육수를 넣고 끓여준다.
2) 다른 냄비에 올리브 오일을 두른 다음, 분량의 쿠스쿠스를 살짝 볶고 ①번의 닭육수를 추가하여 뚜껑을 덮어 충분히 불려준다.
3) 토마토 껍질과 속을 제거하고 콩카세(Concasse)로 썰어 놓는다.
4) 피망과 파프리카는 작은 다이스(Dice)로 썰고 이탈리안 파슬리는 곱게 찹하여 놓는다.
5) 불려 놓은 쿠스쿠스를 체에 걸러 차갑게 식히고 물기를 완전히 제거한다.

3. 완성하기(Completing)

1) 믹싱 볼에 ⑤번을 담고 올리브 비네그레트와 소금, 후추로 간을 한 다음, 레몬주스를 넣고 한 번 더 버무려 레몬 향이 살아 있도록 한다.
2) 접시에 채소잎을 깔고 ⑥번의 Couscous Salad를 보기 좋게 담아 제공한다.

 Cooking Tip

- Couscous(쿠스쿠스)는 북아프리카산 밀가루를 굵은 입자로 만든 것을 말한다.

SALAD & DRESSING

Seasonal Vegetable & Feta Cheese with Basil Dressing
바질 드레싱으로 맛을 낸 계절채소와 페타 치즈

Ingredient/재료 및 분량

- Lolla Rossa(롤라 로사) 2leaves
- Watercress(물냉이) 10g
- Red Chicory(적경치커리) 3leaves
- Chicory(치커리) 3leaves
- Lettuce(양상추) 10g
- Feta Cheese(페타 치즈) 50g
- Olive Oil(올리브 오일) 20ml
- Bacon(베이컨) 20g
- Tomato(토마토) 30g
- Salt, Pepper(소금, 후추) 약간씩

Cooking Method/조리방법

1. 바질 페스토 만들기(Basil Pesto Cooking)

재료

- Fresh Basil(신선한 바질) 20g • Garlic(마늘) 10g • Olive Oil(올리브 오일) 60ml
- Vinegar(식초) 15ml • Lemon juice(레몬주스) 5ml • Salt, Pepper(소금, 후추) 약간씩

만들기

1) 분량의 재료를 믹서기에 넣고 곱게 갈아 믹싱 볼에 담고, 소금, 후추로 간하여 완성한다.

2. 페타 치즈샐러드 만들기(Feta Cheese Cooking)

1) 분량의 특수 채소를 먹기 좋은 크기로 뜯어 찬물에 담가 싱싱하게 살려 놓는다.
2) Feta Cheese(페타 치즈)를 주사위 모양(Dice)으로 썰어 바질 페스토에 버무려 놓는다.

3. 완성하기(Completing)

1) 샐러드용 접시에 신선한 채소를 정갈하게 담고, 페타 치즈를 주위에 조화롭게 놓아준다.
2) Basil Pesto(바질 페스토)를 알맞게 뿌려 완성한다.

 Cooking Tip

- Feta Cheese는 시큼하고 강한 맛과 짠맛을 가지고 있으며 손으로도 잘게 부서질 정도로 부드러워 샐러드에 곁들이면 그 가치가 배로 증가되는 치즈이다.

Broccoli & Young Corn Salad with Korean Mustard

매운 겨자소스로 맛을 낸 브로콜리와 베이비 콘 샐러드

Ingredient/재료 및 분량

- Broccoli(브로콜리) 60g
- Young corn(베이비 콘) 30g
- Red paprika(적파프리카) 20g
- Yellow paprika(노란 파프리카) 20g
- Parmesan cheese (파르메산 치즈) 15g
- Walnut(호두) 20g

Cooking Method/조리방법

1. 겨자소스 만들기(Korean Mustard Sauce)

재료

- Korean Mustard(머스터드 갠 것) 2Tbs • Vinegar(2배 식초) 2Tbs • Sugar(설탕) 1.5Tbs
- Water(생수) 적당량 • Soy bean sauce(간장) 1Tbs • Fresh cream(생크림) 1Tbs
- Salt(소금) 약간

만들기

1) 개어 놓은 국산겨자를 작은 믹싱 볼에 담고 더운물을 넣어 빠르게 저어 반죽형태로 만든 후, 그릇 자체를 뒤집어놓아 30분 이상 발효시킨다.(이는 매운맛을 강하게 한다.)
2) 소스재료 분량만큼을 작은 볼에 혼합하여 잘 섞어준 다음, 생수를 조금씩 부어 농도를 조절한다.

2. 브로콜리, 영콘 샐러드 만들기(Broccoli & Young corn Salad)

1) 브로콜리를 다듬어 잎을 분량만큼 준비한 후, 끓는 물에 소금과 설탕을 조금 넣고 녹색이 살아 있도록 데쳐 찬물에 빠르게 식힌다.
2) 어린 옥수수는 1/2로 갈라 물기를 제거해 놓는다.
3) 두 종류의 파프리카는 다이아몬드형으로 썰어 놓는다.
4) 호두는 뜨거운 물에 불려 껍질을 벗기고 1/2로 잘라 놓는다.
5) 파르메산 치즈는 강판에 얇게 밀어 놓는다.

3. 완성하기(Completing)

1) 믹싱 볼에 위의 내용물 모두를 담고 국산 겨자소스를 넣고 정성스럽게 버무린다.
2) 약간 깊이가 있는 접시에 샐러드를 담고 남은 소스를 위에 뿌려 제공한다.

 Cooking Tip

- 브로콜리는 풍부한 비타민 C와 항암물질을 다량 함유하고 있어서 암 예방에 탁월한 효능이 있다고 알려져 있다.
- 브로콜리는 섬유소가 풍부하고 열량이 낮아 적은 양으로도 포만감을 유지할 수 있어서 미용과 다이어트에 좋다. 또한 항산화성분이 풍부하게 함유되어 있어, 꾸준히 먹으면 각종 성인병을 예방하고 노화를 방지해 주는 효능이 있다.

Part 4

Pasta &
Risotto

The Professional Western Cuisine

 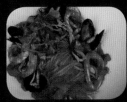 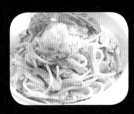

PASTA & RISOTTO

Fresh Balsamic Fettuccine with Tomato, Young Pumpkin, Sea Scallops and Oil Sauce

토마토와 애호박, 관자를 곁들인 발사믹 생 페투치네

Ingredient/재료 및 분량

- Fresh Balsamic fettuccine(발사믹 생 페투치네) 200g
- Mini Tomato(방울토마토) 5ea
- Young pumpkin(애호박) 30g
- Chopped garlic(마늘 다진 것) 15g
- Chopped Onion (양파 다진 것) 15g
- Scallop(관자) 70g
- Clam stock(조개스톡) 80ml
- Balsamic sauce(발사믹 소스) 15ml
- Basil(바질) 1leaf
- Italian parsley(이태리 파슬리) 5g
- White wine(백포도주) 30ml
- Extra olive oil (엑스트라 올리브 오일) 30ml
- Sugar(설탕) 5g
- Salt, Pepper(소금, 후추) 약간씩

Cooking Method/조리방법

1. 페투치네 반죽 준비하기(Fresh Balsamic fettuccine)

재료
- Hard flour(강력밀가루) 120g • Weak flour(박력밀가루) 50g • Egg yolk(달걀 노른자) 2ea
- Olive oil(올리브 오일) 10ml • Balsamic reduction(졸인 발사믹) 15ml • Water(물) 20ml

생 페투치네 만들기
1) 믹싱 볼에 강력분, 박력분 밀가루를 준비하여 홈을 만들고 난황과 졸인 발사믹 크림, 올리브 오일을 넣는다.
2) 물은 반죽의 상태를 확인해 가며 조금씩 넣는다.
3) 주위에 밀가루를 조금씩 부어가며 발사믹크림이 잘 퍼지도록 단단하게 반죽하여 혼합한다.
4) 완성된 반죽은 랩으로 싸서 냉장고에서 3~12시간 이상 숙성시킨다.

2. 파스타 조리하기

1) 파스타머신을 활용하여 면을 만든 후 끓는 물에 소금과 올리브 오일을 약간 넣고 생 페투치네를 2분 정도 삶는다.
2) 애호박은 0.6cm 넓이로 슬라이스해 놓고, 방울토마토는 반을 잘라 놓는다.
3) 마늘과 양파는 곱게 다져 놓는다.
4) 팬에 올리브유 1/2을 두르고 다진 마늘과 양파를 넣고 약한 불에 투명한 빛이 나도록 볶는다.
5) 프라이팬을 달군 다음 관자를 넣어 볶다가 백포도주로 플랑베(Flambee)해 놓는다.
6) 관자, 모시조개 스톡, 애호박을 순서대로 넣어 센 불에 2분 정도 맛이 들도록 볶는다.
7) 페투치네를 팬에 넣고 올리브유와 발사믹 소스를 넣어 센 불에서 볶다가 파슬리 찹, 방울토마토를 넣고 볶은 다음, 설탕, 소금, 후추를 넣어 맛을 낸다.

3. 완성하기(Completing)

1) 접시에 페투치네, 관자, 토마토, 애호박을 보기 좋게 담는다.
2) 이태리 파슬리는 거칠게 다진 것을 뿌린 다음, 바질을 올려 제공한다.

 Cooking Tip

- 드라이 페투치네 면을 사용할 수 있으며 이 경우 7~8분간 삶는다.
- 모시조개 스톡에 간이 되어 있으므로 소금 간에 유의한다.

PASTA & RISOTTO

Linguine with Baby Clams, Mussels, Tomato Sauce
조개, 홍합, 토마토 소스로 맛을 낸 링귀네 파스타

Ingredient / 재료 및 분량

- Linguine(링귀네) 80g
- Clams(모시조개) 5ea
- Mussels(홍합) 5ea
- Tomato(토마토) 30g
- Tomato sauce(토마토 소스) 90ml
- Chopped garlic(마늘) 10g
- Chopped onion(양파) 10g
- White wine(백포도주) 30ml
- Italy parsley(이태리 파슬리) 5g
- Extra virgin olive oil
  (엑스트라 버진 올리브 오일) 20ml
- Fresh Basil(프레시 바질) 1leaf
- Salt & Black pepper(소금과 검은
  후추) 약간씩

Cooking Method / 조리방법

1. 토마토 소스 재료 준비하기

재료

- Tomato puree(토마토 퓌레) 200g • Tomatoes juice(토마토주스) 100ml
- Olive oil(올리브 오일) 30ml • Chopped onion(양파) 50g • Chopped carrot(당근) 30g
- Chopped celery(셀러리) 20g • Chopped garlic(마늘) 10g • Chopped basil(바질) 5g
- Tomato paste(토마토 페이스트) 10g • Chopped fresh parsley(파슬리) 5g
- Dried basil(드라이 바질) 15g • Bay leaf(월계수잎) 1ea • Salt(소금) · Pepper(후추) 약간씩

소스 조리하기

1) 팬에 오일을 두르고 다진 마늘, 양파, 당근, 셀러리 순으로 넣어 투명해질 때까지 Saute한 후 토마토 페이스트를 넣어 신맛이 없도록 볶아 놓는다.
2) 토마토 퓌레와 주스, 월계수잎, 드라이 바질을 넣어 자작하게 끓여준다.
3) 신선한 바질과 파슬리 다진 것을 넣고 한 번 더 끓인 후 소금과 후추로 간하여 마무리한다.

2. 링귀네 조리하기(Cooking)

1) 모시조개, 홍합은 깨끗이 손질하여 씻어서 준비한다.
2) 토마토는 Concasse하여 썰어서 준비한다.
3) 링귀네를 약간의 소금과 올리브 오일을 넣어 알덴테(al dente)로 약 7분 정도 삶는다.
4) 달군 팬에 올리브 오일을 두르고 마늘과 양파 다진 것을 넣고 Saute한 다음 홍합과 모시조개를 넣어 볶는다.
5) 백포도주로 플랑베(Flambee)하여 냄새를 제거하고 물을 넣어 조개육수를 60ml정도 만든다.

3. 완성하기(Completing)

1) 조개육수가 들어 있는 팬에 토마토 소스와 면을 넣고 가볍게 저어 뒤집어주면서 1분 정도 볶는다.
2) 올리브 오일과 토마토 콩카세, 파슬리를 넣고 소금, 후추로 간을 맞춘다.
3) 파스타 볼에 담아 프레시 바질잎을 얹어 제공한다.

Pasta & Risotto

Black Ink Tagliatelle with Cherry Tomato and Broccoli
비스크 향의 오징어먹물 탈리아텔레

Ingredient/재료 및 분량

- Black Ink Tagliatelle(오징어먹물 파스타) 90g
- Mini Tomato(방울토마토) 40g
- Broccoli(브로콜리) 50g
- White wine(백포도주) 30ml
- Baby squid(작은 오징어) 50g
- Chopped garlic(깐 마늘 다진 것) 15g
- Chopped Onion(양파) 15g
- Italian parsley(이태리 파슬리) 5g
- Bisque stock(갑각류 육수) 70ml
- Extra olive oil(엑스트라 올리브 오일) 30ml
- Basil(바질) 1leaf
- Salt, Pepper(소금. 후추) 약간씩

Cooking Method/조리방법

1. 갑각류 육수 재료 준비하기(Bisque stock)[산출량 4ℓ]

재료
- Miscellaneous crustacean(허드레 갑각류) 2kg • Olive oil(올리브 오일) 50ml
- Onion(양파) 100g • Celery(셀러리) 50g • Carrot(당근) 50g • Garlic(통마늘) 20g
- Tomato paste(토마토 페이스트) 250g • Pepper corns(통후추) 3g
- Bay leaves(월계수잎) 2ea • Thyme(타임) 1g • Parsley stalk(파슬리 줄기) 3ea
- White wine(백포도주) 80ml • Cold water(찬물) 8ℓ

갑각류 육수 조리하기(Bisque stock Cooking)
1) 큰 냄비에 올리브 오일을 두르고 양파, 당근, 셀러리, 파슬리 줄기, 통마늘 등을 연한 갈색이 나도록 볶는다 .
2) 새우머리 또는 허드레 갑각류를 넣어 주걱으로 으깨면서 볶으며 백포도주로 플랑베한다.
3) 토마토 페이스트를 넣고 신맛이 없어지도록 충분히 볶는다.
4) 찬물, 월계수잎, 통후추, 타임을 넣고 2시간가량 은근히 끓인 후(Simmering), 고운체에 걸러 사용한다.

2. 탈리아텔레 조리하기(Tagliatelle Cooking)

1) 작은 오징어를 깨끗하게 손질한 후 씻어 놓고, 브로콜리, 방울토마토는 작은 조각으로 자른다.
2) 마늘과 양파는 곱게 다져 준비하고 이태리 파슬리는 거칠게 다진다.
3) 끓는 물에 소금을 약간 넣고 면을 넣어 7분 정도 삶아 놓는다.
4) 팬에 올리브 오일을 두르고 다진 마늘과 양파를 약한 불에 투명한 빛이 돌도록 볶는다.
5) 달구어진 팬에 작은 오징어를 넣어 볶다가 백포도주로 플랑베(Flambee)한다.
6) 갑각류 육수를 넣어 마늘 맛이 잘 배도록 센 불에 1분 정도 볶아 소스 맛을 낸다.

3. 완성하기(Completing)

1) 브로콜리와 4등분한 방울토마토를 넣어 볶다가 삶은 면을 넣고 한소끔 더 볶은 후, 파슬리 찹을 넣는다.
2) 소금, 후추로 간을 맞춘 다음, 파스타 볼에 면을 보기 좋게 담는다.
3) 오징어와 토마토, 브로콜리를 보기 좋게 토핑한 후, 파슬리 다진 것을 뿌려주고 바질을 올려 제공한다.
4) 허브 오일을 곁들이고 바질잎으로 장식하여 완성한다.

 Cooking Tip
- 드라이 면과 생면 파스타를 만들어 사용할 수 있다.
- 바닷가재는 필수아미노산이 풍부하여 고유의 풍미를 더해주므로 육수를 끓일 때 붉은 거품은 제거하지 않는다.

PASTA & RISOTTO

Pasta alla Genovese with Potatoes, Green Beans, Pine Nuts and Pesto

제노바식 페스토 파스타

Ingredient/재료 및 분량

- Spaghetti(스파게티) 80g
- Chopped onion(양파 다진 것) 20g
- Basil pesto(바질 페스토) 50ml
- Potato(감자) 50g
- Green beans(그린 빈스) 40g
- Parmesan cheese
  (파마산 치즈) 10g
- Pine nut(잣) 10g
- Extra virgin olive oil
  (올리브 오일) 20ml
- Salt & Black pepper
  (소금과 검은 후추) 약간씩

Cooking Method/조리방법

1. 바질 페스토 재료 준비하기(Basil Pesto Sauce)

재료

- Fresh basil leaves(프레시 바질잎) 20g • Chopped garlic(마늘) 5g
- Parmesan cheese(파마산 치즈) 20g • Parsley(파슬리) 10g • Pine nuts(잣) 10g
- Olive oil(엑스트라 버진 올리브 오일) 70ml • Salt(소금) 약간

바질 페스토 조리하기(Basil Pesto Sauce)

1) 신선한 바질잎은 흐르는 물에 잘 헹구어 마른 천을 이용하여 물기를 제거한다.
2) 믹서기에 바질, 구운 잣, 볶은 마늘을 넣고 올리브 오일을 조금씩 넣어가며 곱게 갈아준다.
3) 최종적으로 파마산 치즈를 넣어 걸쭉한 상태의 농도로 만들어 소금, 후추로 간을 하여 완성한다.

2. 파스타 조리하기(Pasta alla Genovese Cooking)

1) 양파는 곱게 다져놓고 이태리 파슬리는 거칠게 다져 준비한다.
2) 오븐에 골드 브라운색이 나도록 잣을 Roasting한다.
3) 감자는 두께 5mm 링으로 썰어 삶아놓고 그린 빈스는 길이 3~5cm로 어슷썰어 놓는다.
4) 끓는 물에 소금을 약간 넣고 파스타 면을 넣어 약 8분 정도 삶아 단단한 심이 느껴지는 정도의 알덴테로 삶는다.

3. 완성하기(Completing)

1) 팬에 올리브 오일을 두르고 다진 마늘과 양파를 넣고 볶다가 감자, 빈스, 삶은 스파게티면을 넣어 가볍게 버무린다.
2) 면이 오일과 코팅이 잘 되었을 때 불에서 내려 소금, 후추로 간하고 바질 페스토를 넣어 잘 섞이도록 버무린다.
3) 파스타는 준비된 접시에 둥글게 말아 담은 후 구운 잣으로 Topping하여 제공한다.

 Cooking Tip

- 제노바식 바질 페스토는 신선한 바질, 구운 잣, 마늘, 치즈와 올리브유를 혼합해서 만든 소스로 이탈리아에서 빼놓을 수 없는 중요한 소스이다. 직접 만들어 사용해야 제맛을 느낄 수 있으며 지역에 따라 앤초비와 파슬리를 넣어 사용하기도 한다.

Seafood Spaghetti with Rucola, Spicy Tomato Sauce

다양한 해산물과 매콤한 토마토 소스로 맛을 낸 루콜라를 곁들인 파스타

Ingredient / 재료 및 분량

- Spaghetti(스파게티) 80g
- Clams(모시조개) 3ea
- Mussels(홍합) 3ea
- Shrimps(새우) 3ea
- Squid(오징어) 30g
- Tomato(토마토) 6ea
- Garlic(마늘) 5g
- Chopped onion(양파) 10g
- White wine(백포도주) 30ml
- Italy parsley(이태리 파슬리) 5g
- Extra virgin olive oil
  (올리브 오일) 20ml
- Rucola(루콜라) 20g
- Salt & Black pepper
  (소금과 검은 후추) 약간씩

Cooking Method / 조리방법

1. 토마토 소스 만들기(Tomato Sauce Cooking)

재료

- Tomato puree(토마토 퓌레) 150g • Tomatoes juice(토마토주스) 100ml
- Tomato paste(토마토 페이스트) 10g • Olive oil(올리브 오일) 20ml
- Chopped onion(양파) 50g • Chopped carrot(당근) 30g • Chopped celery(셀러리) 20g
- Chopped garlic(마늘) 10g • Chopped fresh basil(바질) 1stalk
- Chopped fresh parsley(파슬리) 5g • Dried basil(드라이 바질) 0.3g • Bay leaf(월계수잎) 1ea
- Peperoncino(페페론치노) 2ea • Salt(소금) · Pepper(후추) 약간씩

토마토 소스 조리하기(Spicy Tomato Sauce)

1) 팬에 오일을 넣고 다진 마늘, 양파, 당근, 셀러리를 넣어 볶은 다음, 페이스트를 넣어 신맛이 없도록 볶아 놓는다.
2) 토마토 퓌레와 주스, 월계수잎, 드라이 바질을 넣어 자작하게 끓여준다.
3) 신선한 바질과 파슬리 다진 것, 페페론치노를 넣고 한 번 더 끓인 후 소금과 후추로 간하여 마무리한다.

2. 파스타 조리하기(Pasta Cooking)

1) 모시조개, 홍합, 새우, 오징어 등의 해산물은 잘 손질하여 씻어서 준비한다.
2) 토마토는 Concasse하여 썰어서 준비한다.
3) 스파게티는 큰 냄비에 약간의 소금을 넣고 알덴테(al dente)로 약 8분 정도 삶는다.
4) 달군 팬에 올리브 오일을 두르고 마늘과 양파 다진 것을 넣고 Saute한 다음 준비해 둔 해산물을 넣어 볶는다.
5) 백포도주로 플랑베(Flambee)한 후 뚜껑을 덮어 조개와 홍합이 벌어지도록 끓여 조개육수를 50ml 정도 만든다.

3. 완성하기(Completing)

1) 해산물과 조개육수가 들어 있는 냄비에 토마토 소스와 삶은 면을 넣고 가볍게 뒤집어주며 볶다가 간을 한다.
2) 토마토 콩카세를 넣어주고 3번 정도 버무린 후 접시 중앙에 담아 루콜라를 얹어 마무리한다.

 Cooking Tip

- 스파게티니 디 마레(spaghettini di mare)는 세계적으로도 잘 알려져 있으며 마레는 이태리어로 해산물을 뜻한다. 토마토 소스에 여러 종류의 해산물을 넣어 신선한 해산물 맛을 내는 파스타 요리이다.

Carbonara Spaghetti Topped with Flying Fish Roe, Bacon and Cream Sauce

날치알을 얹은 카르보나라 스파게티

Ingredient/재료 및 분량

- Spaghetti(스파게티 면) 80g
- Garlic(마늘) 2ea
- Onion(양파) 30g
- Red pimento(홍피망) 20g
- Green pimento(청피망) 20g
- Bacon(베이컨 슬라이스) 50g
- Broccoli(브로콜리) 50g
- Shiitake(표고버섯)
- Olive oil(올리브 오일) 30ml
- White wine(와인) 20g
- Basil(바질) 1pc.
- Tabasco(타바스코) 약간
- Garlic chopped(다진 마늘) 10g
- Flying Fish egg(날치알) 15g
- Salt, Pepper(소금, 후추) 약간씩

Cooking Method/조리방법

1. 소스 재료 준비하기(Carbonara Sauce)

재료

- Fresh cream(생크림) 100ml • Milk(우유) 200ml • Parmesan cheese(파르메산 치즈) 50g
- Salt, Pepper(소금, 후추) 약간씩

카르보나라 소스 만들기(Carbonara Sauce)

1) 생크림 2/3와 우유 전량에 파마산 치즈 1/2을 넣고 잘 섞어 소스를 준비해 놓는다.

2. 카르보나라 조리하기(Pasta Cooking)

1) 마늘은 슬라이스로 썰어 놓고, 양파와 홍피망, 청피망은 줄리엔으로 준비해 둔다.
2) 끓는 물에 소금과 올리브 오일을 몇 방울 떨어뜨린 후, 스파게티를 넣고 알덴 테로 삶아 놓는다.
3) 팬에 올리브 오일을 두르고 마늘 슬라이스를 넣고 볶아 향을 낸 후, 베이컨을 추가하여 다시 볶는다.
4) 양파와 피망, 표고버섯, 그리고 데쳐놓은 브로콜리를 넣고 살짝 볶아준 후, 삶아 놓은 스파게티면을 혼합하여 충분히 볶아준다.

3. 완성하기(Completing)

1) 준비해 놓은 ①번의 소스를 넣고 약불로 충분히 끓여서 생크림과 우유의 진한 맛이 나도록 한다.
2) 남아 있는 생크림을 추가하여 한소끔 끓여 농도를 맞추면서 다진 마늘을 넣어준다.
3) 소금, 후추로 간을 맞춘 다음, 타바스코와 나머지 치즈를 넣어 맛을 낸다.
4) 그릇에 보기 좋게 담은 후 날치알을 얹고 바질을 꽂아 완성한다.

 Cooking Tip

- 소스를 넣고 열을 약하게 하여 은근하게 끓여야 분리되는 현상을 막을 수 있다.
- 베이컨을 살짝 데쳐 지방질을 제거하여 사용하면 맛을 더 좋게 할 수 있다.
- 날치알을 곁들이면 입안에서 오돌오돌한 맛을 느낄 수 있다.

PASTA & RISOTTO

Short Pasta with Vegetables and Creamy White Wine Sauce

화이트 와인 크림소스와 채소를 곁들인 쇼트 파스타

Ingredient/재료 및 분량

- Short Pasta(쇼트 파스타 3종) 90g
- Zucchini(호박) 10g
- Onion(양파) 10g
- Crabmeat(게살) 20g
- Red pepper(붉은 피망) 5g
- Yellow pepper(노란 피망) 5g
- Peperoncino(페페론치노) 2ea
- Fish stock(생선육수) 30ml
- Chopped garlic peeled(마늘) 3g
- Italian parsley(이태리 파슬리) 5g
- Salt, Pepper(소금, 후추) 약간씩
- Extra olive oil(엑스트라 올리브 오일) 30ml

Cooking Method/조리방법

1. 화이트 와인 크림소스 재료(Creamy White Wine Sauce)

재료

- Chopped onion(양파) 10g • White wine(백포도주) 50ml • Thyme(타임) 1leaf
- Tarrgon(타라곤) 1leaf • Bay leaf(월계수잎) 1ea • Fish stock(생선육수) 70ml
- Fresh lemon(레몬) 1/8ea • Fresh cream(생크림) 180ml • Salt & Pepper(소금, 후추) 약간씩

화이트 와인 크림소스 조리하기

1) 소스 팬에 올리브 오일을 두르고 다진 양파를 투명해질 때까지 Saute한 다음 백포도주를 넣어 1/2 정도 졸인다.
2) 생선육수 넣어 자작하게 졸여지면 생크림, 허브, 월계수잎을 넣고 끓인다.
3) 서서히 졸아 농도가 되면 소금, 후추, 레몬즙을 넣어 간하고 소창으로 거른다.

2. 파스타 조리하기(Pasta Cooking)

1) 면은 끓는 물에 소금을 약간 넣어 9분 정도 삶아 놓는다.
2) 양파, 피망, 호박을 Batonnet형태로 준비하여 팬에 Saute한다.
3) 게살을 추가하여 한 번 더 볶으면서 와인으로 플랑베한다.

3. 완성하기(Completing)

1) 볶고 있는 팬에 삶은 쇼트 파스타를 넣어 약한 불로 맛이 들도록 Saute하여 볶는다.
2) 접시에 보기 좋게 담아 놓고 파슬리 다진 것을 뿌려 제공한다.

 Cooking Tip

- 드라이 면과 다양한 형태의 생면을 만들어 변경할 수 있으며 면은 알덴테(al dente)로 삶는다.
- Clam stock 또는 바지락으로 육수를 내면 더욱 감칠맛 나는 파스타를 만들 수 있다.

Crabmeat on Penne & Conchiglie with Vegetables and Creamy Clam Sauce

게살과 채소가 어우러진 크림소스의 펜네와 콘킬리에

Ingredient/재료 및 분량

- Penne & Conchiglie
  (펜네와 콘킬리에) 90g
- Crabmeat(게살) 40g
- Broccoli(브로콜리) 20g
- Mini Tomato(방울토마토) 10g
- Zucchini(호박) 10g
- Onion(양파) 10g
- Red paprika(붉은 파프리카) 15g
- Yellow paprika(노란 파프리카)
  15g
- Mushroom(버섯) 10g
- White wine(백포도주) 50ml
- Chopped garlic(마늘) 3g
- Italian parsley(이태리 파슬리) 5g
- Salt, Pepper(소금, 후추) 약간씩
- Extra olive oil
  (엑스트라 올리브 오일) 30ml

Cooking Method/조리방법

1. 조개향의 크림소스 재료(Creamy Clam Sauce)

재료

- Chopped onion(양파) 10g • Short-necked clam(바지락) 80g • White wine(백포도주) 50ml
- Thyme(타임) 1leaf • Tarrgon(타라곤) 1leaf • Bay leaf(월계수잎) 1ea
- Clam stock(조개육수) 80ml • Fresh lemon(레몬) 1/8ea • Fresh cream(생크림) 150ml
- Pepper oil(페퍼오일) 10ml • Salt & Pepper(소금, 후추) 약간씩

조개 크림소스 조리하기

1) 냄비에 바지락과 허드레 채소를 넣고 조개스톡을 만들어 놓는다.
2) 소스팬에 올리브 오일을 두르고 다진 양파를 투명해질 때까지 Saute한 다음 백포
   도주를 넣어 1/2 정도 졸인다.
3) 조개육수를 넣어 자작하게 졸여지면 생크림, 허브, 월계수잎을 넣고 Simmer, 1/2
   정도 졸인다.
4) 농도가 되면 소금, 후추, 레몬즙, 페퍼오일을 넣어 맛을 내고 소창으로 거른다.

2. 파스타 조리하기(Pasta Cooking)

1) 면은 끓는 물에 소금을 약간 넣어 8분 정도 삶아 놓는다.
2) 파프리카와 버섯 등 채소는 Batonnet 형태로 썰어 놓고 브로콜리는 Blanching하여
   놓는다.
3) 팬에 오일을 두르고 채소를 양파부터 순서대로 넣고 볶다가 게살을 추가, 한소끔
   더 볶으면서 플랑베한다.
4) 삶은 면을 넣어 5~7분 정도 맛이 들도록 Saute하여 볶는다.

3. 완성하기(Completing)

1) 볶고 있는 팬에 채소와 면 및 조개 크림소스를 넣고 볶는다.
2) 소금, 후추로 최종 간을 맞춘다.
3) 접시에 보기 좋게 담아 놓고 파슬리 다진 것을 뿌려 제공한다.

PASTA & RISOTTO

Fresh Pepper Pasta with Wild Sesame Sauce

매운 고추 생면 파스타와 들깻가루 소스

Ingredient/재료 및 분량

- Fresh pasta(매운 고추 생파스타) 220g
- Garlic(간 마늘) 3ea
- Red pepper(홍고추) 1ea
- Basil(바질) 1stalk
- White Wine(화이트 와인) 20ml
- Pepper oil(고추기름) 10ml
- Wild sesame sauce(들깨소스) 80ml
- Wild sesame(볶은 통들깨) 5g

Cooking Method/조리방법

1. 들깨소스 재료

재료

- Wild sesame powder(볶은 들깻가루) 15g • Onion(양파) 30g • Red pepper(홍고추) 15g
- Green pepper(풋고추) 10g • Ginger(생강) 2g • Garlic(마늘) 10g • Lemon(레몬즙) 1/8ea
- Oyster sauce(굴소스) 20ml • Chicken stock(치킨스톡) 60ml • Pepper oil(고추기름) 10ml
- Rice powder(쌀가루) 5g • Sugar(설탕) 3g • Rice wine(정종) 15ml • Salt, Pepper(소금, 후추) 약간씩

들깨소스 만들기

1) 팬에 고추기름을 두르고 마늘, 양파, 생강, 고추를 넣고 볶는다.
2) 치킨스톡을 넣고 끓이면서 나머지 모든 재료를 넣고 끓인다.

2. 생 파스타 반죽하기

1) 재료: 강력분 150g, 달걀 1개, 청량고추 60g, 파슬리 5g, 올리브 오일 10ml, 소금 1.5g
2) 청양고추와 파슬리의 줄기를 따고 물기 제거 후 믹서기에 곱게 갈아 소창에 거른다(60ml).
3) 믹싱 볼에 밀가루를 체에 내려 담고 가운데 홈을 만든 후 준비된 재료를 모두 넣고 잘 치댄다.
4) 1시간 정도 숙성시킨 후 생면을 만든다.

3. 파스타 조리하기(Pasta Cooking)

1) 끓는 물에 소금을 약간 넣어 성형한 생파스타를 3분 정도 삶아 놓는다.
2) 팬에 고추기름을 두르고 마늘과 홍고추 슬라이스를 넣고 볶은 다음 면을 추가하여 한소끔 볶아준다.

4. 완성하기(Completing)

1) 면을 볶고 있는 팬에 들깨소스를 넣고 한 번 더 볶아준다.
2) 파스타 그릇에 보기 좋게 담고 볶은 통들깨를 뿌린 다음 이태리 파슬리를 꽂아 완성한다.

Pasta & Risotto

Small Octopus Spaghetti with Pasted Pepper & Tomato Sauce

고추장 토마토 소스를 곁들인 낙지 스파게티

Ingredient / 재료 및 분량

- Spaghetti(스파게티) 80g
- Small Octopus(낙지) 1ea
- Shrimp(새우살) 30g
- Onion Slice(양파) 20g
- Cherry tomato(방울토마토) 5ea
- Slice garlic(마늘) 10g
- Basil(바질) 1stalk
- Green pimento(청피망) 20g
- Red pimento(홍피망) 20g

Cooking Method / 조리방법

1. 매콤한 고추장 토마토 소스 재료

재료

- Tomato puree(토마토 퓨레) 150g • Tomatoes(방울토마토) 70g • Olive oil(올리브 오일) 30ml
- Pasted Pepper(고추장) 20g • Korean Pepper(매운 고춧가루) 15g
- Chopped onion(양파 다진 것) 50g • Chopped carrot(당근 다진 것) 30g
- Dried basil(드라이 바질) 0.3g • Celery(셀러리 다진 것) 20g • Chopped garlic(마늘 다진 것) 10g
- Chopped basil(바질 다진 것) 1stalk • Chicken stock(육수) 400ml • Sugar(설탕) 20g
- Bay leaf(월계수잎) 1ea • Parmesan cheese(파르메산 치즈) 15g • Salt(소금) 약간
- Pepper(후추) 약간

고추장 토마토 소스 만들기(Pasted Pepper Tomato Sauce)

1) 팬에 다진 마늘, 양파, 당근, 셀러리 찹을 넣어 투명해질 때까지 Saute한 후, 고추장을 넣어 볶는다.
2) 토마토 퓨레를 넣고 한 번 더 볶은 다음, 스톡을 넣어 끓인다.
3) 월계수잎, 드라이 바질 등 준비된 재료를 넣고 자작하게 끓인다.
4) 방울토마토를 넣고 다시 졸이면서 소스 농도로 맞추고 소금, 후추를 넣고 간을 맞춘다.

2. 파스타 조리하기(Pasta Cooking)

1) 끓는 물에 소금과 올리브 오일을 조금 넣고 스파게티 면을 8분 정도 알덴테로 삶는다.
2) 올리브유를 두른 팬에 피망과 채소 슬라이스를 넣어 볶다가 낙지를 넣고 볶는다.
3) 삶아 놓은 면을 넣고 볶는다.

3. 완성하기(Completing)

1) 스파게티 면이 볶아지면 토마토 고추장 소스를 넣고 한소끔 더 볶는다.
2) 준비된 파스타 접시에 면을 둥글게 말아 담고 이태리 파슬리를 꽂아 완성한다.

Pasta & Risotto

Spaghetti Bolognese
볼로네즈 스파게티

Ingredient/재료 및 분량

- Spaghetti(스파게티) 80g
- Ground Beef(쇠고기 민스) 30g
- Nutmeg(넛멕) 1g
- Onion(양파) 30g
- Flour(밀가루) 10g
- Chopped celery
  (셀러리 다진 것) 10g
- Green Pimento(청피망) 20g
- Chopped garlic
  (마늘 다진 것) 10g
- Italian parsley(파슬리) 2leaves
- Salt(소금) 약간
- Pepper(후추) 약간

Cooking Method/조리방법

1. 볼로네즈 소스 재료

재료

- Ground Beef(쇠고기) 60g • Tomato paste(토마토 페이스트) 20g
- Tomatoes puree(토마토 퓌레) 100g • Tomato(방울토마토) 100g
- Chopped onion(양파 다진 것) 20g • Chopped celery(셀러리 다진 것) 20g
- Chopped garlic(마늘 다진 것) 5g • Tabasco(타바스코) 3ml • Hot sauce(핫소스) 3ml
- Bay leaf(월계수잎) 1ea • Olive oil(올리브 오일) 30ml • Oregano(오레가노) 1g
- Beef stock(육수) 350ml • Chopped fresh basil(바질) 1g • Parmesan cheese(파마산 치즈) 10g
- Salt(소금) 약간, Pepper(후추) 약간

볼로네즈 소스 조리하기(Bolognese Sauce)

1) 팬에 오일을 두르고 다진 마늘, 양파, 셀러리 찹 순으로 넣어 투명해질 때까지 Saute한다.
2) 쇠고기 민스를 볶다가 페이스트를 넣어 신맛이 없어지도록 5분 정도 볶는다.
3) 토마토 퓌레를 넣고 한번 더 볶은 후 향신료를 넣어 Simmering(자작하게 끓이는 것)한다.
4) 타바스코와 핫소스를 넣어 매운맛을 낸다.
5) 바질을 넣어 향을 내고 소금과 후추로 간하여 마무리한다.

2. 파스타 조리하기(Pasta Cooking)

1) 끓는 물에 소금과 오일을 약간 넣고 스파게티면을 넣어 8분 정도 삶아 놓는다.
2) 쇠고기 30g, 양파와 셀러리 다진 것을 10g씩 넣고 미트볼을 만들어 익혀 놓는다.
3) 양파와 피망을 슬라이스하고 이태리 파슬리 한 줄기를 다져 놓는다.

3. 완성하기(Completing)

1) 프라이팬에 올리브 오일을 두르고 달군 다음 양파와 피망 슬라이스를 넣고 볶는다.
2) 스파게티를 넣어 볶다가 만들어놓은 소스를 넣고 한 번 더 볶으면서 미트볼을 넣는다. 마지막으로 소금, 후추를 넣어 간을 맞춘다.
3) 준비된 파스타 볼에 완성된 면을 보기 좋게 담고 이태리 파슬리를 꽂아 완성한다.

Garganelli with Paprika Sauce
가르가넬리와 파프리카 소스

Ingredient/재료 및 분량

- Garganelli(가르가넬리) 80g
- Shrimp(새우) 3ea
- Paprika Sauce(파프리카 소스) 200ml
- Green beans(줄기콩) 2ea
- Broccoli(브로콜리) 30g
- Onion Slice(양파) 20g
- Basil(바질) 1leaf
- Italian Parsley(이태리 파슬리) 2stalk
- Olive oil(올리브 오일) 30ml
- Salt, Pepper(소금, 후추) 약간씩

Cooking Method/조리방법

1. 파프리카 소스 재료(Paprika Sauce Making)

재료

- Red Paprika(붉은 파프리카) 2ea • Tomato puree(토마토 퓌레) 60g
- Tomatoes(방울토마토) 5ea • Olive oil(올리브 오일) 30ml • Chopped onion(양파) 50g
- Celery(셀러리) 20g • Chopped garlic(마늘) 10g • Basil(바질 다진 것) 1leaf
- Chicken stock(육수) 300ml • Bay leaf(월계수잎) 1ea
- Parmesan cheese(파르메산 치즈) 15g • Salt, Pepper(소금, 후추) 약간씩

파프리카 소스 만들기(Paprika Tomato Sauce)

1) 붉은 파프리카와 방울토마토를 믹서기에 곱게 간다.
2) 팬에 다진 마늘, 양파, 셀러리 찹을 넣어 투명해질 때까지 Saute한 후, 퓌레를 넣고 볶는다.
3) 갈아놓은 파프리카를 넣고 한소끔 볶은 다음, 월계수잎을 넣고 자작하게 끓인다.
4) 파마산 치즈를 넣고 끓인 후, 소금, 후추로 간을 맞춘다.

2. 파스타 조리하기(Pasta Cooking)

1) 끓는 물에 소금과 올리브 오일을 조금 넣고 Garganelli(가르가넬리)를 8분 정도 '알덴테'로 삶는다.
2) 브로콜리와 줄기콩은 끓는 물에 데쳐 놓는다.
3) 올리브유를 두른 팬에 양파, 줄기콩, 브로콜리를 넣어 볶다가 삶아 놓은 쇼트 파스타를 넣고 한 번 더 볶는다.

3. 완성하기(Completing)

1) 조리하고 있는 팬에 파프리카 소스를 넣고 한소끔 더 볶는다.
2) 소금, 후추를 넣고 간을 맞춘 다음, 바질 찹과 이탈리안 파슬리 찹을 넣는다.
3) 접시에 쇼트 파스타 면을 담고 허브로 가니쉬하여 완성한다.

Pasta & Risotto

Spinach & Salmon Pasta
시금치 연어 파스타

Ingredient/재료 및 분량

- Spinach Pasta(시금치 생파스타) 200g
- Fresh Salmon(연어) 60g
- Red Onion(적양파) 30g
- Green Pimento(청피망) 20g
- Creamy Caper Sauce(케이퍼 크림소스) 200ml

Cooking Method/조리방법

1. 케이퍼 크림소스 재료(Creamy Caper Sauce)

재료

- Chopped onion(양파) 10g • White wine(백포도주) 50ml • Thyme(타임) 1leaf
- Caper(케이퍼) 10ea • Bay leaf(월계수잎) 1ea • Clam stock(조개육수) 70ml
- Fresh lemon(레몬) 1/8ea • Fresh cream(생크림) 180ml • Salt & Pepper(소금, 후추) 약간씩

화이트 와인 크림소스 조리하기

1) 소스팬에 올리브 오일을 두르고 다진 양파를 투명해질 때까지 Saute한 다음 백포 도주를 넣어 1/2 정도 졸인다.
2) 바지락조개 육수를 넣어 자작하게 졸여지면 생크림, 케이퍼 찹, 허브, 월계수잎 을 넣고 끓인다.
3) 서서히 졸여 농도가 되면 소금, 후추, 레몬즙을 넣어 간하고 소창으로 거른다.

2. 생 파스타 재료 및 반죽하기

1) 재료 : 강력분 160g, 달걀 1개, 시금치 50g, 파슬리 3g, 올리브 오일 10ml, 소금 1.5g
2) 시금치와 파슬리의 꼭지를 따고 물기 제거 후 믹서기에 곱게 간다(60ml).
3) 믹싱 볼에 밀가루를 체에 내려 담고 가운데 홈을 만든 후 준비된 재료를 모두 넣 고 잘 치댄다.
4) 1시간 정도 숙성시킨 후 생면을 만든다.

3. 파스타 조리하기(Pasta Cooking)

1) 생파스타 면은 끓는 물에 소금을 약간 넣어 2~3분 정도 삶아 놓는다.
2) 적양파, 피망은 바토네(Batonnet) 형태로 준비하여 팬에 Saute한다.
3) 삶아 놓은 생면을 넣고 볶는다.

4. 완성하기(Completing)

1) 연어를 팬에 구워 볶고 있는 팬에 믹스한다.
2) 완성해 놓은 케이퍼 크림소스를 넣고 약한 불로 맛이 들도록 볶는다.
3) 접시에 보기 좋게 담아놓고 허브잎을 꽂아 완성한다.

Pasta & Risotto

Sweet Pumpkin Fettuccine with Paprika Sauce

단호박 페투치네와 파프리카 소스

Ingredient / 재료 및 분량

- Flour(강력분) 150g
- Sweet Pumpkin(단호박) 70g
- Olive oil(올리브 오일) 20ml
- Egg yolk(달걀 노른자) 2ea
- Garlic(마늘 찹) 2ea
- White wine(백포도주) 20ml
- Pimento(청, 홍피망) 각 20g
- Baby Vegetable(어린잎 채소) 10g
- Shrimp(알새우) 30g
- Paprika Tomato Sauce(파프리카 소스) 200ml

Cooking Method / 조리방법

1. 파프리카 소스 조리하기(Paprika Tomato Sauce)

재료

- Red Paprika(붉은 파프리카) 1ea • Tomato puree(토마토 퓌레) 60g
- Tomatoes(방울토마토) 5ea • Olive oil(올리브 오일) 30ml • Chopped onion(양파) 50g
- Celery(셀러리) 20g • Chopped garlic(마늘) 10g • Basil(바질 다진 것) 1leaf
- Jalapeno(할라피뇨) 10g • Chicken stock(육수) 300ml • Bay leaf(월계수잎) 1ea
- Parmesan cheese(파르메산 치즈) 15g • Salt, Pepper(소금, 후추) 약간씩

만들기

1) 붉은 파프리카와 방울토마토, 할라피뇨를 믹서기에 곱게 간다.
2) 팬에 다진 마늘, 양파, 셀러리 찹을 넣어 투명해질 때까지 Saute한 후, 퓌레를 넣고 볶는다.
3) 갈아놓은 파프리카를 넣고 한소끔 볶은 다음, 월계수잎을 넣고 자작하게 끓인다.
4) 파마산 치즈 넣고 끓인 후, 소금, 후추로 간을 맞춘다.

2. 파스타 조리하기(Pasta Cooking)

1) 강력분 150g, 단호박무스 70g, 올리브 오일 10ml, 노른자 2ea를 넣고 믹싱 볼에 치댄 후 1시간 숙성시킨 다음 페투치네를 만든다. 끓는 물에 소금과 올리브 오일을 조금 넣고 1~2분 정도 '알덴테'로 삶아 식힌다.
2) 올리브유 두른 팬에 양파를 볶다가 두 가지 피망과 알새우를 넣고 볶는다.
3) 삶아 놓은 면을 넣고 함께 볶아준다.

3. 완성하기(Completing)

1) 조리하고 있는 팬에 파프리카 소스를 넣고 한소끔 더 볶는다.
2) 소금, 후추를 넣고 간을 맞춘 다음, 바질 찹을 넣는다.
3) 접시에 단호박 생파스타 면을 담고 어린잎 채소를 얹어 완성한다.

Cold Capellini & Chicken Breast with Japanese Apricot Sauce

치킨가슴살을 곁들인 차가운 카펠리니 파스타와 매실 소스

Ingredient / 재료 및 분량

- Capellini(카펠리니) 60g
- Chicken Breast(치킨 가슴살) 50g
- Carrot(당근) 30g
- Cucumber(오이) 50g
- Tomato(방울토마토) 3ea
- Eggplant(가지) 30g
- Baby Vegetable(어린잎 채소) 15g
- Squid(오징어) 30g
- Olive oil(올리브 오일) 20ml

Cooking Method / 조리방법

1. 매실 소스 재료(Japanese Apricot Sauce)

재료

- Tomato Ketchup(케첩) 30g • Tomato Chilli sauce(토마토칠리 소스) 20g
- Hot pepper paste(고추장) 20g • Japanese Apricot(매실엑기스) 10ml
- Sesame oil(참기름) 1/3ts • Honey(꿀) 1/2스푼 • Lemon 1/4ea
- Onion(양파 찹) 20g • Celery(셀러리) 10g • Olive Oil(올리브 오일) 30ml
- Hot pepper powder(고춧가루) 1ts • Coke(콜라) 30ml • Sugar(설탕) 약간
- Salt, Pepper(소금, 후추) 약간씩

2. 매실 소스 조리하기(Japanese Apricot Sauce)

1) 양파와 셀러리 찹을 볶다가 고추장과 칠리소스를 넣고 3분 정도 볶는다.
2) 케첩, 매실엑기스, 레몬을 넣고 한 번 더 끓인 후 불에서 내려 식힌다.
3) 참기름과 고춧가루를 넣고 콜라를 넣어 농도를 조절한다.
4) 꿀과 설탕으로 단맛을 조절하고 간을 맞춘다.

3. 카펠리니 완성하기(Completing)

1) 카펠리니를 3분 정도 삶는다.
2) 당근과 기타 채소를 줄리엔으로 썰어 볶는다.
3) 치킨가슴살을 양념하여 둥글게 롤을 만들어 놓는다.
4) 면을 소스에 버무려 그릇에 담고 볶아 놓은 채소와 치킨가슴살 롤을 주위에 담는다.
5) 방울토마토를 1/6로 썰어 위에 곁들여준다.

PASTA & RISOTTO

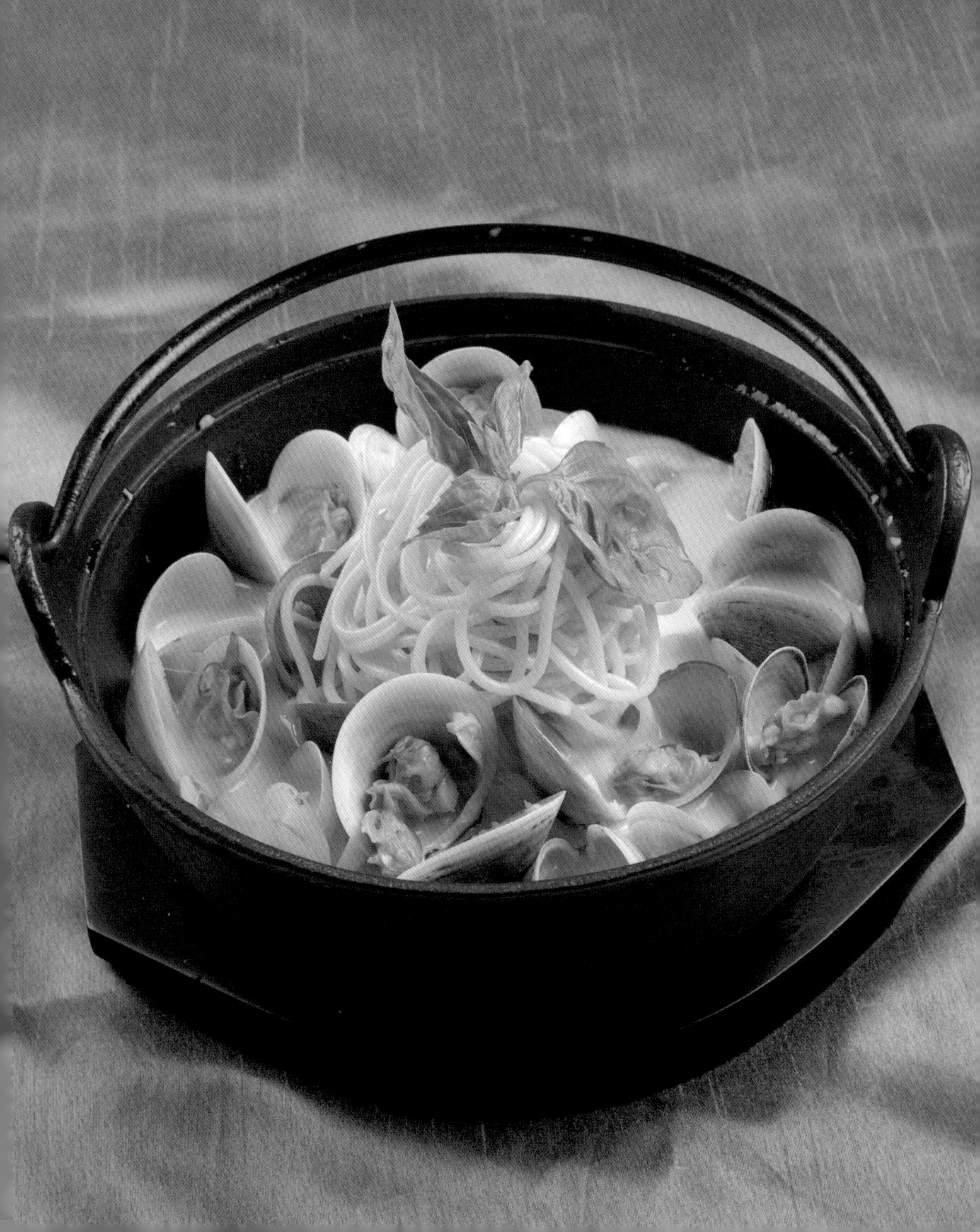

Spaghetti alle Vongole
봉골레 스파게티

Ingredient / 재료 및 분량

- Clam(모시조개) 50g
- Clam(바지락) 70g
- Spaghetti(스파게티) 80g
- Italian Parsley(이태리 파슬리) 2stalk
- Onion Slice(양파 슬라이스) 50g
- Lemon(레몬) 1/4ea
- Pepper corn(통후추) 5ea
- Garlic(마늘 찹) 15g
- White wine(화이트 와인) 30ml
- Fresh cream(생크림) 60ml
- Basil leaf(바질잎) 1ea
- Olive oil(올리브 오일) 50ml
- Salt, Pepper(소금, 후추) 약간씩

Cooking Method / 조리방법

1. 봉골레 파스타 조리하기(Pasta Cooking)

1) 냄비에 조개를 넣고 와인으로 데글라세한 후 물을 넣고 끓여 조개가 벌어지면 건져 고운체에 국물을 걸러 놓는다.
2) 양파는 슬라이스해 놓고, 마늘과 파슬리는 다지고 통후추는 으깬다.
3) 끓는 물에 올리브 오일과 소금을 조금 넣고 면을 넣어 알덴테로 삶는다.
4) 팬에 올리브유를 넣고 양파와 마늘을 넣고 볶다가 조개 국물과 생크림을 넣고 끓인다.

2. 완성하기(Completing)

1) 파슬리 찹과 으깬 통후추를 넣고 레몬즙과 소금, 후추로 간을 한다.
2) 삶은 면을 넣고 한소끔 끓여서 파스타 볼에 담는다.
3) 파슬리 찹과 통후추를 위에 뿌리고 바질잎 하나를 꽂아 마무리한다.

Pasta & Risotto

Stuffing of Beef Cannelloni
쇠고기를 채운 카넬로니

Ingredient/재료 및 분량

- Beef ground
  (쇠고기 다진 것) 100g
- Celery(셀러리) 15g
- Carrot(당근) 20g
- Green Pimento(청피망) 20g
- Onion(양파) 30g
- Garlic(마늘) 5g
- Tomato Past(토마토 페이스트)
  20g
- Tomato Whole
  (토마토 홀 캔) 120g
- Red wine(레드 와인) 10ml
- Bay leaf(월계수잎) 1ea
- Parmesan Cheese(파마산 치즈)
  15g
- Pizza cheese(피자 치즈) 20g
- Nutmeg(넛멕) 약간
- Parsley(파슬리 찹) 1g
- Salt, Pepper(소금, 후추) 약간씩

Cooking Method/조리방법

1. 도우 만들기(Dough Making)

재료

- Flour(강력밀가루) 70g • Semolina(세몰리나) 50g • Egg yolk(달걀 노른자) 2ea
- Olive oil(올리브오일) 10g

만들기

1) 강력분과 세몰리나 가루, 나머지 재료를 넣고 치댄 후 1시간 정도 숙성시킨다.

2. 스터핑 조리하기(Stuffing)

1) 셀러리, 당근, 청피망, 양파 찹을 해놓는다.
2) 팬에 올리브 오일을 두르고 마늘과 쇠고기를 볶다가 페이스트를 넣고 한 번 더 볶는다.
3) 레드 와인으로 데글라세한 다음, 채소를 넣고 다시 볶아 스터핑 소를 만든다.

3. 완성하기(Completing)

1) 반죽을 얇게 밀어 삶은 후 스터핑 소를 넣고 둥글게 만다.
2) 베이킹 접시에 남아 있는 스터핑 재료를 깔고 그 위에 만들어 놓은 롤을 놓는다.
3) 치즈를 뿌려 160℃에서 10분 정도 굽는다.

Pasta & Risotto

Spinach Gnocchi
시금치 뇨키

Ingredient/재료 및 분량

- Potato(감자) 90g
- Flour(밀가루) 120g
- Spinach(시금치) 40g
- Quail's egg(메추리알) 2ea
- Onion(양파) 30g
- Fresh cream(생크림) 60cc
- Milk(우유) 100cc
- Parmesan cheese(파르메산 치즈) 20g
- Bacon(베이컨) 2ea
- Butter(버터) 20g
- Salad oil(식용유) 약간
- Nutmeg(넛멕) 0.5g
- Salt, Pepper(소금, 후추) 약간씩

Cooking Method/조리방법

1. 뇨키 조리하기(Gnocchi Cooking)

1) 감자를 푹 삶아 체에 내린다.
2) 시금치를 곱게 다진다.
3) 믹싱 볼에 ①, ②번을 넣고, 밀가루와 넛멕, 메추리알을 넣어 반죽한다.
4) 줄 모양으로 길게 만든 후, 먹기 좋은 크기로 자른다.

2. 완성하기(Completing)

1) 끓는 소금물에 만들어 놓은 뇨키를 넣고 삶아 건진 후, 식용유를 발라 놓는다.
2) 팬에 버터를 두르고 양파를 넣고 볶다가, 우유와 생크림을 넣고 졸인다.
3) 만들어 놓은 뇨키를 넣고 끓인 다음, 치즈를 약간 넣고 간을 맞춘다.
4) 그릇에 담고, 베이컨을 곁들여 완성한다.

Pasta & Risotto

Spinach & Seafood Ravioli with Tomato Cream Sauce
토마토 크림소스를 곁들인 시금치, 갑각류 라비올리

Ingredient/재료 및 분량

- Shrimp(시바새우살) 60g
- Crabmeat(게살) 30g
- Cocktail shrimp(칵테일새우) 30g
- Onion(양파) 30g
- Mushroom(새송이버섯) 50g
- Broccoli(브로콜리) 50g
- Fresh cream(생크림) 50cc
- Butter(버터) 10g
- White wine(백포도주) 10cc
- Parmesan Cheese(파르메산 치즈) 10g

완성 시 사용 재료
- Parsley chopped(파슬리 찹) 3g
- Basil(바질) 1stalk
- Fresh Parmesan cheese(생파 마산 치즈) 10g

Cooking Method/조리방법

1. 반죽 준비하기
재료
- Flour(강력밀가루) 100g • Semolina(세몰리나) 50g • Spinach(시금치) 20g
- Egg yolk(달걀 노른자) 2ea • Olive oil(올리브 오일) 10g

만들기
밀가루, 세몰리나가루, 달걀 노른자, 시금치즙, 소금을 넣고 라비올리를 반죽하여 1시간 정도 숙성시킨다.

2. 크림소스 조리하기
재료
- Chopped Onion(다진 양파) 10g • Chopped garlic(다진 마늘) 5g • Fresh cream(생크림) 20cc
- Milk(우유) 80ml • White wine(백포도주) 5ml • Chicken Stock(육수) 80ml
- Olive oil(올리브 오일) 10ml • Tomato puree(토마토 퓌레) 30ml • Salt, Pepper(소금, 후추) 약간씩

만들기
1) 냄비에 올리브 오일을 두르고, 다진 양파, 다진 마늘을 볶다가 화이트 와인으로 데글라세한다.
2) 내용물에 우유와 생크림을 넣고 졸인 다음, 토마토 퓌레를 넣고 한 번 더 졸인다.

3. 완성하기(Completing)
1) 새우살을 스몰 다이스로 썰고, 게살, 브로콜리를 다이스해서 준비한다.
2) 버섯과 양파를 다이스로 썰어 버터 두른 팬에 볶다가 생크림을 넣고 졸인 다음, 새우와 가재, 브로콜리를 넣고 소금, 후추로 간하여 속을 만든다.
3) 반죽을 얇게 밀어 만들어 놓은 소를 넣고 라비올리를 만든다.
4) 냄비에 소금물을 끓여서 라비올리를 삶아 놓는다. 크림소스를 넣고 버무린다.
5) 완성된 것을 접시에 담고 익힌 새우와 파르메산 치즈를 뿌리고 바질잎을 얹어 마무리한 다음 제공한다.

Pasta & Risotto

Snail Ravioli with Tomato Cream Sauce
달팽이로 속을 채운 라비올리와 토마토 크림소스

Ingredient / 재료 및 분량

- Snail(달팽이) 100g
- Onion(양파) 20g
- Garlic(마늘) 5g
- Broccoli(브로콜리) 50g
- Tomato Paste(토마토 페이스트) 10g
- Tomato(방울토마토) 3ea
- Brown sauce(브라운 소스) 20ml
- Parmesan cheese(파마산 치즈) 10g
- Butter(버터) 30g
- Dough(반죽) 200g
- Tomato Cream Sauce(토마토 크림소스) 150ml
- Salt, Pepper(소금, 후추) 약간씩

Cooking Method / 조리방법

1. 반죽 준비하기(Dough)

재료

- Flour(강력밀가루) 100g • Semolina(세몰리나) 50g • Saffron(사프란) 0.1g
- Egg yolk(달걀 노른자) 2ea • Olive oil(올리브 오일) 10g

만들기

1) 밀가루, 세몰리나가루, 달걀 노른자, 사프란 주스, 소금을 넣고 라비올리를 반죽하여 1시간 정도 숙성시킨다.

2. 토마토 크림소스 조리하기(Tomato Cream Sauce Cooking)

재료

- Tomato sauce(기본토마토 소스) 120ml • Fresh Cream(생크림) 30ml
- Olive oil(올리브 오일) 20ml

만들기

1) 재료를 냄비에 넣고 끓여서 사용한다.

3. 완성하기(Completing)

1) 달팽이를 깨끗이 씻어 1시간 이상 삶아 슬라이스한다.
2) 양파, 마늘, 데친 브로콜리는 찹하여 놓는다.
3) 팬에 버터를 두르고 마늘과 양파를 윤기나게 볶다가 달팽이를 넣는다.
4) 토마토 페이스트를 넣고 한소끔 볶은 후 브로콜리, 방울토마토, 파마산 치즈, 소금, 후추를 넣어 맛을 낸다.
5) 반죽을 얇게 밀어 소를 넣고 라비올리를 만든다.
6) 끓는 물에 소금을 넣고 라비올리를 넣고 삶아 떠오르면 건진다.
7) 접시에 토마토 소스를 깔고 라비올리를 보기 좋게 담아 제공한다.

PASTA & RISOTTO

Lasagne alla Bologna
이태리 볼로냐 스타일의 라자냐

Ingredient/재료 및 분량

- Pasta dough(파스타 도우) 3ea
- Tomato Meat sauce
  (토마토 미트소스) 100ml
- Bechamel sauce
  (베샤멜 소스) 100ml
- Parmesan cheese(파르메산
  치즈) 40g
- Mozzarella cheese slice(모차렐
  라 치즈) 100g
- Butter(버터) 30g
- Basil leaf(바질잎) 1ea
- Parsley chop(파슬리 챱) 2g
- Extra olive oil(엑스트라 올리브
  오일) 20ml
- Salt, Pepper(소금, 후추) 약간씩

Cooking Method/조리방법

1. 미트소스 조리하기(Meat Sauce Cooking)

재료

- Ground Beef(쇠고기) 90g • Tomato paste(토마토 페이스트) 20g
- Tomatoes puree(토마토 퓌레) 100g • Chopped onion(양파) 20g
- Chopped celery(셀러리) 20g • Chopped garlic(마늘) 5g • Tabasco(타바스코) 3ml
- Hot sauce(핫소스) 3ml • Bay leaf(월계수잎) 1ea • Olive oil(올리브 오일) 30ml
- Oregano(오레가노) 1g • Beef stock(육수) 300ml • Basil(바질) 1g
- Parmesan Cheese(파마산 치즈) 10g • Salt, Pepper(소금, 후추) 약간씩

만들기

1) 팬에 오일을 두르고 다진 마늘, 양파, 셀러리 챱 순으로 넣어 투명해질 때까지 Saute한다.
2) 쇠고기 민스를 볶다가 페이스트를 넣어 신맛이 없어지도록 5분 정도 볶는다.
3) 토마토 퓌레를 넣고 한번 더 볶은 후 향신료를 넣어 Simmering(자작하게 끓이는 것)한다.
4) 타바스코와 핫소스를 넣고 바질을 넣어 향을 내고 소금과 후추로 간하여 마무리 한다.

2. 베샤멜 소스 조리하기(Bechamel Sauce Cooking)

재료

- Flour(밀가루) 15g • Butter(버터) 15g • Milk(우유) 200ml • Onion slice(양파) 30g
- Nutmeg(넛멕) 약간 • Bay leaf(월계수잎) 1ea • Salt, Pepper(소금, 후추) 약간씩

만들기

1) 밀가루와 버터를 색이 나지 않도록 볶아 화이트 루를 만든 후 우유를 넣고 몽우리지지 않도록 한다.
2) 농도가 나기 시작하면 양파, 월계수잎, 넛멕, 후추 순으로 넣고 은근히 끓인 다음, 소금, 후추로 간을 한다.

3. 완성하기(Completing)

1) 파스타 도우는 끓는 물에 9분 정도 삶아 놓는다.
2) 라자냐 볼에 버터를 바르고 베샤멜 소스를 적당량 두르고 파스타 도우를 덮는다.
3) 미트소스, 베샤멜 소스, 치즈, 파스타 도우 순으로 층층이 반복하여 재료를 얹는다.
4) 볼 가장자리에 토마토 소스를 채우고 치즈를 올려 180℃의 예열된 오븐에서 13분 정도 갈색이 나도록 구워준다.
5) 잘 구워진 라자냐에 파슬리 챱을 뿌려주고 신선한 바질잎을 가니쉬로 장식하여 제공한다.

Pasta & Risotto

Combination Pizza

콤비네이션 피자

Ingredient/재료 및 분량

- Pizza dough(피자도우) 220g
- Tomato sauce(토마토 소스) 60ml
- Zucchini slice(호박) 20g
- Eggplant slice(가지) 30g
- Red pimento slice(붉은 피망) 20g
- Yellow pimento slice(노란 피망) 20g
- Squid, trimmed, slice(오징어) 30g
- White fish slice(흰살생선) 20g
- Shrimp(새우) 20g
- Tomato(방울토마토) 5ea
- Basil leaf(바질잎) 1ea
- Mozzarella cheese slice(모차렐라 치즈) 150g
- Parmesan Cheese(파마산 치즈) 20g
- Parsley chop(파슬리 찹) 5g
- Extra olive oil(올리브 오일) 15ml

Cooking Method/조리방법

1. 피자소스 재료 준비하기(Pizza sauce)

재료

- Onion(양파) 50g • Garlic(마늘) 5g • Tomato whole(토마토 홀 캔) 70ml
- Tomato puree(토마토 퓌레) 50ml • Parsley(이태리 파슬리) 1ea • Thyme(타임) 0.3g
- Basil(바질) 1stalk • Oregano(오레가노) 1g • Olive Oil(올리브 오일) 15ml
- Sugar(설탕) 약간 • Tabasco(타바스코) 약간

피자소스 만들기(Pizza sauce)

1) 양파와 마늘을 곱게 다진 후 팬에 올리브 오일을 넣고 구수한 냄새가 나도록 볶는다.
2) 토마토 퓌레를 넣고 한 번 더 볶은 후 토마토 홀을 넣는다.
3) 허브류를 다져 넣고 간을 맞춰 완성한다.

2. 피자도우 만들기(Pizza dough/30cm × 2개)

재료

- Hard flour(강력밀가루) 320g • Warm water(미지근한 물) 140ml
- Exter virgin olive oil(올리브 오일) 20ml • Fresh yeast(생 이스트) 8g • Salt(소금) 5g

반죽하기

1) 믹싱 볼에 체에 내린 밀가루, 생 이스트, 소금, 엑스트라 버진 올리브 오일을 잘 섞는다.
2) 부드럽게 반죽하여 마르지 않도록 비닐을 씌워 상온에서 3시간 정도 발효시킨다.

3. 완성하기(Completing)

1) 피자도우를 둥글게 만든다.
2) 호박, 피망, 가지, 새우, 오징어, 흰살생선은 모두 손질하여 팬에 오일을 두르고 볶아서 수분을 제거한다.
3) 만들어진 도우에 토마토 소스를 바르고 수분을 제거한 채소와 해산물을 보기 좋게 토핑한다.
4) 모차렐라 치즈와 파르메산 치즈가루를 뿌린다.
5) 210℃의 예열된 오븐에서 13분간 골든 브라운색이 나도록 굽는다.
6) 잘 구워진 피자 위에 파슬리 찹과 신선한 바질잎, 올리브유를 뿌려 제공한다.

PASTA & RISOTTO

Arugula Pizza
아루굴라 피자

Ingredient/재료 및 분량

- Pizza dough(피자도우) 210g
- Tomato sauce(토마토 소스) 60ml
- Onion(양파) 30g
- Garlic(깐 마늘) 7ea
- Basil(바질) 1stalk
- Tomato(방울토마토) 5ea
- Mozzarella cheese Slice(모차렐라 치즈) 100g
- Parmesan cheese(파마산 치즈) 30g
- Parsley chop(파슬리 챱) 5g
- Extra olive oil(올리브 오일) 15ml
- Arugula(아루굴라) 60g

Cooking Method/조리방법

1. 피자소스 재료 준비하기(Pizza sauce)

재료

- Onion(양파) 50g • Garlic(마늘) 5g • Tomato whole(토마토 홀 캔) 70ml
- Tomato puree(토마토 퓌레) 50ml • Parsley(이태리 파슬리) 1ea • Thyme(타임) 0.3g
- Basil(바질) 1stalk • Oregano(오레가노) 1g • Olive Oil(올리브 오일) 15ml
- Sugar(설탕) 약간 • Tabasco(타바스코) 약간

피자소스 만들기(Pizza sauce)

1) 양파와 마늘을 곱게 다진 후 팬에 올리브 오일을 넣고 구수한 냄새가 나도록 볶는다.
2) 토마토 퓌레를 넣고 한 번 더 볶은 후 토마토 홀을 넣는다.
3) 허브류를 다져 넣고 간을 맞춰 완성한다.

2. 피자도우 만들기(Pizza dough/30cm × 2개)

재료

- Hard flour(강력밀가루) 320g • Warm water(미지근한 물) 140ml
- Exter virgin olive oil(올리브 오일) 20ml • Fresh yeast(생 이스트) 8g • Salt(소금) 5g

반죽하기

1) 믹싱 볼에 체에 내린 밀가루, 생 이스트, 소금, 엑스트라 버진 올리브 오일을 잘 섞는다.
2) 부드럽게 반죽하여 마르지 않도록 비닐을 씌워 상온에서 3시간 정도 발효시킨다.

3. 완성하기(Completing)

1) 피자도우를 둥글게 만든다.
2) Arugula(아루굴라/루콜라)를 깨끗이 씻어 찬물에 담가 놓는다.
3) 만들어진 도우에 토마토 소스를 바르고 양파 챱을 뿌린다.
4) 모차렐라 치즈와 파르메산 치즈가루를 토핑하고 깐 마늘을 1/2로 잘라 구운 다음 토핑한다.
5) 210℃의 예열된 오븐에서 13분간 골든 브라운색이 나도록 굽는다.
   (오븐 종류에 따라 온도와 시간은 다르게 할 수 있다.)
6) 잘 구워진 피자 위에 물기를 제거한 아루굴라를 올리고 발사믹 소스를 뿌려 제공한다.

Pasta & Risotto

Risotto of Green Peas
완두콩 리조토

Ingredient/재료 및 분량

- Rice or Arborio rice(아르보리오 쌀) 80g
- Chopped Onion(양파) 30g
- Garlic(마늘 다진 것) 10g
- Green peas(완두콩) 70g
- Sea bream(도미살) 50g
- Chicken stock(닭육수) 400ml
- Parsley(파슬리) 3g
- Parmesan Cheese(파마산 치즈) 30g
- Baby Vegetable(어린잎 채소) 10g
- Extra virgin olive oil(올리브 오일) 20ml
- Butter(버터) 20g
- Salt & Pepper(소금과 후추) 약간씩

Cooking Method/조리방법

1. 치킨스톡 조리하기(Chicken Stock)

재료

- Chicken bone(닭뼈) 3kg • Onion(양파) 200g • Celery(셀러리) 100g • Carrot(당근) 100g
- Bay leaf(월계수잎) 4ea • Pepper corn(흰 통후추) 7ea • Clove(정향) 5ea • Water(물) 9L

만들기

1) 닭뼈를 깨끗이 손질하여 냄비에 넣고 찬물에서부터 끓이기 시작하여 2시간 정도 끓인다.
2) 미르푸아(양파, 당근, 셀러리)와 향신료를 넣고 1시간 더 끓인 후 걸러서 사용한다.

2. 리조토 조리하기(Risotto Cooking)

1) 쌀은 미지근한 물에 담가 불려 놓는다.
2) 완두콩은 퓌레를 만들어 놓고, 도미살을 손질하여 놓는다.
3) 달군 팬에 올리브 오일을 두르고 마늘과 양파 다진 것을 투명하게 볶아준다.
4) 준비된 불린 쌀을 넣고 볶다가 치킨육수를 넣어 끓여준다.

3. 완성하기(Completing)

1) 수분이 증발되면 반복적으로 육수를 넣어 볶아준다.
2) 1/2 정도 익으면 퓌레를 넣어 약한 불에 천천히 끓여준다.
3) 쌀이 2/3 이상 익어 걸쭉한 상태가 되면 도미살과 완두콩 홀을 넣는다.
4) 파슬리 찹을 넣고 소금과 후추로 간을 한다.
5) 리조토 접시에 보기 좋게 담아서 제공한다.

Seafood & Risotto

해산물 리조토

Ingredient/재료 및 분량

- Rice or Arborio rice
  (아르보리오 쌀) 80g
- Chopped Onion(양파) 30g
- Garlic(마늘 다진 것) 10g
- Clam(조개) 100g
- Shrimp(새우) 20g
- Squid(오징어 링) 30g
- Olive oil(올리브 오일) 30ml
- White Wine(화이트 와인) 20ml
- Parsley powder(파슬리가루) 2g
- Parmesan Cheese(파마산 치즈)
  10g
- Water(물) 400ml
- Tomato(토마토 콩카세) 10g
- Hot sauce(핫소스) 5ml
- Salt, Pepper(소금, 후추) 약간씩

Cooking Method/조리방법

1. 토마토 소스 준비하기

재료
- Tomato Ketchup(케첩) 20ml • Tomato(토마토 홀 캔) 100ml
- Tomato puree(토마토 퓌레) 30ml • Bay leaf(월계수잎) 1ea • Basil(바질) 1leaf • Salt,
  Pepper(소금, 후추) 약간씩

2. 리조토 조리하기(Risotto Cooking)

1) 쌀은 미지근한 물에 담가 불려 놓는다.
2) 모시조개와 물을 넣고 끓여 조개스톡을 만들어 놓는다.
3) 달군 팬에 올리브 오일을 두르고 마늘과 양파 다진 것을 투명하게 볶아준다.
4) 준비된 불린 쌀을 넣고 볶다가 조개육수를 조금씩 넣으면서 볶는다.(80%만 호
   화시킨다.)

3. 완성하기(Completing)

1) 해산물을 팬에 넣고 볶은 다음, 와인으로 플랑베하여 믹스한다.
2) 쌀이 2/3 이상 익어 걸쭉한 상태가 되면 조개와 파마산 치즈를 넣는다.
3) 파슬리 찹을 넣고 소금과 후추로 간을 한다.
4) 리조토 접시에 보기 좋게 담아서 제공한다.

Pasta & Risotto

Saffron Risotto with Parmesan Cheese
사프란 리조토

Ingredient/재료 및 분량

- Rice or Arborio rice(아르보리오 쌀) 80g
- Saffron(사프란) 1.5g
- Butter(버터) 5g
- Parmesan Cheese(파르메산 치즈) 30g
- Onion(양파) 20g
- Tarragon(타라곤) 3g
- Salt(소금) 적당량
- Pepper(후추) 적당량
- Small Octopus(낙지) 40g

Cooking Method/조리방법

1. 홍합육수 만들기(Mussel Broth)

재료

- Mussel(홍합) 300g • Water(물) 500cc • Bay leaf(월계수잎) 1ea • Celery(셀러리) 10g
- Onion(양파) 15g • White wine(화이트 와인) 30cc • Pepper corn(통후추) 3g
- Parsley stalk(파슬리 줄기) 1ea

만들기

1) 냄비에 차가운 물을 넣고 재료를 넣어 중불에서 홍합과 채소의 맛이 우러나오도록 은근히 끓여준다.

2. 리조토 조리하기(Risotto Cooking)

1) 쌀을 깨끗이 씻어 물에 불려서 준비한다.
2) 사프란은 적당량의 물과 함께 끓여서 주스를 만들어 놓는다.
3) 냄비에 버터를 녹이고 양파를 볶다가 불은 쌀을 볶아준 후 홍합육수를 넣고 저으면서 익힌다.

3. 완성하기(Completing)

1) 준비된 분량의 사프란 주스를 넣고 저어가며 익힌다.
2) 낙지를 넣고 볶는다.
3) 홍합을 넣고 파르메산 치즈를 올려 마무리하고 접시에 담아준다.

Risotto with Asparagus, Spinach and Parmesan
아스파라거스와 시금치를 넣은 리조토

Ingredient/재료 및 분량

- Rice or Arborio rice(아르보리오 쌀) 80g
- Chopped Onion(양파 찹) 30g
- Chopped garlic(마늘 다진 것) 10g
- Asparagus(아스파라거스) 50g
- Spinach(시금치) 30g
- Vegetable stock(채소육수) 500ℓ
- Cheese parmesan(파마산 치즈) 30g
- Italian parsley(이태리 파슬리) 5g
- Extra virgin olive oil(올리브 오일) 20ml
- Butter(버터) 20g
- Salt & Pepper(소금과 후추) 약간씩

Cooking Method/조리방법

1. 채소스톡 조리하기(Vegetable Stock)[산출량 1 ℓ]

재료

- Olive oil(올리브 오일) 20ml • Onion(양파) 100g • Celery(셀러리) 50g • Carrot(당근) 50g
- Garlic cloves(통마늘) 20g • Parsley stalk(파슬리 줄기) 5g • Fresh thyme(타임) 1ea
- Bay leaf(월계수잎) 1ea • Salt(소금) 약간 • Pepper corn(흰 통후추) 5g • Water(물) 2ℓ

만들기

1) 냄비에 두께 3cm의 거칠게 썬 양파, 당근, 셀러리, 파슬리 줄기, 마늘을 넣어 5분 정도 볶는다.
2) 채소가 투명하게 볶아지면 월계수잎, 통후추, 타임, 물을 넣고 30분 정도 Simmering한 다음 고운체로 걸러서 사용한다.

2. 리조토 조리하기(Risotto Cooking)

1) 끓는 물에 소금을 약간 넣고 아스파라거스와 시금치를 Blanching하여 손질한다.
2) 달군 팬에 올리브 오일을 두르고 마늘과 양파 다진 것을 투명하게 볶아준다.
3) 준비된 불린 쌀을 넣고 볶다가 채소육수를 넣고 끓여준다.
4) 수분이 증발되면 반복적으로 스톡을 넣어 볶는다.

3. 완성하기(Completing)

1) 1/2 정도 익으면 길이 3cm 정도의 어슷썬 아스파라거스와 시금치를 넣어 약한 불에 천천히 끓여준다.
2) 쌀이 80% 정도 호화되어 걸쭉한 상태가 되면 불에서 내려 버터, 파슬리, 파마산 치즈를 넣고 소금과 후추로 간을 한다.
3) 리조토 접시에 보기 좋게 담아서 제공한다.

 Cooking Tip

- 쌀 이외에 첨가되는 부재료에 따라 여러 형태의 리조토가 만들어진다.
- 알론다(Allonda)는 리조토가 물이 흐를 정도로 질어야 한다는 것을 의미하며 베네치아인들이 즐겨 쓰는 말이다.

Pasta & Risotto

Risotto with Mushroom
버섯을 넣은 리조토

Ingredient/재료 및 분량

- Arborio rice(아르보리오 쌀) 80g
- Button mushroom(양송이버섯) 30g
- Shiitake(표고버섯) 30g
- Enoki mushroom(팽이버섯) 30g
- Oyster mushroom (느타리버섯) 30g
- Chicken Stock(치킨육수) 30ml

Cooking Method/조리방법

1. 치킨스톡 조리하기(Chicken Stock)

재료
- Chicken bone(닭뼈) 3kg • Onion(양파) 200g • Celery(셀러리) 100g • Carrot(당근) 100g
- Bay leaf(월계수잎) 4ea • Pepper corn(흰 통후추) 7ea • Clove(정향) 5ea • Water(물) 9ℓ

만들기
1) 닭뼈를 깨끗이 손질하여 냄비에 넣고 찬물에서부터 끓이기 시작하여 2시간 정도 끓인다.
2) 미르푸아(양파, 당근, 셀러리)와 향신료를 넣고 1시간 더 끓인 후 걸러서 사용한다.

2. 리조토 조리하기(Risotto Cooking)

재료
- Arborio rice(아르보리오 쌀) 80g • Butter(버터) 5g • Parmesan Cheese(파르마산 치즈) 10g
- Chopped Onion(양파 찹) 20g • Chopped garlic(다진 마늘) 10g • Tarragon(타라곤) 3g
- Chicken stock(채소육수) 300cc • Salt, Pepper(소금, 후추) 적당량

만들기
1) 버섯은 깨끗이 손질하여 얇게 썰어 놓는다.
2) 쌀을 깨끗이 씻어 물에 불려서 준비한다.
3) 냄비에 버터를 녹이고 양파를 볶다가, 버섯을 넣고 불은 쌀과 볶는다.

3. 완성하기(Completing)

1) 육수를 넣고 저으면서 익힌다.
2) 파르메산 치즈를 넣고 끓이다가 소금, 후추로 간하여 마무리한다.

Part **5**

Main Dish

The Professional Western Cuisine

The Professional Western Cuisine
Main Dish

메인요리의 개요

서양요리의 코스요리에서 주요리를 뜻하는 것으로 영어로 Main dish, Main course라 부르며 불어로는 Entree(앙트레)라고 한다. 즉 정찬에서 식단의 중심이 되는 요리로서 재료로는 소고기(Beef), 양(Lamb), 돼지고기(Pork), 송아지(Veal), 가금류(Poultry) 등의 육류와 생선류를 다양하게 사용하여 조리기술적으로도 최고의 정성을 다해 아름답고 맛있게 실질적으로 만드는 요리이다. 각기 육류에 맞는 소스를 만들고 조리한 채소를 곁들여서 내놓는다. 현대의 주요리에 곁들여 내는 가니쉬는 주로 채소와 감자요리로서 중요한 역할을 한다. 메인요리를 먹을 때 나이프와 포크는 육류용 중에서 가장 큰 것을 사용하며, 술은 적포도주를 이용하여 조리도 하고 테이블에 곁들여 내기도 한다. 앙트레의 조리법에는 블랑셰(삶는 요리)·소테(굽는 요리)·브레제(조림요리)·프리(튀김요리)·푸알레(찜요리)·그라탱(오븐구이요리)·그리예(석쇠구이요리) 등이 있다. 육류로 만든 메인요리로 가장 많이 쓰이는 것은 소고기 등심인데, 안심은 소의 등뼈 안쪽으로 콩팥에서 허리 부분까지 이르는 가느다란 양쪽 부위 근육을 말한다. 안심이 맛있는 이유는 안심의 주위는 지방으로 둘러싸여 있지만 안심 자체는 지방이 거의 없고 부드러운 육질을 가지고 있기 때문이다. 그 밖에 소고기 등심 부위와 양갈비, 바닷가재 등도 메인요리에 많이 사용한다.

생선요리(Fish)

1) 생선요리의 개요

생선으로 만든 음식은 서양식 정찬을 먹을 때 수프를 먹은 후, 육류로 만든 음식이 나오기 전에 제공되며, 정찬이 아닐 경우 생략하기도 한다. 경우에 따라서는 생선요리가 훌륭한 주요리로 제공된다. 특히 서양의 가톨릭 신자들은 금요일에는 육식을 하지 않고 주로 생선을 먹기 때문에 일반식당이나 호텔 식당에서는 금요일의 Special Menu로 다양한 생선요리를 판매한다. 생선은 육류로 만든 음식보다 지방성분과 섬유질이 적고 응집력이 약하여 소화도 잘되며 비타민과 칼슘이 풍부하다. 서양음식에 이용되는 생선은 조리목적에 따라 통 생선과 두 장으로 저민 생선, 통썰기로 절단한 생선, 내장, 머리, 꼬리, 지느러미를 자르고 손질한 생선의 배 쪽에서 갈라 두 장을 연결시켜 양면으로 저며 놓은 생선, 막대 모양으로 자른 생선 등으로 손질한다.

생선의 용도는 애피타이저(Appetizer), 중간 코스(Middle Course), 메인코스(Main Course) 등으로 구분하여 양을 다르게 하여 제공한다. 제공할 때는 신선한 레몬을 곁들이는 것이 좋은데, 이유는 생선의 비린내를 제거하고 생선의 맛을 상큼하게 하는 효능을 가지고 있기 때문이다.

※ 레몬은 자른 모양에 따라 slice, wedge가 있는데, 슬라이스 된 레몬은 생선 위에 올려 포크나 나이프로 살짝 눌러 즙을 내고, 웨지는 손으로 양끝을 눌러 즙을 낸다.

또한 생선코스를 드시는 손님께는 반드시 Sherbet을 제공해야 한다. 이는 셔벗이 입안의 생선냄새와 진한 맛을 없애주는 입가심 역할을 하여 메인요리(스테이크)를 먹을 때 본래의 맛을 느끼도록 해주기 때문이다. 식재료로는 바다 생선, 민물고기, 갑각류, 패류 등 여러 가지를 사용하고, 식용 개구리와 달팽이를 생선 코스에 제공하기도 한다. 생선요리에는 홀랜다이즈 소스, 뉴버그 소스, 모르네이 소스, 보르들레즈 소스, 콜베르 소스, 카디널 소스, 레몬버터 소스, 낭투아 소스, 타르타르 소스, 레몬버터소스, 칠리소스 등을 곁들인다.

2) 생선요리 먹는 요령

① 지방이 적은 흰살생선류, 조개, 갑각류 등이 이용되며, 생선의 비린내를 제거하기 위해서 백포도주, 레몬즙 등을 곁들인다.
② 기름이 많은 붉은살생선은 굽고, 큰 생선의 살은 썰어서 찌거나 튀긴 후 타르타르 소스를 끼얹어 먹는다.
③ 생선은 뒤집어 먹지 않도록 하며, 생선의 가시나 껍질은 접시 한쪽에 모아두도록 한다.
④ 대표적인 생선 조리법에는 Fried fish, Steamed fish, Baked fish 등이 있다.

3) 셔벗(Sherbet, Sorbet)

셔벗은 과즙에 설탕, 향이 좋은 위스키, 난백, 젤라틴 등을 넣고 잘 섞어서 얼려 굳힌 것으로, 프랑스어로는 소르베(sorbet)라고 하며, 정찬 코스에서 입맛을 새롭게 하기 위하여 앙트레(중심이 되는 요리)와 로스트 요리의 중간에 나오는데, 오늘날은 식후의 입가심으로도 쓰인다.

얼음과자의 일종이기도 하며 생선요리 다음에 입을 씻는 의미와 주요리를 먹기 위한 준비단계라고도 한다.

식사 중간의 셔벗은 술 종류를 얼린 것이 많고 단것은 적다. 디저트에는 보통 과즙을 많이 써서 단맛을 내고 웨이퍼 같은 데세르류(비스킷류)를 곁들인다. 셔벗은 오렌지, 샴페인, 딸기, 레몬, 키위, 수박 등 여러 재료를 이용하여 만든다.

소고기 등심요리(샤토브리앙/Chateaubriand)

프랑스의 소설가 샤토브리앙 집의 요리사가 개발한 데서 붙은 이름이다. 그가 세상을 떠날 때까지 샤토브리앙은 쇠고기의 안심 중에서도 특정 부위만을 스테이크로 만들어 먹기를 즐겼다. 안심은 보통 소의 갈비 안쪽에 붙어 있는 연한 고기를 말하는데 그 안심은 다시 5개 부분으로 나누어진다. 즉 등 쪽으로부터 나오는 샤토브리앙 부위는 단 500g 정도로 2인분을 조리할 수 있는 양이기 때문에 경우에 따라 필렛 부분을 샤토브리앙으로 요리하기도 한다.

'샤토브리앙 베어네이즈'에서 샤토브리앙은 안심고기를 말하고 베어네이즈는 곁들여 먹는 소스를 의미한다. 베어네이즈 소스는 샤토브리앙의 전속요리사인 몽미레유가 만든 것으로 스테이크 소스로 즐겨 사용되는 것이다. 샤토브리앙의 가장 큰 특징은 다른 스테이크와 달리 주문하면 요리사가 요리대를 끌고 나와 손님이 보는 앞에서 즉석요리를 해준다는 데 있다.

주방에서 일단 그릴로 살짝 익힌 고기를 손님 앞에서 플랑베(Flambee)해 주는 것이다. 플랑베는 불길을 뜻하는 것으로 조리용 불에 두꺼운 프라이팬을 놓고 버터를 녹인 후 고기를 넣어 익히다가 코냑을 부으면 일어나는 불길을 뜻하는데, 이러한 방법으로 익혀진 고기에 베어네이즈 소스를 얹어 삶은 채소들과 함께 서브되는 것이 샤토브리앙 스테이크의 실체이다.

서로인 스테이크(Sirloin Steak)

등심 뒤에 붙어 있는 고기를 구운 요리. 등심(loin) 스테이크의 백미는 Sirloin이다. 영국 왕 찰스 2세(1660~1685)는 스테이크를 매우 좋아했는데 하루는 신하에게 자신이 좋아하는 스테이크의 부위가 어느 부위인지를 물었고 신하는 "등심(loin)입니다"라고 답했다. 그러자 국왕은 "그 고기는 매일 식사 때마다 나를 즐겁게 해주니 기사(knight)직위를 수여하겠다"고 했으며 그 신하는 재빨리 기사에게 사용하는 존칭어 Sir를 loin 앞에 붙였다. 그 뒤부터 등심 중 가장 맛있는 부위는 Sirloin으로 불리게 된 것으로 전해지고 있다.

※ 앙트레 접시에 함께 곁들이는 빼놓을 수 없는 음식은 Garnish이다. 'Garnish'란 삶은 홍당무, 브로콜리 등 뜨거운 채소와 구운 감자 등을 일컫는 것으로 메인디시의 장식용이면서 입안의 맛을 환기시키기 위해 곁들이는 채소의 일종이다.

※ 앙트레에는 따뜻한 소스인 베샤멜 소스, 에스파뇰 소스, 벨루테 소스, 알망드 소스, 아메리칸 소스, 앙글레즈 소스 등을 곁들인다.

※ 로스트(Roast) : 수조육류를 덩어리째 오븐에서 구워 재료가 가진 맛을 살리는 음식이다.

양고기(Lamb)

양고기는 램(Lamb)과 머튼(Mutton, 2~7세의 것)으로 나누는데, 램은 생후 1년 이하의 것으로 육질이 연하고 냄새가 적어 고급으로 취급되며, 머튼은 일반육으로 가정에서나 단체 급식 등에서 주로 사용하는 것으로 냄새가 약간 나는 것이 특징이다.

실제로 양고기는 성질이 따뜻하고 단맛이 있어 음을 보하며 신체를 풍성하게 하고 피부를 윤택하게 하는 등 보양식으로 손색 없는 식품으로 알려져 있다.

초원이 아닌 메마르고 건조한 땅에서도 잘 생존하는 양은 프랑스를 비롯한 유럽과 돼지고기를 먹지 않는 여러 나라와 터키를 비롯 중동의 이슬람교도국에서 가장 많이 식용되며, 중남미의 아르헨티나, 동양의 중국, 인도 등 세계 여러 나라에서 많이 사용되는 육류 식품이다. 양고기가 식용된 것은 인류역사에서 매우 오래되었으며 특히 아시아와 유럽에서는 식용 가축으로 가장 오래된 동물이었다. 《구약성서》에서도 좋은 식용 동물로 나타나 있다. 이슬람교도는 돼지고기를 금기시하고 양고기를 주로 먹는다. 중국에서도 고대 은(殷)나라 때부터 양고기를 먹었다. 육질의 경우 램은 연한 적색이고, 머튼은 진한 적색이다. 지방함량은 돼지고기와 마찬가지로 많고 녹는점이 높기 때문에 가열하여 뜨거운 요리로 먹는 데는 문제가 없으나 요리가 식으면 곧바로 굳어져서 입 속에서도 녹지 않는다. 따라서 양고기는 반드시 뜨거울 때 먹는 것이 좋다고 할 수 있다.

가금류(Poultry)

인간이 가장 많이 식용하는 고기 중 하나가 바로 닭고기이다. 닭은 지금으로부터 4000여 년 전경 말레이시아, 미얀마, 인도 등에서 야생 닭을 기르기 시작하면서 식용한 것으로 전해지고 있다.

MAIN DISH

Grilled Salmon Steak with Lemon Beurre Blanc
레몬 버터 소스를 곁들인 연어 구이

Ingredient/재료 및 분량

- Fresh Salmon(연어) 200g
- Potato(감자) 100g
- Cherry tomato(방울토마토) 2ea
- Sorrel (쏘렐) 5g
- Fresh dill(딜) 2g
- Fresh thyme(타임)
- Oyster(굴) 4ea
- Clam(조개) 5ea
- Onion(양파) 15g
- Lemon juice(레몬쥬스) 30ml
- Butter(버터) 80g
- White wine(백포도주) 1Ts
- Fish stock(생선 육수) 200ml
- Fresh cream(생크림) 30ml
- Sugar(설탕) 10g
- Salt & Pepper(소금, 후추) 약간
- Crushed Whole Pepper(으깬 통 후추) 약간

Cooking Method/조리방법

1. 레몬 버터 소스 만들기(Lemon Beurre Blanc)

Ingredients

- Lemon juice(레몬쥬스) 30ml • Butter(버터) 70g • Chopped onion(다진 양파) 15g
- White wine(백포도주) 1Ts • Fresh cream(생크림) 30ml • Salt & Pepper(소금, 후추) 약간

Cooking Sauce

1) 소스팬에 버터를 두르고 다진 양파를 볶은 다음 백포도주를 넣고 1/2 정도 Reduction 한다.
2) ①에 생크림을 넣고 농도가 생길때까지 1/2 정도 Reduction 한다.
3) ②를 고운체에 걸러 레몬쥬스, 소금, 후추로 간하고 Butter Monte하여 소스를 마무리한다.

2. 연어 구이 조리하기(Grilled Salmon Cooking)

1) 비늘은 제거하고 껍질이 있는 Fillet한 연어를 준비한다. 연어의 껍질에 칼집을 1cm간격으로 넣어주고 소금, 으깬 통후추, 올리브오일로 Marinade 한다.
2) 후라이팬에서 연어 껍질이 갈색이 되도록 Searing 한다. 예열된 오븐에 넣어 연어 구이를 완성한다.(180℃, 10분)
3) 허브와 잎 채소들은 찬물에 담가서 싱싱하게 하고, 체리토마토는 반으로 잘라 올리브오일, 타임으로 Marinade하여 Oven-dry(오븐 예열 후 150℃, 1시간)한다.
4) 굴, 조개, 감자(Large dice)는 버터 약간을 넣어 끓여준 육수에서 데쳐낸다. 굴은 건져내고 감자는 버터, 설탕, 소금 약간에 Glazing 한다.

3. 접시담기(Plating)

1) 접시 중앙에 레몬 버터 소스를 넉넉하게 담는다. 소스 위에 굴과 조개를 골고루 놓는다. 연어 구이를 위에 올려준다.
2) 연어구이 주변에 Oven-dry 체리토마토, Glazing한 감자, 굴, 조개 등을 보기 좋게 돌려 담는다.
3) 딜과 쏘렐로 장식하여 마무리한다.

Pan Sauted Fresh Salmon with Lemon Butter Sauce
레몬버터 소스를 곁들인 팬에서 구운 프레시 연어

Ingredient/재료 및 분량

- Fresh Salmon(연어) 160g
- Clam(조갯살) 5ea
- Young Pumpkin(애호박) 1/3ea
- New Mushroom(새송이버섯) 40g
- Green peas(완두콩) 10g
- Green beans(줄기콩) 1ea
- Tomato(방울토마토) 1ea
- Parsley(파슬리 찹) 2g
- Salt, Pepper(소금, 후추) 약간씩
- Lemon Butter Sauce(레몬버터 소스) 100ml

Cooking Method/조리방법

1. 레몬버터 소스 준비하기(Lemon Butter Sauce)

재료

- Water(물) 100ml • Bay leaf(월계수잎) 1ea • Pepper corn(통후추) 3ea
- Tarragon(타라곤) 0.2g • Onion(양파) 15g • Fresh Cream(생크림) 20ml
- Parsley stalk(파슬리 줄기) 2ea • Butter(버터) 60g • Vinegar(식초) 1ts • Lemon(레몬) 1/4ea
- White wine(백포도주) 20ml • Salt, Pepper(소금, 후추) 약간씩

소스 만들기

1) 물과 식초, 와인, 스파이스를 넣고 1/3로 졸여 에센스를 만든다.
2) 생크림을 추가하여 한 번 더 졸여준다.
3) 버터를 조금씩 넣고 녹이면서 농도를 조절한다.
4) 프레시 레몬과 소금, 후추를 넣어 간을 맞춘 다음 완성한다.

2. 프레시 연어 조리하기(Fresh Salmon Cooking)

1) 프레시 연어를 손질하여 160g 포션을 만든 다음, 와인과 소금, 후추로 간을 하여 30분 정도 마리네이드한다.
2) 애호박 껍질 부분을 기다란 모양으로 슬라이스하여 볶는다.
3) 조개를 냄비에 넣고 열을 가하여 익힌 후 살을 발라낸다.
4) 엄지 새송이버섯을 다이스로 썰어 올리브 오일에 볶은 다음 파슬리 찹에 버무려 놓는다.

3. 완성하기(Completing)

1) 마리네이드한 연어를 달구어진 프라이팬에서 굽는다.
2) 볶아 놓은 애호박을 접시 중앙에 놓고 구운 연어를 그 위에 얹는다.
3) 연어 위에 볶아 놓은 버섯을 토핑한다.
4) 레몬버터 소스를 곁들이고 조갯살과 완두콩, 줄기콩, 토마토를 익혀서 가니쉬로 사용한다.

Braised Fresh Salmon in Spicy Tomato Sauce
토마토 소스를 활용한 브레이징 프레시 연어

Ingredient / 재료 및 분량

- Fresh Salmon(연어) 160g
- Assorted Mushroom(모둠버섯) 50g
- White wine(화이트 와인) 20ml
- Cherry Tomato(방울토마토) 5ea
- Baby Vegetable(어린잎 채소) 10g
- Balsamic sauce(발사믹 소스) 10ml
- Olive oil(올리브 오일) 10ml
- Salt, Pepper(소금, 후추) 약간씩

Cooking Method / 조리방법

1. 매콤한 토마토 소스 준비하기(Spicy Tomato Sauce)

재료

- Tomato paste(토마토 페이스트) 20g • Olive oil(올리브 오일) 20g • Hot Pepper(월남고추) 3ea
- Tomato Coulis(토마토 쿨리) 120ml • Onion(양파) 30g • Celery(셀러리) 15g
- Garlic(마늘) 5g • Chicken stock(치킨스톡) 350ml • Bay leaf(월계수잎) 2ea
- Tabasco(타바스코) 3ml • Basil(바질) 2leaves • Salt, Pepper(소금, 후추) 약간씩

만들기

1) 팬에 올리브 오일을 넣고 가열한 다음 마늘, 양파, 셀러리 찹을 넣고 수분이 없어질 때까지 볶는다.
2) 약불로 줄이고 토마토 페이스트를 넣어 채소와 함께 은은하게 볶는다.
3) 토마토 쿨리를 넣고 한 번 더 볶은 다음, 스톡을 넣고 끓이면서 매운 고추와 부케 가르니를 넣는다.
4) 소금, 후추 간을 맞추고, 타바스코와 바질 다진 것을 넣어 풍미를 좋게 하여 완성한다.

2. 연어 브레이징으로 조리하기(Salmon Cooking)

1) 프레시 연어를 손질하여 160g 포션을 만든 다음, 와인과 소금, 후추로 간을 하여 30분 정도 마리네이드한다.
2) 마리네이드 된 연어를 팬에서 브라운색이 나도록 굽는다.
3) 모둠버섯을 슬라이스하여 버터 두른 팬에서 볶는다.
4) 발사믹 소스를 준비하여 놓는다.
5) 어린잎 채소는 찬물에 담가 싱싱하게 살려놓는다.

3. 완성하기(Completing)

1) 완성된 토마토 소스에 연어를 넣고 속까지 익도록 브레이징하면서 방울토마토를 반으로 갈라 넣는다.
2) 준비된 접시에 볶아놓은 버섯을 중앙에 담고 그 위에 브레이징한 연어를 올린다.
3) 어린잎 채소를 토핑하고 발사믹 소스를 곁들여 완성한다.

Oven Roasting Mero with Pesto Sauce

오븐에서 구운 메로와 페스토 소스

Ingredient / 재료 및 분량

- Mero(메로) 160g
- Japanese soy bean paste(미소 시루) 50g
- Olive oil(올리브 오일) 20ml
- White wine(화이트 와인) 20ml
- Basil(바질) 1leaf
- Sweet Pumpkin(단호박) 50g
- Endive(엔다이브) 1/3ea
- Cherry tomato(방울토마토) 1ea
- Pesto Sauce(페스토 소스) 10ml
- Salt, Pepper(소금, 후추) 약간씩

Cooking Method / 조리방법

1. 페스토 소스 준비하기(Pesto Sauce)

재료

- Basil(바질) 50g • Olive oil(올리브 오일) 200m • Parsley(파슬리) 25g
- Pine nut(잣) 15g • Parmesan cheese(파마산 치즈) 20g • Garlic(마늘) 5g
- Salt, Pepper(소금, 후추) 약간씩

만들기

1) 재료를 깨끗이 씻은 다음 믹서기에 넣고 색이 변하지 않게 선명한 녹색이 되도록 천천히 간다.
2) 차갑게 보관하고 필요시 플라스틱병에 넣어 사용한다.

2. 메로 생선 조리하기(Mero Cooking)

1) 메로를 손질하여 160g 포션을 만든다.
2) 일본된장에 와인과 물을 약간 넣어 풀어준 다음 바질잎을 넣고 준비된 메로를 넣어 3시간 정도 마리네이드한다.
3) 단호박을 스몰다이스로 썰어 끓는 물에 살짝 Poaching해 놓는다.
4) 버터 두른 팬에서 엔다이브를 브라운색으로 구운 다음 파이팬에 방울토마토를 담아 익힌다.

3. 완성하기(Completing)

1) 마리네이드 된 메로를 파이팬에 담아 180℃ 오븐에서 7분가량 굽는다.
2) 포칭한 단호박을 버터에 볶아 접시 중앙에 담고 그 위에 오븐에서 구운 메로를 얹는다.
3) 엔다이브와 토마토를 가니쉬로 곁들이고 페스토 소스를 뿌려 완성한다.

Standard Breading of Sole with Tomato Sauce
토마토 소스를 곁들인 넙치튀김

Ingredient/재료 및 분량

- Sole(넙치) 1ea
- Flour(밀가루) 20g
- Egg(달걀) 1ea
- Bread Crush(빵가루) 70g
- Asparagus(아스파라거스) 3ea
- Baby Vegetable(어린잎 채소) 10g
- White wine(화이트 와인) 10ml
- Shiitake(표고버섯) 1ea
- Lemon(레몬) 1/6ea
- Tomato Sauce(토마토 소스) 80ml
- Salad oil(식용유) 100ml
- Butter(버터) 30g
- Salt, Pepper(소금, 후추) 약간씩

Cooking Method/조리방법

1. 토마토 소스 준비하기(Tomato Sauce)

재료

- Tomato Puree(토마토 퓌레) 70g • Fresh Tomato(프레시 토마토) 60g
- Olive oil(올리브 오일) 20g • Onion(양파) 30g • Celery(셀러리) 15g
- Garlic(마늘) 5g • Chicken stock(치킨스톡) 350ml • Bay leaf(월계수잎) 2ea
- Hot Sauce(핫소스) 3ml • Basil(바질) 2leaves • Lemon(레몬) 1/6ea
- Salt, Pepper(소금, 후추) 약간씩

만들기

1) 팬에 올리브 오일을 넣고 가열한 다음, 마늘, 양파, 셀러리 찹을 넣고 수분이 없어질 때까지 볶는다.
2) 약불로 줄이고 토마토 퓌레와 프레시 토마토를 으깨어 넣고 채소와 함께 은은하게 볶는다.
3) 스톡을 넣고 끓이면서 부케가르니를 넣는다.
4) 소금, 후추로 간을 맞추고, 핫소스와 바질 다진 것을 넣어 풍미를 좋게 하여 완성한다.

2. 넙치 생선 조리하기(Sole Cooking)

1) 넙치 1마리를 3장 뜨기로 손질하여 130g 포션을 만든다.
2) 화이트 와인과 레몬즙을 뿌리고 소금, 후추로 간하여 30분 정도 마리네이드한다.
3) 아스파라거스와 표고를 어슷썰기하여 버터에 볶아 놓는다.
4) 어린잎 채소를 찬물에 담가 놓고, 페스토 소스를 만들어 놓는다.

3. 완성하기(Completing)

1) 마리네이드 된 넙치에 밀가루를 바르고 풀어 놓은 달걀에 담가 빵가루를 묻힌다.
2) 170℃ 기름에 넣고 튀긴다.
3) 볶아 놓은 아스파라거스와 표고를 접시에 놓고 그위에 튀긴 생선을 얹는다.
4) 어린 채소를 얹고 페스토 소스를 뿌려 제공한다.

Baked Seafood of Gratin in Mornay Sauce
해산물 그라탱과 모르네이 소스

Ingredient / 재료 및 분량

- Shrimp(새우) 3ea
- Squid(오징어) 40g
- Mussel(홍합) 5ea
- Scallop(가리비살) 3ea
- Sea bream(도미살) 50g
- White wine(백포도주) 20ml
- Basil(바질) 2g
- Butter(버터) 20g
- Mornay Sauce(모르네이 소스) 60ml
- Mozzarella cheese (모차렐라 치즈) 20g
- Lemon(레몬) 1/6ea
- Garlic chopped(마늘 찹) 5g
- Parmesan cheese (파르메산 치즈) 10g
- Salt, Pepper(소금, 후추) 약간씩

Cooking Method / 조리방법

1. 모르네이 소스 준비하기(Mornay Sauce)

재료

- Flour(밀가루) 15g • Butter(버터) 15g • Milk(우유) 200ml • Onion(양파) 1/4ea
- Clove(정향) 2ea • American cheese(아메리칸 치즈) 1ea • White wine(백포도주) 15ml
- Fresh cream(생크림) 20ml • Parmesan cheese(파르메산 치즈) 10g
- Salt, Pepper(소금, 후추) 약간씩

만들기

1) 버터를 녹인 다음 밀가루 동량을 섞어 냄비에 넣고 White Roux(흰색 루)로 볶는다.
2) 우유를 조금씩 넣으며 풀어준 다음, 양파에 정향을 꽂아 넣고 은근하게 끓인다.
3) 생크림과 치즈를 추가하여 한소끔 더 끓여 맛을 조절한다.

2. 해산물 조리하기(Seafood Cooking)

1) 신선한 해산물을 구입한 후 소금물에 씻어서 깨끗이 손질한 다음, 물기를 제거해 놓는다.
2) ①번의 해산물에 레몬주스와 화이트 와인, 바질을 넣어 10분 정도 마리네이드해 놓는다.
3) 파이팬에 버터를 바르고 ②번의 재료들을 놓고 뚜껑을 덮어 스팀에서 살짝만 익힌다.
4) 모르네이 소스를 준비해 놓는다.

3. 완성하기(Completing)

1) 그라탱 볼에 버터를 바르고 해산물을 모두 담고 모르네이 소스를 적당량 끼얹는다.
2) 위에 모차렐라 치즈와 파마산 치즈 가루를 뿌리고 180℃ 오븐에 넣고 5분 정도 색이 나지 않도록 굽는다.
3) 샐러맨더에서 옅은 브라운색을 낸 후, 허브잎을 하나 꽂아 제공한다.

 Cooking Tip

- 모르네이 소스는 흰색 모체소스인 베사멜에서 파생된 소스이다.
- 내용물을 오븐에서 구울 때 색이 나지 않도록 하고, 마지막 마무리는 샐러맨더에서 하는 것이 좋다.
- 해산물의 품질과 신선도에 따라 판매가격을 조정할 수 있다.

Pan Sauted Halibut Fillet with Paprika Cream Sauce in Small Octopus

광어구이와 낙지를 곁들인 파프리카 소스

Ingredient/재료 및 분량

- Halibut fillet(광어) 170g
- Olive oil(올리브 오일) 20ml
- White wine(백포도주) 30ml
- Lemon juice(레몬즙) 10ml
- Paprika cream sauce
  (파프리카 크림소스) 50ml
- Green Vitamin(그린비타민) 10g
- Small Octopus(낙지) 50g
- Oyster mushroom
  (애느타리 버섯) 15g
- Red Paprika(빨간 파프리카) 15g
- Yellow Paprika(노란 파프리카)
  15g
- Onion(양파) 15g
- Pesto Sauce(페스토 소스) 10ml
- Salt, Crushed pepper(소금, 후추)
  약간씩

Cooking Method/조리방법

1. 파프리카 크림소스 준비하기(Paprika cream sauce)

재료

- Butter(버터) 30g • Chopped onion(양파 다진 것) 30g • Chopped garlic(마늘 다진 것) 15g
- White wine(백포도주) 50ml • Fish stock(생선육수) 50ml • Paprika Powder(파프리카 분말) 5g
- Fresh cream(생크림) 70ml • Salt and Pepper(소금과 후추) 약간씩

만들기

1) 자루냄비에 버터를 두르고 다진 양파와 마늘을 투명하게 볶는다.
2) 백포도주를 넣어 1/3 정도 졸인 후 생선육수를 넣어 1/2 정도 졸인다.
3) 생크림과 파프리카 가루를 넣고 1/2 정도 졸인 다음 3분 정도 서서히 끓여준다.
4) 소스의 농도를 확인하고 연한 핑크색을 내어 소금, 후추로 간을 하고 고운체에
   걸러서 마무리한다.

2. 광어 생선 조리하기(Halibut fillet Cooking)

1) 생선은 잘 손질하여 소금, 후추, 백포도주, 레몬즙, 올리브 오일로 Marinated한다.
2) 낙지를 손질한 후 끓는 물에 Poaching해 놓는다.
3) 두 가지 파프리카와 양파를 굵은 줄리엔으로 썰어 놓는다.
4) 그린비타민의 뿌리를 제거하여 손질해 놓는다.

3. 완성하기(Completing)

1) 마리네이드(Marinated) 광어를 프라이팬에서 앞뒤로 구운 다음, 오븐 170℃에서
   5분 정도 로스팅한다.
2) 소스 냄비에 버터를 두른 다음 파프리카와 양파, 낙지를 넣고 한 번 볶아준 후 만
   들어진 파프리카 소스를 추가하여 끓여준다.
3) 손질된 그린비타민을 버터에 볶아 접시 중앙에 놓고 그 위에 구워진 광어를 얹는다.
4) 낙지와 채소가 혼합된 소스를 위에 뿌리고 처빌로 장식한다.
5) 페스토 소스를 주변에 뿌려 제공한다.

MAIN DISH

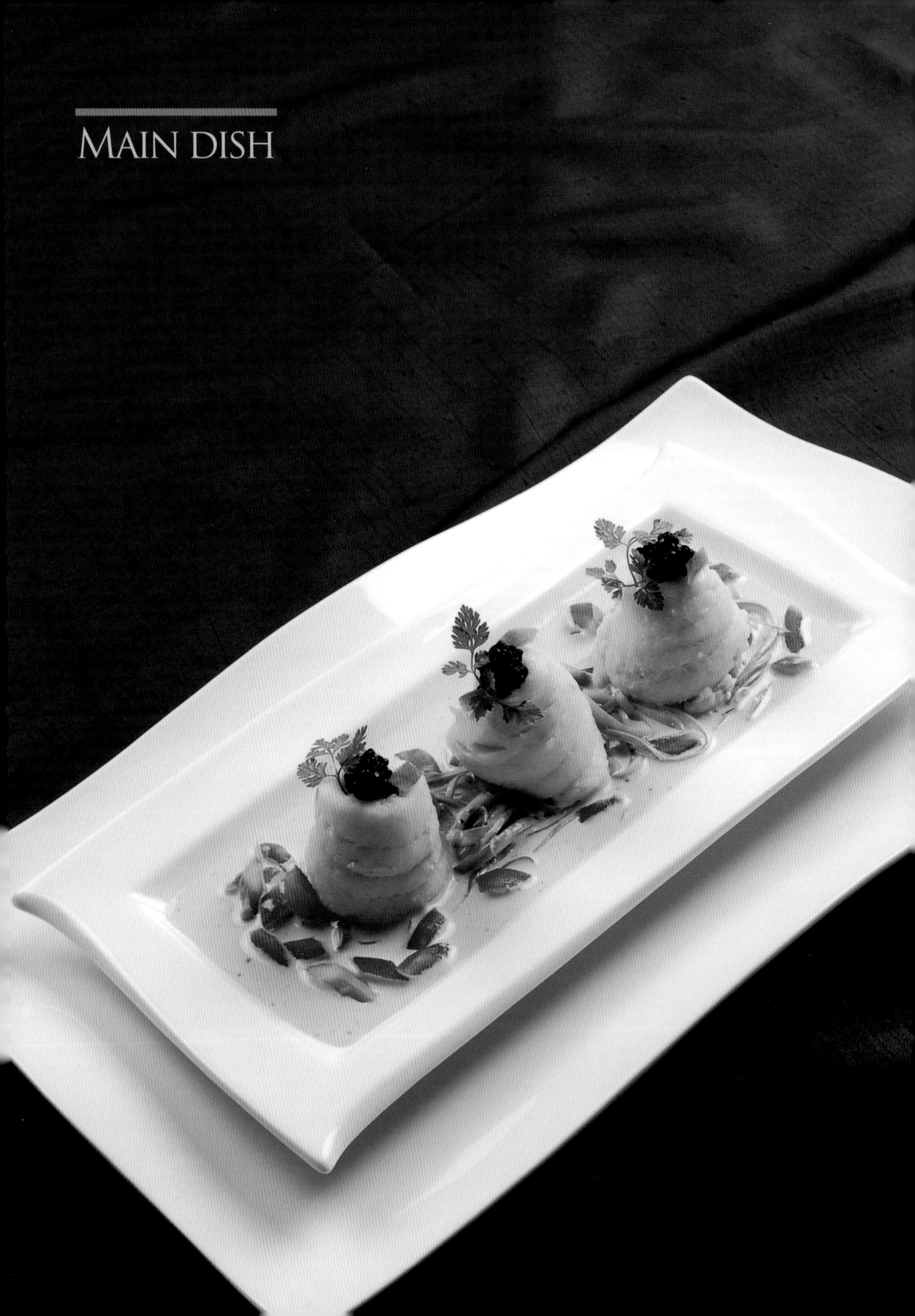

Poached River Sole with Black Caviar and Saffron Cream Sauce

철갑상어 알을 곁들인 찐 허넙치와 사프란 크림소스

Ingredient/재료 및 분량

- Sole(허넙치) 1ea
- Black caviar(철갑상어 알) 5g
- Green beans(그린빈스) 25g
- Tomato concasse
  (토마토 콩카세) 25g
- Chervil(처빌잎) 1ea
- Lemon zest(레몬 제스트) 5g
- White wine(백포도주) 30ml
- Lemon juice(레몬즙) 10ml
- Saffron Cream Sauce
  (사프란 크림소스) 70ml
- Cayenne pepper(카옌페퍼) 1g
- Bay leaf(월계수잎) 1ea
- Onion(양파) 10g
- Salt(소금) 약간
- Pepper(후추) 약간

Cooking Method/조리방법

1. 사프란 크림소스 준비하기(Saffron Cream Sauce)

재료

- Butter(버터) 10g • Chopped small shallots(다진 샬롯) 20g
- Dry sherry wine(드라이 셰리 와인) 20ml • White wine(백포도주) 30ml
- Fish stock(생선육수) 50ml • Saffron(사프란) 약간 • Fresh cream(생크림) 120ml
- Lemon juice(레몬즙) 5ml • Salt(소금) • White pepper(흰 후추) 약간

만들기

1) 자루냄비에 버터를 두르고 다진 작은 양파 샬롯을 투명하게 볶는다.
2) 드라이 셰리 와인, 백포도주를 넣어 1/3 정도 졸인 후 생선육수를 넣어 1/3 정도 졸인다.
3) 생크림과 사프란을 넣고 은근히 simmering하여 1/2 정도 졸인다.
4) 소스의 농도를 확인하고 색을 노랗게 내어 소금, 후추로 간을 하고 고운체에 걸러서 마무리한다.

2. 넙치 생선 조리하기(Sole Cooking)

1) 생선은 5장 뜨기로 분리하여 껍질을 벗기고 살은 소금, 후추, 백포도주, 레몬즙으로 marinated한다.
2) 생선 뼈는 깨끗이 손질하여 핏물을 빼고 냄비에 담아 월계수잎, 양파, 통후추, 채소 등을 넣고 생선육수를 만들어 준비한다.
3) 작은 용기 안에 양파 다진 것을 고루 펴고 그 위에 재워둔 생선살을 둥글게 잘 말아 냄비에 넣고 Shallow poaching한다.

3. 완성하기(Completing)

1) 토마토는 데쳐서 껍질을 벗겨 concasse로 자른다.
2) 그린빈스는 어슷썰어 살짝 poaching한다.
3) 용기에 사프란 크림소스를 깔아 놓고 조리된 생선살과 채소를 올린다.
4) 생선살 위에 철갑상어 알, 처빌잎을 Topping하여 장식하여 완성한다.

 Cooking Tip

- 허넙치살은 예리한 생선회 칼로 껍질을 좌우로 살살 흔들며 깔끔하게 벗겨야 한다.
- 둥글게 만 생선살은 증기 찜통에서 익혀도 무방하다.
- Saffron 소스의 색깔과 농도에 유의한다.

Pan Seared Red Snapper Wrapped in Potato and Basil Pesto Dressing

감자로 싸서 팬에 구운 적도미요리와 바질 페스토 드레싱

Ingredient/재료 및 분량

- Red snapper(적도미) 130g
- Red paprika(레드 파프리카) 30g
- Yellow paprika
  (옐로 파프리카) 30g
- Green pumpkin(애호박) 30g
- Mushroom(버섯) 30g
- Potato(감자) 60g
- Flour(밀가루) 10g
- Micro vegetable
  (마이크로 채소) 10g
- Herb(허브) 10g
- Basil Pesto(바질 페스토) 20cc
- Butter(버터) 20g
- Salt(소금) 약간
- Pepper(후추) 약간

Cooking Method/조리방법

1. 바질 페스토 드레싱 만들기(Basil Pesto dressing)

재료

- Basil(바질) 20g • Roasted Pine nut(잣) 20g • Garlic(마늘) 2ea
- Balsamic vinegar(발사믹 식초) 2cc • Parsley(파슬리) 5g • Olive oil(올리브 오일) 80cc
- Parmesan cheese(파마산 치즈) 20g • Salt(소금), Pepper(후추) 약간씩

만들기

1) 바질과 파슬리, 올리브 오일을 믹서기에 넣고 짧게 짧게 돌리며 간다.(녹색이 살아 있도록 한다.)
2) 구운 잣과 마늘은 따로 갈아서 넣고 파마산 치즈와 소금, 후추를 섞어 맛을 낸다.

2. 도미 생선 조리하기(Red snapper Cooking)

1) 도미는 비늘을 제거하고 손질해서 3장 뜨기하여, 소금, 후추, 레몬주스로 마리네이드한다.
2) 감자는 깎아서 가는 줄리엔으로 썰어 끓는 물에 살짝 데쳐 놓는다.
3) 2가지 파프리카와 애호박은 바토네(Batonnet)로 썰어 소금물에 살짝 데쳐 놓는다.

3. 완성하기(Completing)

1) 도미를 데친 감자로 감싸 프라이팬에서 정제버터로 구운 뒤 오븐에서 익힌다.
2) 접시에 버섯과 애호박을 버터에 볶아서 깔고 익힌 도미를 위에 놓고 바질 페스토를 뿌려준다.

MAIN DISH

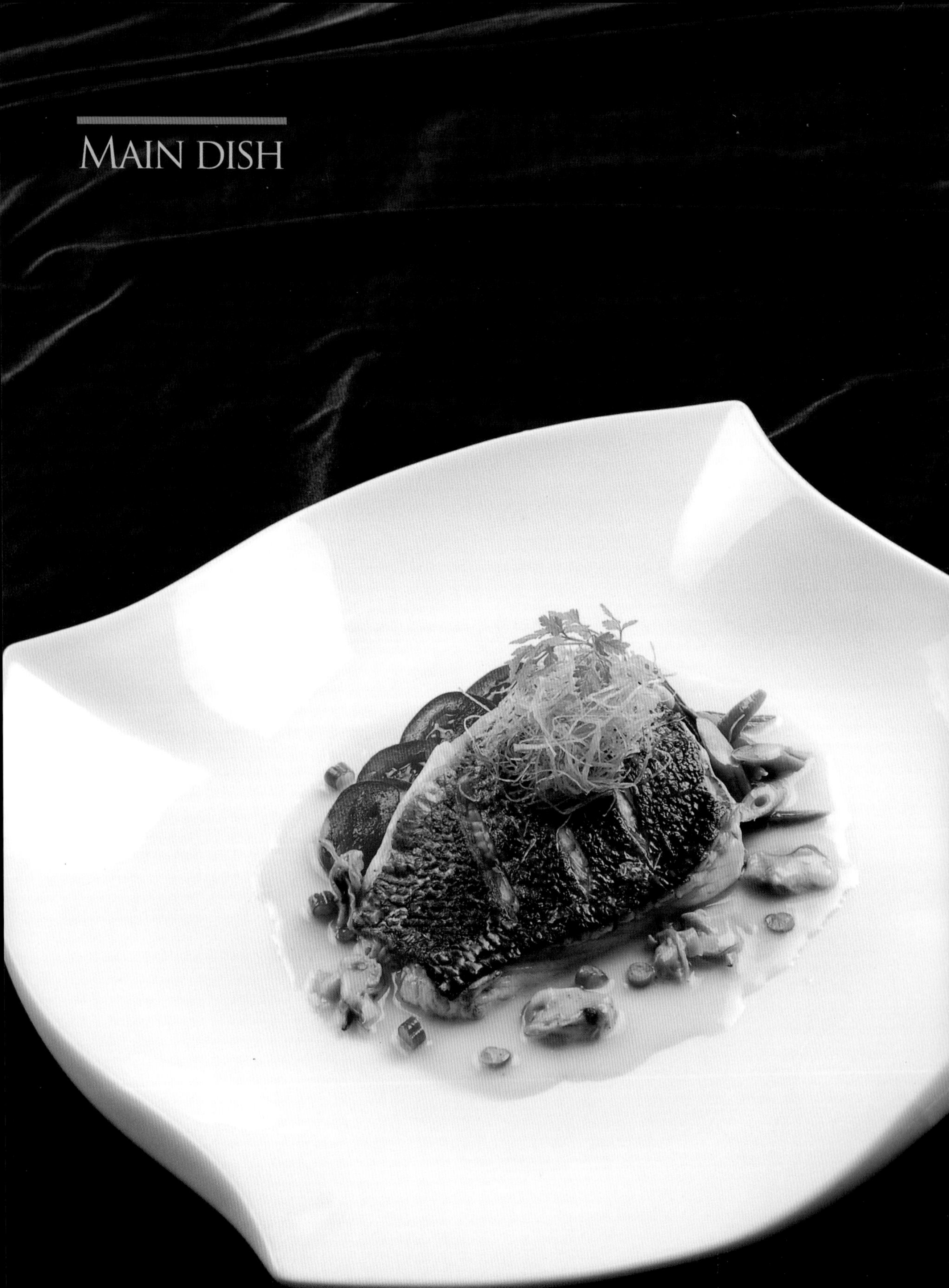

Pan Seared Sea Bass Fillet with Butter Cream Sauce
프레시 농어구이와 버터 크림소스

Ingredient/재료 및 분량

- Sea bass fillet(농어) 170g
- Green beans(그린빈스) 30g
- Asparagus(아스파라거스) 1ea
- Leek(대파) 20g
- Tomato(줄기 토마토) 1ea
- Green peas(완두콩) 20g
- Short-necked clam(모시조개) 5ea
- White wine(백포도주) 30ml
- Lemon juice(레몬즙) 1/4ea
- Butter Cream sauce (버터 크림소스) 60ml
- Chervil(처빌잎) 1ea
- Salt, Crushed pepper(소금, 후추) 약간씩

Cooking Method/조리방법

1. 버터 크림소스 만들기(Butter Cream sauce)

재료
- Water(물) 100ml • Onion(양파) 15g • Parsley stalk(파슬리 줄기) 2ea • Vinegar(식초) 1ts
- White wine(백포도주) 10ml • Bay leaf(월계수잎) 1ea, Pepper corn(통후추) 3ea
- Tarragon(타라곤) 0.2g • Fresh Cream(생크림) 50ml • Butter(버터) 70g
- Lemon(레몬) 1/4ea • Salt, Pepper(소금, 후추) 약간씩

만들기
1) 물과 식초, 와인, 스파이스를 넣고 1/3로 졸여 에센스를 만든다.
2) 생크림을 추가하여 한 번 더 졸여준다.
3) 버터를 조금씩 넣고 녹이면서 농도를 조절한다.
4) 프레시 레몬과 소금, 후추를 넣어 간을 맞춘 다음 완성한다.

2. 농어생선 조리하기(Sea bass fillet Cooking)

1) 생선은 잘 손질하여 소금, 후추, 백포도주, 레몬즙, 올리브 오일로 marinated한다.
2) 토마토는 둥글게 잘라 올리브 오일, 파슬리 찹, 소금, 후추로 간을 하고 180℃의 오븐에 구워서 말린다.
3) 끓는 물에 소금을 약간 넣어 아스파라거스, 그린빈스를 살짝 poaching한다.
4) 대파는 흰 부분을 가늘게 slice해서 전분을 섞어 기름에 갈색이 나도록 튀긴다.
5) 모시조개는 냄비에 넣고 화이트 와인을 조금 넣고 익혀 살을 발라낸다.

3. 완성하기(Completing)

1) marinated한 생선을 버터 두른 프라이팬에서 색을 낸 다음 오븐에 넣어 5분 정도 로스팅한다.
2) 접시 중앙에 그린빈스, 아스파라거스, 토마토를 나열한 다음 그 위에 구워진 생선을 놓는다.
3) 튀긴 대파와 프레시 처빌로 장식하고 소스 주변에 완두콩과 모시조개 살을 곁들여 완성한다.

Grilled Sea Bass with Saffron-Clam Sauce and Tomato
농어구이와 사프란 소스

Ingredient/재료 및 분량

- Sea bass fillet(농어) 170g
- Olive oil(올리브 오일) 15ml
- White wine(백포도주) 30ml
- Chopped onion
  (양파 다진 것) 15g
- Garlic(마늘 다진 것) 10g
- Lemon juice(레몬즙) 10ml
- Green beans(완두콩 줄기) 3ea
- Tomato(토마토) 100g
- Clams(모시조개) 5ea
- Saffron-Clam sauce
  (사프란-바지락조개 소스) 30ml
- Italian parsley chop
  (이태리 파슬리 다진 것) 2g
- Salt(소금) 약간
- Crushed black pepper(검은
  후추) 약간

Cooking Method/조리방법

1. 사프란 소스 준비하기(Saffron sauce)

재료

- Butter(버터) 15g • Chopped onion(양파 다진 것) 15g • White wine(백포도주) 30ml
- Clams broth(바지락국물) 50ml • Saffron juice(사프란 주스) 약간 • Fresh cream(생크림) 50ml
- Chopped Italian parsley(이태리 파슬리) 5g
- Chopped lemon and juice(레몬주스와 다진 것) 1/2개 • Salt and Pepper(소금과 후추) 약간씩

만들기
1) 작은 소스팬에 버터를 두르고 다진 양파를 투명하게 볶는다.
2) 백포도주와 사프란 주스를 넣어 1/3 정도 졸인 후 조개국물 넣어 1/2 정도 졸인다.
3) 레몬주스, 생크림을 넣어 3분 정도 서서히 졸인다.(Simmer)
4) 소금, 후추로 간을 하고 고운체에 걸러 따뜻하게 사용한다.

2. 농어 조리하기(Sole Cooking)

1) 생선은 잘 손질하여 소금, 후추, 백포도주, 레몬즙, 올리브 오일로 Marinated한다.
2) 프레시 토마토는 올리브 오일, 파슬리 다진 것, 소금, 후추로 간을 하여 굽는다.
3) 그린빈스는 살짝 Poaching하여 버터를 두른 팬에 Saute한다.

3. 완성하기(Completing)

1) 재워진(Marinated) 생선을 그릴에 마크를 내어 170℃의 오븐에서 5분 정도 구워
   준다.
2) 그린빈스와 토마토를 접시 담고 그 위에 잘 구워진 생선을 얹어 놓는다.
3) 조개국물로 맛을 낸 사프란 소스를 곁들이고 처빌로 장식하여 완성한다.

 Cooking Tip

- 사프란(Saffron)은 백포도주와 은근히 끓여 노란 색깔의 사프란 주스를 만들어 사용한다.
- 소스의 색깔과 농도에 유의한다.
- 조개는 소금물에 이물질을 씻어내고 1일 정도 해감하여 사용한다.

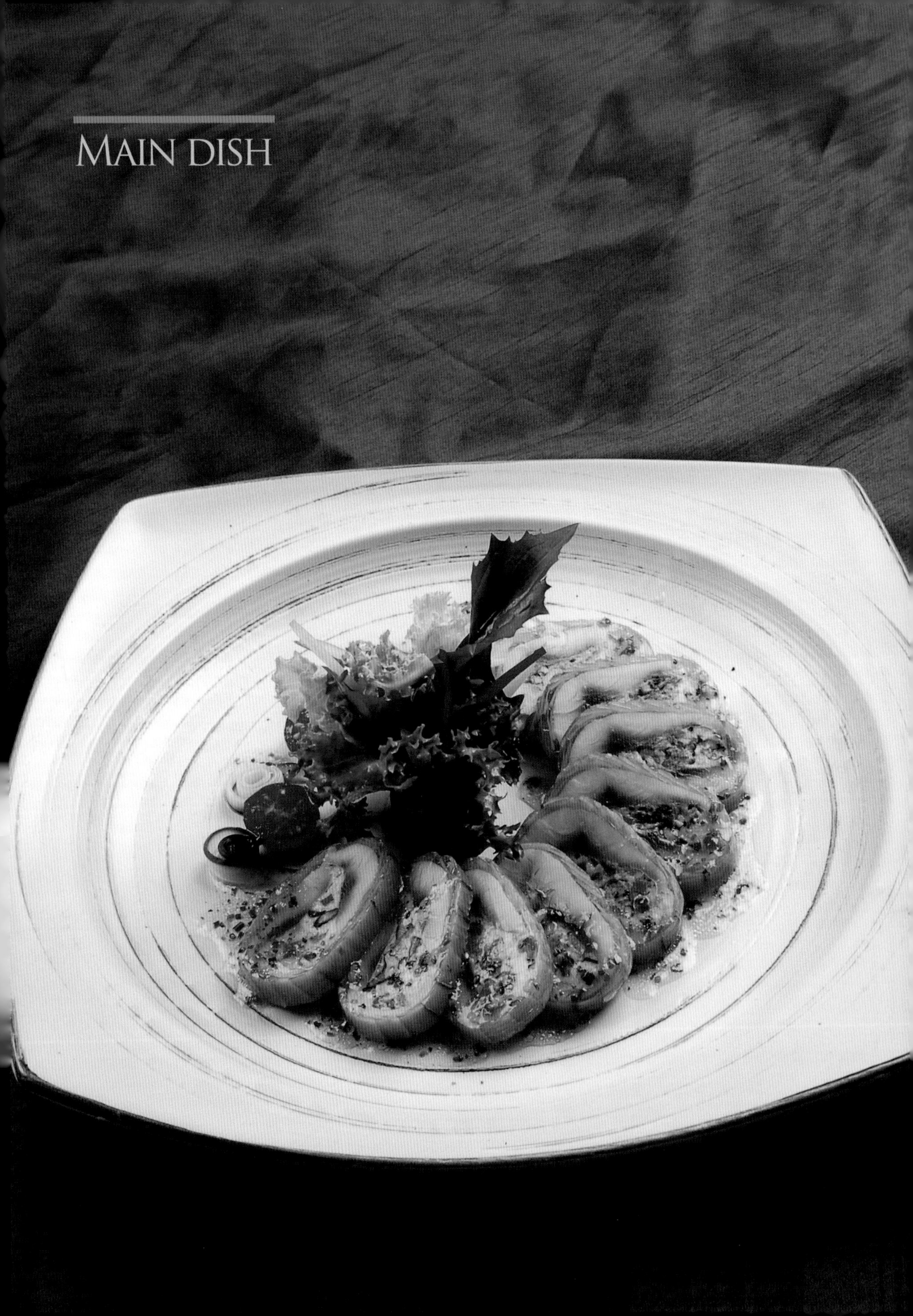
MAIN DISH

Steamed Mullet in Fish Mousse with Italian Vinaigrette

단호박으로 감싼 숭어찜과 이탈리안 비네그레트

Ingredient/재료 및 분량

- Mullet(숭어) 1ea
- Fish mousse(생선무스) 50g
- Hokigai(북방조개) 2ea
- Lemon(레몬) 1/4ea
- Mussel(홍합살) 5ea
- Fresh Cream(생크림) 10ml
- Brandy(브랜디) 10ml
- Egg white(달걀 흰자) 1ea
- Asparagus(아스파라거스) 2ea
- Tarragon(타라곤) 1stalk
- Sweet Pumpkin(단호박) 1/4ea
- Chicory(치커리) 2leaves
- Red chicory(적경치커리) 2leaves
- Cherry Tomato(방울토마토) 1ea
- Italian Vinaigrette
  (이탈리안 비네그레트) 50ml
- White wine(화이트 와인) 5ml
- Salt, Pepper(소금, 후추) 약간씩

Cooking Method/조리방법

1. 이탈리안 비네그레트(Italian Vinaigrette)

재료

- Olive Oil(올리브 오일) 45ml • Vinegar(식초) 15ml • Green olive(그린 올리브) 2ea
- Basil(바질) 1stalk • Dill(딜) 1stalk • Shallot(샬롯) 20g • Garlic(마늘) 1ea
- Pimento(청, 홍피망) 10g • Tomato(토마토) 10g • White wine(화이트 와인) 5ml
- Lemon(레몬) 1/8ea • Salt, Pepper(소금, 후추) 약간씩

2. 숭어 조리하기(Mullet Cooking)

1) 숭어 1마리를 3장 뜨기로 Trimming한 후, 화이트 와인과 레몬, 소금, 후추를 뿌려 마리네이드한다.
2) 생선 무스를 믹싱 볼에 담고 치대면서 흰자, 생크림, 브랜디를 넣고 치대기를 반복한다.
3) 무스에 홍합살, 아스파라거스, 타라곤을 넣고 소금, 후추로 간하여 맛을 낸다.
4) 치커리를 비롯한 채소는 찬물에 담가 싱싱하게 만들어 놓는다.
5) 마리네이드 된 숭어를 펴고 북방조개를 놓고 만들어진 무스를 채우고 둥글게 만든 다음, 얇게 슬라이스한 단호박으로 겉을 감싼다. 스팀으로 30분간 찐다.

3. 완성하기(Completing)

1) 익힌 숭어를 얼음물에 담가 차갑게 식힌다.
2) 1cm 두께로 썰어 접시에 담는다.
3) 싱싱하게 담가 놓은 채소와 토마토를 보기 좋게 담는다.
4) 이탈리안 비네그레트를 곁들여 완성한다.

Shallow Poaching Flounder on Cockle with Red Wine Vinegar Sauce

꼬막조개를 얹은 도다리 샐로 포칭과 레드 와인 비니거 소스

Ingredient/재료 및 분량

- Flounder(도다리) 150g
- Fish mousse(생선무스) 50g
- Yellow paprika (노란 파프리카) 15g
- Dill(딜) 1stalk
- Italian Parsley(이태리 파슬리) 1stalk
- Fresh Cream(생크림) 10ml
- Brandy(브랜디) 10ml
- Egg white(달걀 흰자) 1ea
- Cockles(꼬막조개) 6ea
- Lemon(레몬) 1/4ea
- Spinach(시금치) 20g
- Mango(망고) 50g
- Red wine Vinegar Sauce (레드 와인 비니거 소스) 30ml
- Salt, Pepper(소금, 후추) 약간씩

Cooking Method/조리방법

1. 레드 와인 비니거 소스(Red wine Vinegar Sauce)

재료

- Onion(양파) 20g • Red wine Vinegar(레드 와인식초) 20ml • Brown sauce(브라운 소스) 40ml
- Grape juice(포도주스) 15ml • Dried Basil(건바질) 0.1g • Dried Thyme(건타임) 0.1g
- Bay leaf(월계수잎) 1ea • Butter(버터) 20g • Sal, Pepper(소금, 후추) 약간씩

만들기

1) 버터를 두른 팬에 양파 찹을 브라운색으로 볶은 후 레드 와인식초를 넣고 졸인다.
2) 포도주스와 브라운 소스와 향신료를 넣고 한 번 더 졸인다.
3) 소금, 후추로 간을 하여 완성한다.

2. 도다리 조리하기(Flounder Cooking)

1) 도다리살 150g을 준비한 후, 화이트 와인과 레몬, 소금, 후추를 뿌려 마리네이드한다.
2) 생선 무스를 믹싱 볼에 담고 치대면서 흰자, 생크림, 브랜디를 넣고 치대기를 반복한다.
3) 꼬막조개를 삶아 살만 발라낸다.
4) 마리네이드한 도다리 위에 생선무스를 바르고 꼬막조개를 꽂아 냄비에 담아 샐로 포칭한다.

3. 완성하기(Completing)

1) 준비된 메인요리 접시에 시금치를 버터에 볶아 놓는다.
2) 망고를 다이스로 썰어 곁에 놓는다.
3) 샐로 포칭한 도다리를 그 위에 얹고 소스를 주위에 곁들인다.
4) 허브잎 하나를 꽂은 후 페스토 소스를 뿌려 완성한다.

Steamed King Prawn with Lemon Cream Sauce
레몬향의 크림소스를 곁들인 왕새우찜

Ingredient/재료 및 분량

- King Prawn(왕새우) 240g
- Lemon juice(레몬) 1/4ea
- Olive oil(올리브 오일) 30ml
- Shallots(양파) 20g
- White wine(백포도주) 30ml
- Squash long(돼지호박) 50g
- King Oyster mushroom(새송이 버섯) 1/2ea
- Eggplant(가지) 20g
- Cepe(그물버섯) 20g
- Tomato(토마토) 2ea
- Chopped garlic(마늘) 10g
- Lemon Cream sauce (레몬 크림소스) 30ml
- Italian Parsley(이태리 파슬리) 3g
- Lemon zest(레몬 제스트) 5g
- Salt, Crushed black pepper (소금, 검은 후추) 약간씩

Cooking Method/조리방법

1. 레몬 크림소스 준비하기(Lemon Cream sauce)

재료

- Chopped onion(양파 다진 것) 15g • White wine(백포도주) 30ml • Saffron juice(사프란 주스) 약간
- Fresh cream(생크림) 50ml • Parsley(파슬리) 5g • Lemon(레몬) 1/2ea • Bay leaf(월계수잎) 1ea
- Clove(정향) 2ea • Stock(스톡) 30ml • Salt and Pepper(소금과 후추) 약간씩

만들기

1) 작은 소스팬에 버터를 두르고 다진 양파를 투명하게 볶는다.
2) 백포도주와 사프란 주스를 넣어 1/3 정도 조린 후 스톡을 넣어 1/2 정도 졸인다.
3) 레몬주스, 생크림을 넣어 3분 정도 서서히 조린다.(Simmer)
4) 소금, 후추로 간을 하고 고운체에 걸러 따뜻하게 사용한다.

2. 왕새우 조리하기(Prawn Cooking)

1) 왕새우는 깔끔하게 손질하여 등을 가르고 소금, 후주, 백포도주, 레몬즙으로 marinated한다.
2) 돼지호박, 가지, 버섯은 큐브형태로 썰어 버터에 볶아준다.

3. 완성하기(Completing)

1) 재워진 새우는 찜통 안에 가지런히 놓아 증기로 8~9분 정도 촉촉하게 익힌다.
2) 접시에 준비된 채소를 곁들이고 새우를 보기 좋게 담는다.
3) 만들어 놓은 소스를 곁들이고 파슬리 다진 것, 레몬 제스트와 링으로 장식하여 완성한다.

Seared Scallops with Orange Butter Sauce
관자 팬 구이와 오렌지 버터소스

Ingredient/재료 및 분량

- Scallop(관자) 150g
- Young Pumpkin(애호박) 50g
- Tomato(토마토 콩카세) 20g
- Shiitake mushroom(표고버섯) 30g
- Butter(버터) 30g
- White wine(화이트 와인) 15ml
- Balsamic Vinegar(발사믹 식초) 30ml
- Orange Butter Sauce(오렌지 버터소스) 60ml
- Italian Parsley(이태리 파슬리) 1stalk
- Salt, Pepper(소금, 후추) 약간씩

Cooking Method/조리방법

1. 오렌지 버터소스(Orange Butter Sauce)

재료

- Water(물) 100ml • Onion(양파) 15g • Parsley stalk(파슬리 줄기) 2ea • Vinegar(식초) 1ts
- White wine(백포도주) 10ml • Bay leaf(월계수잎) 1ea, Pepper corn(통후추) 3ea
- Tarragon(타라곤) 0.2g • Fresh Cream(생크림) 20ml • Butter(버터) 70g • Orange(오렌지) 1ea
- Salt, Pepper(소금, 후추) 약간씩

만들기

1) 물과 식초, 와인, 스파이스를 넣고 1/3로 졸여 에센스를 만든다.
2) 생크림을 추가하여 한 번 더 졸여준다.
3) 프레시 오렌지즙을 추가하여 끓여준다.
4) 버터를 조금씩 넣고 녹이면서 농도를 조절한다.
5) 소금, 후추를 넣어 간을 맞춘 다음 완성한다.

2. 관자 조리하기(Scallop Cooking)

1) 관자 150g을 준비한 후 힘줄을 제거하고 소금, 후추, 백포도주로 marinated한다.
2) 애호박은 파리지엔으로 만들어 살짝 Blanching하고, 표고버섯은 슬라이스로 썰어 버터에 볶아준다.
3) 토마토 껍질을 제거한 뒤 콩카세를 만들고 이태리 파슬리는 찬물에 담가 놓는다.
4) 발사믹 식초는 졸인 다음 소금, 후추로 간하여 소스를 만든다.

3. 완성하기(Completing)

1) 버터 두른 프라이팬에 관자를 엷은 브라운색이 나도록 굽는다.
2) 메인요리용 접시에 표고버섯을 놓고 구운 관자를 주위에 담는다.
3) 만들어 놓은 소스를 곁들이고 애호박, 토마토 콩카세, 이태리 파슬리로 장식하여 완성한다.

MAIN DISH

Beef Tenderloin Roulade with Red Wine Sauce
레드와인 소스를 곁들인 소고기 안심 롤라드

Ingredient/재료 및 분량

- Beef tenderloin(소고기안심) 150g
- White asparagus(화이트 아스파라거스) 1ea
- Green asparagus(그린 아스파라거스) 1ea
- Frisee(프리세) 20g
- Cherry tomato(방울토마토) 1ea
- Baby carrot(꼬마 당근) 1ea
- Sorrel (쏘렐) 5g
- Corn flour(옥수수 가루) 1 ts
- Rice(쌀) 60g
- Onion(양파) 30g
- Potato(감자) 100g
- Mushroom(양송이버섯) 2ea
- Bread crumb(빵가루) 60g
- Thyme(타임) 3g
- Shallot(샬롯) 1ea
- Parmesan cheese(파마산 치즈) 1ts
- Butter(버터) 30g
- Olive oil(올리브 오일) 40ml
- Squid ink(오징어 먹물) 40ml
- Demiglace Sauce(데미글라스 소스) 50ml
- Red wine(레드와인) 150ml
- Chicken stock(닭육수) 250ml
- Salt & Pepper(소금, 후추) 약간
- Crushed Whole Pepper(으깬 통후추) 약간

Cooking Method/조리방법

1. 레드와인 소스 만들기(Red Wine Sauce)

Ingredients
- Red wine(레드와인) 150ml • Choped shallots(샬롯) 15g • Minced garlic(마늘) 5g
- Demiglace(데미글라스) 50ml • Bay leaf(월계수잎) 1ea • Butter(버터) 10g • Sugar(설탕) 5g
- Dried thyme(타임) 2g • Chopped fresh parsley(파슬리) 1g
- Salt(소금) 약간 • Crushed Whole Pepper(으깬 통후추) 약간

Cooking Sauce
1) 소스팬에 버터를 두르고 다진 샬롯과 마늘을 갈색이 나도록 Saute 한다.
2) ①에 레드 와인과 월계수잎, 타임, 으깬 통후추를 넣고 20~30분 정도 Simmering, 1/3 정도 졸인다.
3) ②에 데미글라스 소스를 넣고 농도가 생길때까지 1/2 정도 Reduction 한다.
4) ③을 고운체에 걸러 설탕, 소금, 후추로 간하고 Butter Monte하여 마무리한다.

2. 소고기안심 롤라드 조리하기(Beef Tenderloin Roulade Cooking)

1) 소고기 안심을 얇게 펴준 후 소금, 후추로 Marinade를 한 후, 화이트 아스파라거스를 넣고 안심을 말아서 수비드 쿠킹(Sous cooking)을 한다(70℃, 30분)
2) 올리브오일에 다진 양파, 다진 소고기, 슬라이스 양송이 버섯을 넣어 볶아주면서 쌀, 육수, 파마산치즈 가루를 순서대로 넣어 농도가 되직하도록 리조또를 만든다.
3) 감자는 삶아 체에 내린 후, 버터와 생크림, 육수 약간을 첨가하여 Puree를 만든다.
4) 잎 채소들은 물에 담가서 싱싱하게 하고, 체리토마토는 반으로 잘라 올리브오일, 타임으로 Marinade하여 Oven-dry(오븐 예열 후 150℃, 1시간)한다.
5) 옥수수 가루, 오일, 물을 0.5 : 2 : 4의 비율로 섞어 튀일(Tuile)을 만든다.
6) 빵가루는 곱게 갈아 오징어 먹물과 섞어 검게 만들어 준 뒤 Risotto에 묻혀준 뒤 기름에 한번 튀겨낸다.
7) 미니 당근과 아스파라거스는 버터 약간을 넣어 끓여준 육수에서 데쳐낸다. 버터, 설탕, 소금 약간에 Glazing 한다.

3. 접시담기(Plating)

1) 수비드 쿠킹으로 완성한 소고기 안심 롤라드를 접시 중앙 한편에 놓아준다. 감자 퓨레를 위에 올리고 프리세와 쏘렐을 올려주고 한쪽에는 퓨레위에 글레이징한 꼬마 당근과 아스파라거스를 올려주고 트윌을 비스듬히 세워서 장식을 한다.
2) 롤라드 옆에는 레드와인 소스를 뿌리고 위에 오징어 먹물 빵가루를 묻혀 튀겨낸 리조또를 놓아주고 치즈스틱으로 장식한다.
3) Oven-dry 체리토마토를 놓아주고, 레드와인 소스를 곁들여 마무리한다.

Grilled Filet Mignon with Sauce Perigourdine and Grilled King Prawns with Mashed Potatoes

감자와 페리구르댕 소스를 곁들인 안심과 왕새우구이

Ingredient/재료 및 분량

- Filet Mignon(소고기 안심) 150g
- King Prawns(왕새우) 1ea
- Mashed Potatoes(감자) 60g
- Garlic(마늘) 15g
- Perigourdine Sauce
  (페리구르댕 소스) 50ml
- Asparagus(아스파라거스) 2ea
- Fresh thyme(타임) 2g
- Tomato(토마토) 1/4ea
- Lemon juice(레몬주스) 10ml
- White wine(백포도주) 15ml
- Fresh cream(생크림) 10ml
- Butter(버터) 30g
- Olive oil(올리브 오일) 30ml
- Salt, Pepper(소금, 후추) 2g

Cooking Method/조리방법

1. 페리구르댕 소스 만들기(Perigourdine Sauce)

재료

- Fond de veau(퐁드보/브라운스톡) 240ml • Dry Madeira wine(마데이라 와인) 30ml
- Chopped truffle(송로버섯) 5g • Brandy(브랜디) 15ml • Cubes Goose liver(거위간) 10g
- Butter(버터) 15g • Fresh cream(생크림) 15ml • Salt, Pepper(소금, 후추) 1g

만들기

1) 준비한 냄비에 버터를 두르고 다진 송로버섯을 넣고 Saute한 다음 브랜디로 플랑베(Flambee)한다.
2) ①에 Dry Madeira wine을 추가하여 넣고 1/3 정도 졸여(Reduction) 향을 살려준다.
3) ②에 Cubes로 썬 거위간을 첨가하여 잘 풀어준다.
4) ③에 브라운스톡을 넣고 은근히 끓여 1/2 정도 줄어들면 생크림, 소금, 후추로 간한다.

2. 소고기 안심 조리하기(Tenderloin Cooking)

1) 준비한 안심은 기름을 Trimming하고 손질하여 필레미뇽 부위를 절단해서 소금, 후추로 간한다.
2) 점보새우는 내장을 제거하고 껍질을 벗겨 등에 칼집을 내어 소금, 후추, 레몬즙, 백포도주로 간한다.
3) 아스파라거스는 끓는 물에 데쳐서 버터에 Saute하고 소금, 후추로 간한다.
4) 토마토는 4등분하여 올리브 오일, 소금, 후추하여 오븐(120℃)에서 1시간 정도 굽는다.
5) 마늘과 감자는 삶아서 껍질을 벗기고 으깨어 소금, 후추, 생크림, 버터를 넣어 매시트 포테이토를 만들어 놓는다.

3. 완성하기(Completing)

1) 양념한 점보새우는 Grill에 구워 익힌다.
2) 안심은 Grill에 다이아몬드 형태로 구워 예열된 오븐(170℃)에서 Medium 정도로 익힌다.
3) 접시에 만들어진 위 재료를 보기 좋게 나열하고 소스를 뿌려 마무리한다.

Grilled Filet Mignon with Bearnaise Sauce and Seasonal Fresh Vegetable

베어네이즈 소스를 얹은 안심구이와 킹크랩

Ingredient / 재료 및 분량

- Beef tenderloin(소고기 안심) 160g
- King crabmeat(왕게살) 30g
- Bearnaise Sauce (베어네이즈 소스) 50ml
- Sweet Pumpkin (단호박 웨지) 1ea
- Olive oil(올리브 오일) 30ml
- Red pimento(붉은 피망) 20g
- Yellow pimento(노란 피망) 20g
- Asparagus(아스파라거스) 30g
- Potato(감자) 50g
- Fresh rosemary(로즈메리) 1g
- Fresh thyme(백리향) 1g
- Chopped parsley(파슬리) 1g
- Demi-glace(데미글라스) 30ml
- Salt & Black pepper(소금, 검은 후추) 약간씩

Cooking Method / 조리방법

1. 베어네이즈 소스 만들기(Bearnaise Sauce)

재료

- Clarified butter(정제버터) 80ml • Egg yolks(달걀 노른자) 1ea • Chopped shallot(샬롯 다진 것) 10g • Pepper corns(으깬 통후추) 3ea • Bay leaf(월계수잎) 1ea • Vinegar(식초) 10ml
- White wine(백포도주) 100ml • Lemon juice(레몬즙) 1/2ea • Parsley Chopped(파슬리 찹) 2g • Salt(소금) 약간

만들기

1) 작은 용기에 버터를 담아 따뜻한 물에서 중탕으로 녹여 불순물을 제거하여 정제 버터를 만든다.
2) 소스팬에 식초, 백포도주, 다진 샬롯, 월계수잎, 으깬 흰 통후추를 넣어 1/3 정도 졸여 소창에 걸러서 향초 에센스를 만든다.
3) 달걀 노른자를 믹싱 볼에 담고 향초 에센스 1스푼을 넣고 약 90℃ 정도 되는 물에 중탕하여 정제버터를 조금씩 넣어가며 거품기로 저어주면서 크림형태의 농도로 만든다.
4) 노란빛의 소스가 완성되면 레몬즙, 파슬리 찹, 소금, 후추로 간을 하여 마무리한다.

2. 소고기 안심 조리하기(Tenderloin Cooking)

1) 소고기 등심은 심줄과 기름을 Trimming하여 로즈메리, 백리향, 올리브 오일, 소금, 후추로 Marinated한다.
2) 감자와 아스파라거스와 끓는 물에 살짝 Blanching하여 팬에 오일을 두르고 Saute 하여 소금, 후추로 간한다.
3) 단호박 웨지는 소금 넣은 끓는 물에 Poaching하여 팬에 오일을 두르고 다진 파슬리와 Saute한다.
4) 피망은 씨를 제거하여 올리브 오일, 소금, 후추로 양념하여 Grill에 굽는다.
5) 왕게 다리살은 다듬어서 안쪽의 심줄을 제거한 뒤 세로로 찢어 놓는다.

3. 완성하기(Completing)

1) 안심은 Grill에서 다이아몬드 무늬를 내어 Medium으로 구워 익힌다.
2) 준비된 채소를 접시에 보기 좋게 담고 구워진 안심을 놓는다.
3) 위에 게살, 아스파라거스, 베어네이즈 소스를 얹은 다음 샐러맨더에서 브라운색을 내어 담고 데미글라스를 주변에 뿌려 완성한다.

 Cooking Tip

- Bearnaise Sauce는 너무 뜨거운 상태에서 버터를 첨가하면 수분과 버터가 분리된다.
- 소스의 농도와 색상에 유의하고 완성된 소스는 따뜻한 상온에 보관하여 사용한다.

Grilled Beef Tenderloin Steak & Garlic Mousse with Glace de Viand Sauce

마늘무스와 글라스 드 비앙드 소스를 곁들인 소고기 안심 스테이크

Ingredient / 재료 및 분량

- Beef tenderloin(소고기 안심) 160g
- Garlic(마늘) 30g
- Sweet Pumpkin
  (단호박 웨지) 1ea
- Red Cabbage(적채) 20g
- Olive oil(올리브 오일) 30ml
- Cherry Tomato(방울토마토) 1ea
- Potato(감자) 50g
- Asparagus(아스파라거스) 2ea
- Fresh rosemary(로즈메리) 1g
- Fresh thyme(백리향) 1g
- Glace de viand
  (글라스 드 비앙드) 40ml
- Salt & Pepper
  (소금과 후추) 약간씩

Cooking Method / 조리방법

1. 마늘무스 만들기(Garlic mousse)

재료

- Garlic(마늘) 20g • Butter(버터) 15g • Pepper corns(통후추) 3ea • Salt(소금) 약간

만들기

1) 마늘을 오븐에서 엷은 브라운색이 나도록 굽는다.
2) 마늘을 으깨어 고운체에 내린다.
3) ②번에 버터와 설탕, 소금, 후추를 넣고 버무려서 무스를 만든다.

2. 글라스 드 비앙드 만들기(Glace de viand)

1) 소스팬에 양파 찹 20g을 넣고 볶다가 레드 와인 50ml를 넣어 1/3로 졸인다.
2) 데미글라스 100ml, 월계수잎 1장, 타임 1줄기를 넣고 다시 졸여 1/2로 농축시킨 다음 걸러서 버터 몽테한다.

3. 소고기 안심 조리하기(Tenderloin Cooking)

1) 소고기 안심은 심줄과 기름을 Trimming하여 로즈메리, 백리향, 올리브 오일, 소금, 후추로 Marinated한다.
2) 아스파라거스와 끓는 물에 살짝 Blanching하여 팬에 오일을 두르고 Saute하여 소금, 후추로 간한다.
3) 단호박 웨지는 소금을 넣은 끓는 물에 Poaching하여 팬에 오일을 두르고 다진 파슬리와 Saute한다.
4) 적채는 곱게 슬라이스한 다음 Blanching하여 식초를 조금 넣은 버터 부용으로 맛을 낸다.
5) 쪽마늘 3개는 오븐에서 굽고 감자는 구운 다음, 으깨어 놓는다.

4. 완성하기(Completing)

1) 안심은 Grill에서 다이아몬드 무늬를 내어 Medium으로 구워 익힌다.
2) 조리된 채소를 접시에 보기 좋게 담고, 으깬 감자를 접시 중앙에 깔고 아스파라거스를 놓는다.
3) 그 위에 구워진 안심을 얹고 커넬 모양의 마늘무스를 토핑한다.
4) 안심 주위에 구운 마늘과 글라스 드 비앙드를 뿌려 완성한다.

Grilled Beef Tenderloin with Lyonnaise Sauce and a la Cream

알라크림을 곁들인 소고기 안심구이와 리오네즈 소스

Ingredient/재료 및 분량

- Beef Tenderloin(소고기 안심) 160g
- Lyonnaise Sauce
  (리오네즈 소스) 50ml
- Potato(감자) 1ea
- Cherry Tomato(방울토마토) 1ea
- Carrot(당근) 1/4ea
- Yellow paprika
  (노란 파프리카) 35g
- Asparagus(아스파라거스) 2ea
- A la Cream(알라크림) 50ml
- Fresh thyme(타임) 5g
- Parsley(파슬리) 5g
- Butter(버터) 30g
- Salt & Pepper(소금, 후추) 적당량

Cooking Method/조리방법

1. 리오네즈 소스 만들기(Lyonnaise Sauce)

재료

- Sliced onion(다진 양파) 50g • Fresh thyme(프레시 타임) 2g • Bay leaf(월계수잎) 1ea
- White wine(백포도주) 50ml • Vinegar(식초) 10ml • Chopped Garlic(마늘) 5g
- Basic brown sauce(브라운 소스) 60ml • Butter(버터) 20g • Salt & Pepper(소금, 후추) 적당량

만들기

1) 소스팬에 버터를 두르고 가늘게 썬 양파와 다진 마늘을 넣고 연한 황금색이 나게 Saute한다.
2) 백포도주와 식초를 넣고 1/2 정도 Reduction한다.
3) Basic brown sauce, 월계수잎, 타임, 향신료를 넣어 1/3 정도 은근히 졸인 후 소금, 후추로 간한다.
4) 고운체에 거른 후 버터 몽테하여 마무리한다.

2. 알라크림 만들기(a la cream)

1) 양파 10g과 양송이 30g을 볶다가 화이트 와인으로 데글라세한다.
2) 생크림 50ml를 넣고 졸인 다음, 소금, 후추로 간을 맞춰 완성한다.

3. 소고기 안심 조리하기(Tenderloin Cooking)

1) 준비된 안심은 심줄과 기름을 Trimming하여 올리브 오일, 소금, 후추로 Marinated 한다.
2) 노란 파프리카, 감자, 토마토는 모양낸 다음, 소금, 후추, 올리브 오일로 양념하여 Grill에서 굽는다.
3) 아스파라거스, 당근은 끓는 물에 데친 다음 팬에 버터를 두르고 소금, 후추로 간하여 Saute한다.

4. 완성하기(Completing)

1) 안심은 허브와 올리브 오일로 마리네이드한 다음, Grill에서 다이아몬드 무늬를 내어 170℃의 예열된 오븐에서 Medium으로 구워 익힌다.
2) 접시에 준비한 안심스테이크, Hot vegetables을 모양내어 나열하고 리오네즈 소스를 곁들인다.
3) 알라크림을 안심 스테이크 위에 얹어 마무리한다.

 Cooking Tip

- 리오네즈(lyonnaise)는 프랑스어로 '리옹풍'이라는 뜻으로 요리에 양파를 사용하여 준비하거나 양파로 장식하는 음식들을 가리킨다. 리오네즈 소스(lyonnaise sauce)는 식초, 파슬리, 양파, 브라운 소스, 향신료 등이 들어간 소스로서 육류나 소시지 등 때로는 가금류와 함께 많이 곁들여 사용하는 고전적인 프랑스 소스이다.

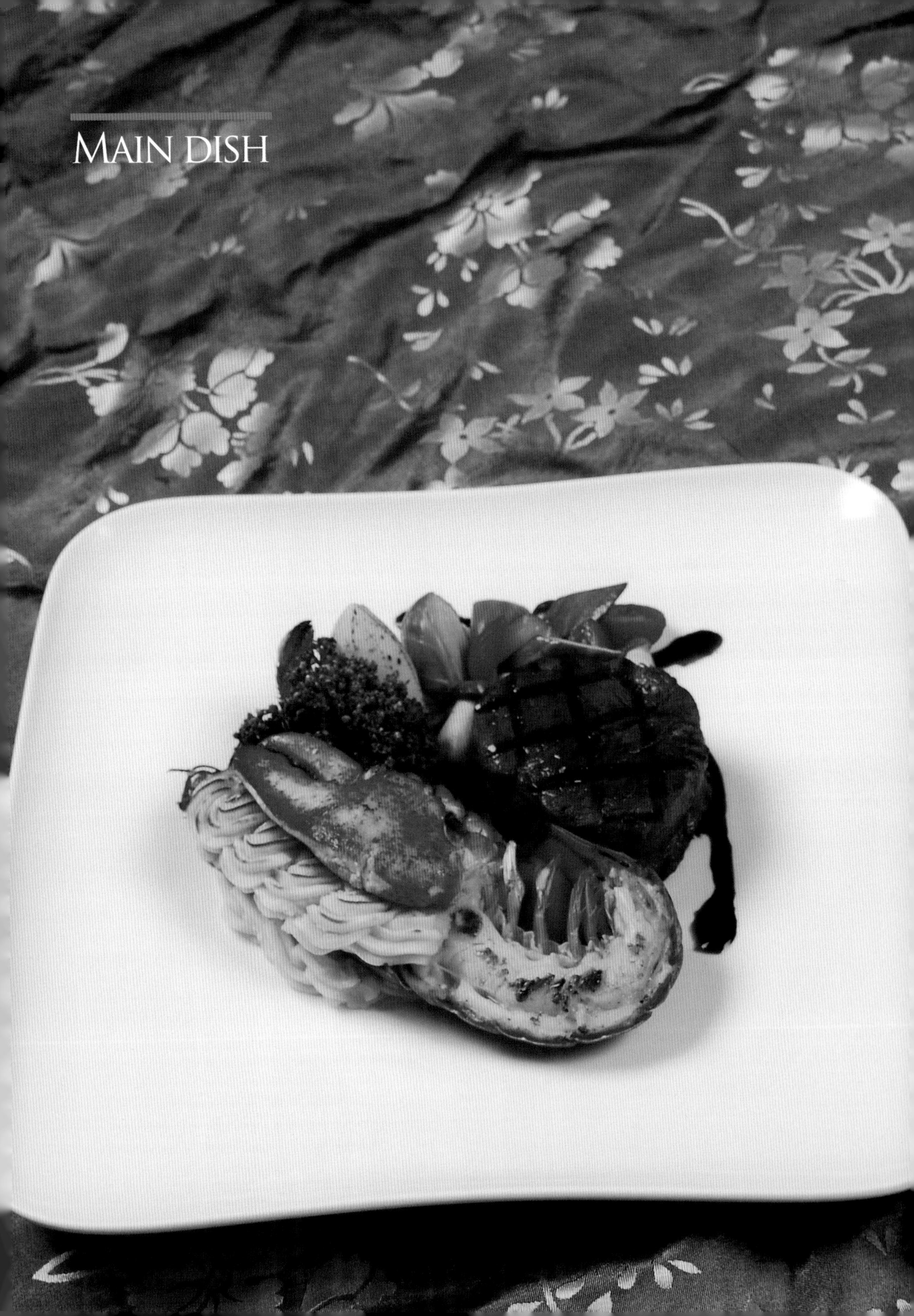
MAIN DISH

Filet of Beef Tenderloin and Grilled Lobster with Marchands de Vin Sauce and Seasonal Fresh Vegetable

마르생와인 소스를 곁들인 안심과 바닷가재 구이

Ingredient/재료 및 분량

- Beef Tenderloin(안심) 120g
- Lobster Tail
  (바닷가재 꼬리) 1/2ea
- Fresh thyme(타임) 5g
- Mushroom(버섯) 20g
- Tomato(토마토) 1/2ea
- Potato(감자) 1ea
- Young Pumpkin(애호박) 1/3ea
- Brussels Sprout
  (싹 양배추) 1ea
- Red Paprika
  (붉은 파프리카) 1/3ea
- Olive oil(올리브 오일) 30ml
- Mashed Potato
  (매시트포테이토) 50g
- Milk(우유) 70ml
- Egg yolk(달걀 노른자) 1ea
- White wine(화이트 와인) 20ml
- Butter(버터) 50g
- Marchands de Vin Sauce
  (마르생와인 소스) 30ml
- Salt & Pepper
  (소금, 후추) 적당량

Cooking Method/조리방법

1. 마르생와인 소스 만들기(Marchands de Vin Sauce)

재료

- Marchands wine(마르생와인) 50ml • Chopped shallots(샬롯) 15g • Minced garlic(마늘) 5g
- Demi-glace(데미글라스) 40ml • Bay leaf(월계수잎) 1ea • Butter(버터) 10g • Sugar(설탕) 5g
- Dried thyme(드라이타임) 0.2g • Chopped fresh parsley(파슬리) 1g
- Salt & Pepper(소금, 후추) 적당량

만들기

1) 소스팬에 버터를 두르고 다진 샬롯과 마늘을 갈색이 나도록 Saute한다.
2) ①에 레드 와인과 월계수잎, 백리향을 넣고 1/2이 되도록 졸여준다.
3) ②에 데미글라스를 넣고 농도를 조절하여 1/3 정도 끓여서 Reduction한다.
4) ③을 고운체에 걸러 설탕, 소금, 후추로 간하고 버터 몽테한 후, 다진 파슬리를 넣어 마무리한다.

2. 소고기 안심 조리하기(Tenderloin Cooking)

1) 소고기 안심은 Trimming하여 심줄과 기름을 제거하고 타임, 올리브 오일, 소금, 후추로 Marinated한다.
2) 바닷가재는 스팀에서 2분 정도 찐 다음 1/2로 갈라서 소금, 후추, 레몬즙, 백포도주로 양념하여 놓는다.
3) 싹양배추와 나머지 채소를 끓는 물에 Poaching하여 물기를 제거하고 소금, 후추 간하여 버터에 Saute한다.
4) 감자는 먹기 좋게 깎아 로스트 포테이토를 만든다.
5) 매시트포테이토에 우유와 노른자를 넣고 버무려 맛을 낸다.

3. 완성하기(Completing)

1) Grill에 바닷가재를 껍질과 함께 굽고 만들어 놓은 매시트포테이토를 곁들여 샐러맨더에서 브라운색을 낸 다음, 정제버터를 바른다.
2) 안심은 다이아몬드무늬를 내어 예열된 오븐(170℃)에서 Medium 정도로 익힌다.
3) 조리된 더운 채소, 안심과 바닷가재를 보기 좋게 놓고, 소스를 곁들여 마무리한다.

 Cooking Tip

- Marchands de Vin Sauce는 프랑스 포도주이다. 매우 농축된 적포도주로 육류에 곁들여 먹는 것으로 유명하다.
- Demi-glace소스는 베이직 모체소스의 에스파뇰 소스를 1/2로 졸인 것이다. 미르푸아, 브라운스톡을 넣어 만들기 때문에 풍부한 맛의 풍미를 갖는다.

Grilled Australian Wagyu Sirloin Steak with Balsamic Reduction "Tuscany" Style

토스카나식 호주산 와규 등심 스테이크와 발사믹 소스

Ingredient/재료 및 분량

- Beef Sirloin Wagyu
  (와규 소고기 등심) 200g
- Mixed Baby Leaves
  (믹스채소) 15g
- Fresh thyme(프레시 타임) 5g
- Herb-balsamic sauce
  (허브 발사믹 소스) 30ml
- Fresh rosemary
  (프레시 로즈메리) 2g
- King Oyster mushroom
  (새송이버섯) 50g
- Small potato(어린 감자) 50g
- Tomato(토마토) 25g
- Chopped Italian Parsley
  (이태리 파슬리) 3g
- Salt & Pepper(소금과 후추) 1g
- Extra virgin olive oil
  (엑스트라 버진 올리브 오일) 30ml

Cooking Method/조리방법

1. 허브 발사믹 소스 만들기(Herb-Balsamic Sauce)

재료

- Balsamic vinegar(발사믹 식초) 240ml • Brown sugar(황설탕) 30g • Dried sage(건조된 세이지) 7g • Dried rosemary(건조된 로즈메리) 7g • Fresh thyme(프레시 타임) 5g
- Bay leaf(월계수잎) 1ea • Thin sliced garlic(마늘) 5g • Pepper(후추) 5g • Salt(소금) 2g

만들기

1) 용기에 발사믹 식초, 로즈메리, 세이지, 프레시 타임, 월계수잎, 마늘, 황설탕을 모두 혼합하여 30~50℃ 상온에서 1일 정도 향이 배도록 재워둔다.
2) 허브 향이 배면 작은 Sauce pot에 황설탕을 넣어 1/5 정도 졸인다.
3) 농도를 확인하고 소금, 후추로 간을 맞추어 고운체에 걸러 제공한다.

2. 소고기 등심 조리하기(Beef Sirloin Cooking)

1) 와규 소고기 등심은 예리한 칼로 Trimming하여 심줄과 비곗살을 제거하고 로즈메리,타임, 올리브 오일, 소금, 후추로 Marinated한다.
2) 어린 감자는 흙모래를 깨끗이 씻어 양쪽 끝부분을 잘라내고 끓는 물에 10분 정도 Blanching하여 로즈메리, 소금, 후추 간을 맞추어 예열된 180℃의 오븐에서 갈색으로 굽는다.
3) 새송이버섯은 1/4등분하여 석쇠에 구워 파슬리 다진 것, 올리브 오일, 소금, 후추로 간한다.
4) 토마토는 1/4등분하여 Wedge형태로 잘라 올리브 오일, 파슬리 찹, 소금, 후추로 간하고 180℃의 오븐에서 수분을 말린다.
5) 신선한 모둠채소는 올리브 오일, 소금, 후추로 간을 해서 가볍게 버무린다.

3. 완성하기(Completing)

1) 등심은 Grill에 Medium으로 익혀 세로로 길게 썰어 놓는다.
2) 메인접시에 조리된 Vegetable Garnish를 보기 좋게 나열하고 허브 발사믹 소스를 뿌려서 제공한다.

Sirloin Pepper Steak with Balsamic Brown Sauce
소고기 등심 페퍼 스테이크와 발사믹 브라운 소스

Ingredient / 재료 및 분량

- Beef Sirloin(소고기 등심) 200g
- Mixed Baby Leaves(믹스채소) 15g
- Pepper corn(통후추) 15g
- Asparagus(아스파라거스) 2ea
- Potato(감자) 50g
- Tomato(방울토마토) 25g
- Shiitake(표고버섯) 2ea
- Fresh thyme(타임) 5g
- Fresh rosemary(로즈메리) 1g
- Butter(버터) 30g
- Salt & Pepper(소금과 후추) 약간씩
- Extra virgin olive oil(올리브 오일) 30ml

Cooking Method / 조리방법

1. 발사믹 브라운 소스 만들기(Balsamic Brown sauce)

재료

- Onion(양파) 15g • Garlic(마늘) 5g • Red wine(레드 와인) 10ml
- Balsamic vinegar(발사믹 식초) 10ml • Fresh Cream(생크림) 30ml
- Thyme(타임) 0.1g • Brown sauce(브라운 소스) 70ml • Butter(버터) 10g
- Salt, Pepper(소금, 후추) 약간씩

만들기

1) 양파와 마늘을 볶는다.
2) 레드 와인을 넣고 졸인다.
3) 타임과 발사믹 식초 넣고 졸인 후, 생크림과 브라운 소스를 넣고 한 번 더 끓여서 완성한다.

2. 소고기 등심 조리하기(Beef Sirloin Cooking)

1) 소고기 등심은 Trimming하여 심줄을 제거하고 소금, 후추, 로즈메리, 타임, 올리브 오일로 마리네이드한다.
2) 방망이를 이용하여 통후추를 1/2이 되도록 빻는다.
3) 아스파라거스는 데쳐 버터 부용에 졸여 맛을 내고, 감자는 마늘 모양으로 깎아 굽는다.
4) 방울토마토는 오일에 살짝 튀기고 표고버섯은 버터에 볶는다.

3. 완성하기(Completing)

1) 마리네이드 된 등심에 빻은 후추를 골고루 발라 팬에서 색을 낸 후 오븐에 넣어 Medium으로 익힌다.
2) 메인접시에 조리된 아스파라거스를 깔고 익힌 페퍼 스테이크를 얹는다.
3) 소스를 위에 뿌리고 토마토와 버섯, 감자를 곁들여 완성한다.

Grilled Veal Chop with Marsala Wine Sauce and Rosemary Potato, Candid Shallot

로즈메리향의 그릴에 구운 송아지구이와 마르살라 소스

Ingredient/재료 및 분량

- Veal rack(송아지갈비) 250g
- Olive oil(올리브 오일) 30ml
- Beech mushroom(만가닥버섯) 10g
- Parmesan cheese(파마산 치즈) 15g
- Tomato(토마토) 25g
- Fresh basil(바질) 1g
- Fresh Rosemary(로즈메리) 5g
- Asparagus(아스파라거스) 20g
- Potato(감자) 30g
- Marsala Wine Sauce(마르살라 와인 소스) 30ml
- Parsley(파슬리) 1g
- Salt(소금) 약간
- Crushed pepper corns(으깬 통후추) 2g

Cooking Method/조리방법

1. 마르살라 와인 소스 만들기(Marsala Wine Sauce)

재료
- Chopped shallots(샬롯 다진 것) 50g • Butter(버터) 30g • Bay leaf(월계수잎) 1ea
- Fresh thyme(백리향) 10g • Marsala wine(마르살라 와인) 70ml • Red wine(적포도주) 50ml
- Demi-glace(데미글라스) 50ml • Crushed pepper corns(으깬 통후추) 7g • Salt(소금) 약간

만들기
1) 작은 Sauce pot에 버터를 녹여 Shallot, 백리향, 월계수잎을 넣고 약 5~6분 정도 Saute한다.
2) Marsala Wine과 Red wine을 추가로 넣어 약 20~30분 정도 Simmer, 1/3 정도 조린다.
3) Demi glace sauce를 추가하여 1/2 정도 조리고 소금, 후추로 간을 맞추어 고운체에 걸러 사용한다.

2. 송아지 갈빗살 조리하기(Chicken Breast Cooking)

1) 송아지 갈비는 뼈 쪽의 심줄과 기름을 Trimming하여 로즈메리, 올리브 오일, 소금, 후추로 Marinated한다.
2) 아스파라거스는 끓는 물에 살짝 Blanching하여 팬에 오일을 두르고 Saute하여 소금, 후추로 간한다.
3) 방울토마토는 올리브 오일과 소금, 후추로 간하고 180℃ 오븐에서 수분을 말린 후 바질 찹에 버무린다.
4) 만가닥버섯은 버터에 살짝 볶아 놓는다.
5) 양파는 거칠게 썰어 프라이팬에 볶은 후 발사믹 식초, 황설탕을 넣어 함께 조린다.
6) 감자는 소금, 후추 간을 맞추어 예열된 오븐 180℃에서 갈색으로 굽는다.

3. 완성하기(Completing)

1) 송아지 갈비는 Grill에서 다이아몬드 무늬를 내어 Medium 정도로 구워 익힌다.
2) 덩어리 파마산 치즈를 강판에 갈아서 로즈메리 한 잎을 놓고 샐러맨더에 녹여 스틱을 만들어 세운다.
3) 만들어 놓은 Marsala Wine Sauce 데커레이션 효과가 나도록 뿌려서 제공한다.

 Cooking Tip

- 소스의 풍미, 색상과 맛을 더하기 위해 크림을 사용하여 육류와 가금류에 사용할 수 있다.
- Marsala Wine은 이태리 남부 시실리섬에서 생산되며 메인의 육류요리에 사용한다. 식후용 Dessert Wine으로 유명하다.

MAIN DISH

Grilled Lamb Chops with Port Wine Sauce

포트와인 소스를 곁들인 양갈비 구이

Ingredient/재료 및 분량

- Lamb chop(양갈비) 120g
- White asparagus(화이트 아스파 라거스) 1ea
- Cherry tomato(방울토마토) 2ea
- Italian parsley(이태리 파슬리) 30g
- Green asparagus(그린 아스파라 거스) 2ea
- White asparagus(화이트 아스파 라거스) 1ea
- Brussels sprouts(미니 양배추) 1ea
- Baby carrot(꼬마 당근) 30g
- Thyme(타임) 2g
- Rosemary(로즈마리) 2g
- Carrot(당근) 20g
- Potato(감자) 100g
- Broccoli(브로컬리) 30g
- Bread crumb(빵가루) 100g
- Sorrel(쏘렐) 3g
- Onion(양파) 30g
- Shallot(샬롯) 30g
- Garlic(마늘) 5g
- Port wine(포트 와인) 70ml
- Dijon mustard(디종 마스터드) 5g
- Olive oil 2Ts
- Fresh cream(생크림) 50ml
- Demiglace sauce(데미글라스 소 스) 40ml
- Chicken stock(닭육수) 250ml
- Butter(버터) 30g
- Porcini mushroom powder(포치 니 버섯 파우더) 2g
- Sugar(설탕) 1ts
- Salt & Pepper(소금, 후추) 약간
- Crushed Whole Pepper(으깬 통 후추) 약간

Cooking Method/조리방법

1. 포트와인 소스 만들기(Port Wine Sauce)

Ingredients

- Port wine(포트와인) 70ml • Choped shallots(샬롯) 15g • Minced garlic(마늘) 5g
- Demiglace(데미글라스) 40m • Bay leaf(월계수잎) 1ea • Butter(버터) 10g
- Dried thyme(타임) 2g • Crushed Whole pepper(으깬 통후추) 약간 • Salt(소금) 약간

Cooking Sauce

1) 소스팬에 버터를 두르고 다진 샬롯과 마늘을 갈색이 나도록 Saute 한다.
2) ①에 Port wine과 월계수잎, 타임, 으깬 통후추를 넣고 1/3이 되도록 Simmering 한다.
3) ②에 Demiglace sauce를 넣고 농도가 생길때까지 1/2 정도 Reduction 한다.
4) ③을 고운체에 걸러 설탕, 소금, 후추로 간하고 Butter Monte하여 마무리한다.

2. 양갈비 구이 조리하기(Grilled Lamb Chop Cooking)

1) 양갈비는 손질하여 올리브오일, 타임, 소금, 후추로 Marinade 후 오븐에서 구워 준다(180℃ 10분). 팬에 버터를 두르고 로스마리를 넣고 양갈비 표면을 Searing 한다.
2) 빵가루와 파슬리(잎)를 Blender에 넣고 곱게 갈아서 파슬리 빵가루를 만든다.
3) Searing한 양갈비에 Dijon mustard를 약간 펴 바른 후 빵가루를 골고루 입혀준다.
4) 감자, 양파는 삶아 체에 내린 후 버터, 생크림, 소금, 후추를 넣어 감자 puree를 만 든다.
5) White · Green Asparagus, 브로컬리, 미니양배추, 꼬마당근는 버터 약간을 넣어 끓여준 육수에서 데쳐낸다. 버터, 설탕, 소금 약간에 Glazing한다.
6) 체리토마토는 반으로 잘라 올리브오일, 타임으로 Marinade 후 Oven-dry(오븐 예 열 후 150℃, 1시간) 한다.

3. 접시담기(Plating)

1) 접시의 중앙을 기준으로 왼쪽에는 Port wine saue를 뿌리고 위에 감자 puree를 올 리고 위에 양갈비를 올려준다. 옆에 체리토마토와 Green asparagus를 놓고 타임 으로 장식을 한다.
2) 양갈비와 대칭이 되도록 오른쪽에 Oven-dry 토마토, 감자퓨레, 브로컬리, 미니양 배추, 꼬마당근, Green · White asparagus를 보기 좋게 놓는다.
3) Sorrel과 Porcini mushroom powder를 곁들여 마무리한다.

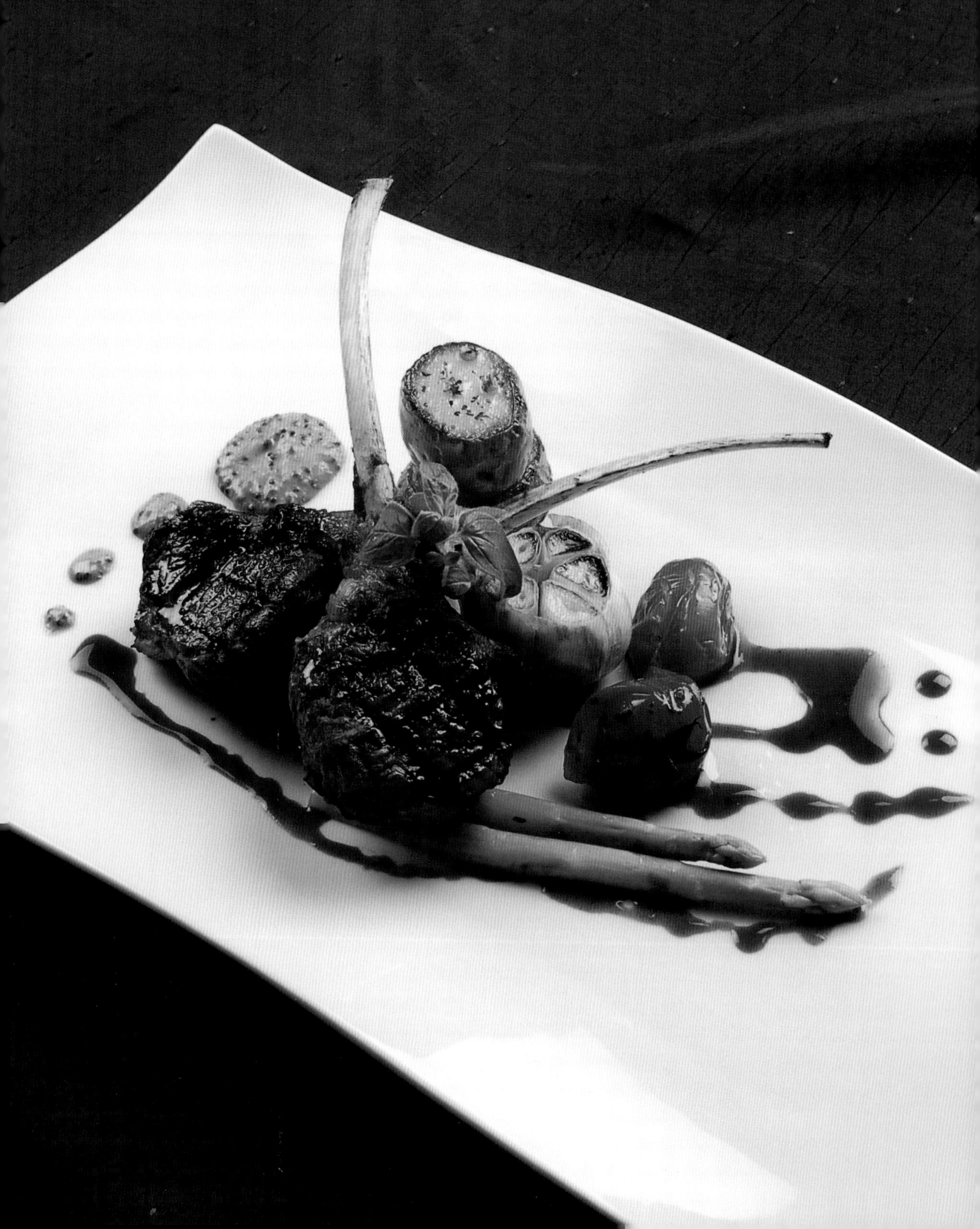

Grilled Lamb Chops with Garlic, Potatoes and Rosemary-Red Wine Sauce

통마늘을 곁들인 로즈메리향의 양갈비구이

Ingredient/재료 및 분량

- Lamb chop(양갈비) 210g
- Olive oil(올리브 오일) 30ml
- Shallot(작은 양파) 40g
- Fresh Rosemary(로즈메리) 10g
- Asparagus(아스파라거스) 20g
- Garlic(통마늘) 1ea
- Potato(감자) 50g
- Cherry tomato(방울토마토) 2ea
- Red Wine Sauce
  (레드 와인 소스) 30ml
- Parsley(파슬리) 1g
- Butter(버터) 50g
- Salt, Crushed pepper corn
  (소금, 으깬 통후추) 2g

Cooking Method/조리방법

1. 로즈메리향의 적포도주 소스 만들기(Rosemary-Red Wine Sauce)

재료

- Chopped shallots(샬롯 다진 것) 30g • Butter(버터) 20g • Bay leaf(월계수잎) 1ea
- Fresh Rosemary(로즈메리) 10g • Red wine for cooking(조리용 적포도주) 150ml
- Demi-glace(데미글라스) 50ml • Crushed pepper corn(으깬 통후추) 7g • Salt(소금) 약간

만들기

1) 작은 Sauce pot에 버터를 녹여 Shallot, 로즈메리, 월계수잎을 넣고 Saute한다.
2) 조리용 Red wine을 추가로 넣어 Simmer, 1/3 정도 졸인다.
3) 추가로 Demi-glace를 넣어 1/2 정도 졸인다.
4) 소스의 농도를 확인하고 소금, 후추로 간을 맞추어 고운체에 걸러낸 후 양고기와 함께 제공한다.

2. 양갈비 조리하기(Lamb Chops Cooking)

1) 양갈비는 뼈 쪽의 심줄과 기름을 Trimming하고 로즈메리, 올리브 오일, 소금, 후추로 Marinated한다.
2) 아스파라거스는 끓는 물에 살짝 Blanching하여 팬에 오일을 두르고 Saute하여 소금, 후추로 간한다.
3) 팬에 오일을 두르고 방울토마토, 다진 마늘, 파슬리를 넣어 가볍게 Saute하고 소금, 후추로 간한다.
4) 작은 감자는 흙모래를 깨끗이 씻어 양쪽 끝부분을 잘라내고 끓는 물에 10분 정도 Blanching한 후 소금, 후추 간을 맞추어 예열된 180℃ 오븐에서 갈색으로 굽는다.
5) 통마늘은 위쪽을 잘라내고 소금, 후추로 간을 한 후 정제버터를 두른 팬에 굽는다.

3. 완성하기(Completing)

1) 양갈비는 Grill에서 다이아몬드 무늬를 Medium 정도로 구워 익힌다.
2) 조리된 채소요리들은 접시에 보기 좋게 담는다.
3) 오븐에서 바로 꺼낸 양갈비는 밸런스를 맞춰 담고 Red wine sauce를 뿌려서 제공한다.

Cooking Tip

- 적포도주 소스는 조리법에 준수하여 색, 농도, 맛을 정확히 만들어야 한다.
- 주어진 재료와 활용에 충실하며 소스는 Rosemary향이 은은하게 배어나와야 제맛을 느낄 수 있다.

Roasted Lamb of Shoulder Rack with Herb Crust & Garlic Sauce

허브 크러스트를 곁들인 양갈비 로스트구이와 마늘 소스

Ingredient/재료 및 분량

- Lamb of Rack(양갈비 앞쪽) 200g
- Potato(감자) 1ea
- Cherry tomato(방울토마토) 2ea
- Oyster Mushroom(애느타리버섯) 20g
- Garlic(마늘) 5ea
- Onion Chopped(양파 찹) 20g
- Rosemary(로즈메리) 1leaf
- Mint leaves(박하잎) 1g
- Olive oil(올리브 오일) 20ml
- Red wine(적포도주) 30ml
- Fresh cream(생크림) 10ml
- Brown Sauce(브라운 소스) 30ml
- Mustard(양겨자) 5ml
- Butter(버터) 20g
- Salt, Pepper(소금, 후추) 약간씩

Cooking Method/조리방법

1. 허브 크러스트 만들기(Herb crust)

재료
- Bread crumb(빵가루) 25g • Mint leaves(박하잎) 1g • Basil chopped(바질 찹) 1g
- Parsley chopped(파슬리 찹) 2g • Egg(달걀) 1ea • Olive oil(올리브 오일) 20ml
- Garlic Chopped(마늘 찹) 5g • Salt, Pepper(소금, 후추) 약간씩

만들기
1) 허브류와 마늘을 곱게 찹하여 놓는다.
2) 믹싱 볼에 ①번과 빵가루를 함께 넣고 섞는다.
3) 올리브 오일과 달걀 노른자 1/2을 넣고 약간 촉촉하게 만든다.

2. 마늘 머스터드 소스 만들기

1) 소스용 냄비에 양파와 마늘 찹을 넣고 볶다가 레드 와인을 넣고 졸인다.
2) 양겨자와 생크림을 넣어 한소끔 더 끓인다.
3) 브라운 소스를 넣고 끓여 농축시킨 다음 버터 몽테하여 사용한다.

3. 양갈비 조리하기(Lamb of Rack Cooking)

1) 양갈비를 구입하여 지방과 힘줄을 제거한 다음, 마늘 슬라이스 2쪽과 로즈메리, 박하잎, 올리브 오일을 넣고 마리네이드한다.
2) 조리용 프라이팬을 준비한 후, 오일을 두르고 양갈비를 브라운색이 나도록 구운 다음, 팬에 담는다.
3) 달걀 노른자를 손질한 후 양갈비 위에 바르고, 만들어 놓은 허브 크러스트를 얹어 오븐에 넣고 Medium Well(미디엄 웰)이 되도록 익힌다.
4) 감자를 구운 다음 소금, 후추를 넣어 간을 맞추고, 방울토마토 역시 오븐에서 구워 놓는다.
5) 애느타리버섯은 버터에 살짝 볶아 놓고, 당근도 길게 깎아 삶아 놓는다.

4. 완성하기(Completing)

1) 메인디시 접시에 조리해 놓은 채소와 구운 양갈비가 서로 조화를 이루도록 담는다.
2) 마늘 머스터드 소스를 양갈비 주변에 뿌려준다.

 Cooking Tip

- 양의 앞쪽 갈비는 가격이 저렴하고 맛이 쫄깃쫄깃하여 원가율을 낮출 수 있다.
- 마늘과 허브를 이용하여 하룻밤 마리네이드하여 사용하면 양고기 냄새를 제거할 수 있다.
- 허브 크러스트 반죽에 노른자는 서로 엉길 정도로 소량만 넣는다.

Grilled Tenderloin & Lamb of Rack with Robert Sauce

로베르 소스를 곁들인 격자무늬로 구운 양갈비와 소고기 안심요리

Ingredient / 재료 및 분량

- Lamb chop(양갈비) 100g
- Beef Tenderloin(소고기 안심) 90g
- Potato(감자) 50g
- Carrot(당근) 1/3ea
- Green Beans(그린빈스) 3stalk
- Mushroom(버섯) 20g
- Shallot(작은 양파) 1ea
- Cherry Tomato(방울토마토) 1ea
- Thyme(타임) 1stalk
- Olive oil(올리브 오일) 30ml
- Fresh Rosemary(로즈메리) 10g
- Garlic(통마늘) 1ea
- Butter(버터) 50g
- Salt, Crushed pepper corn (소금, 으깬 통후추) 2g

Cooking Method / 조리방법

1. 로베르 소스 만들기(Robert Sauce)

재료

- Onion(양파) 20g • Garlic(마늘) 1ea • Mustard(양겨자) 5g • Vinegar(식초) 2cc
- Red wine(레드 와인) 10cc • Sugar(설탕) 5g • Brown Sauce(브라운 소스) 100ml
- Butter(버터) 10g • Salt, Pepper(소금, 후추) 약간씩

만들기

1) 소스용 냄비에 양파와 마늘 찹을 넣어 볶다가 레드 와인을 넣고 졸인다.
2) 양겨자와 식초, 설탕을 넣어 한소끔 더 끓인다.
3) 브라운 소스를 넣고 끓여 농축시킨 다음 버터 몽테하여 사용한다.

2. 양갈비와 소고기 안심 조리하기(Tenderloin & Lamb of Rack Cooking)

1) 양갈비와 소고기 안심 100g을 지방과 힘줄을 제거한 다음, 마늘 슬라이스 1쪽과 로즈메리, 올리브 오일을 넣고 마리네이드한다.
2) 그릴에 오일을 마르고 양갈비와 소고기 안심을 브라운색이 나도록 격자무늬를 낸 다음, 오븐에서 익힌다.
3) 감자를 구운 다음 소금, 후추를 넣고 간을 맞춘다.
4) 당근, 그린빈스, 버섯, 작은 양파, 방울토마토를 스톡을 넣은 버터에서 볶아 맛을 낸다.

3. 완성하기(Completing)

1) 메인디시 접시에 조리해 놓은 채소와 구운 양갈비, 소고기 안심을 조화를 이루도록 담는다.
2) 로베르 소스를 양갈비와 소고기 안심 주변에 뿌려준다.

MAIN DISH

Roasted Lamb Loin with Bordelaise Sauce
로스팅한 양등심과 보르들레즈 소스

Ingredient/재료 및 분량

- Lamb loin(양등심) 180g
- Potato(감자) 1ea
- Asparagus(아스파라거스) 2ea
- Assorted vegetable(엔다이브, 당근, 단호박, 가지) 50g
- Fresh rosemary(로즈메리) 2g
- Ginger(생강) 5g
- Fresh thyme(백리향) 3g
- Chopped shallot(샬롯) 10g
- Chopped garlic(마늘 다진 것) 5g
- Red wine(레드 와인) 50ml
- Extra olive oil(엑스트라 올리브 오일) 30ml
- Chopped Parsley(파슬리) 5g
- Butter(버터) 20g
- Bordelaise Sauce(보르들레즈 소스) 30ml
- Salt, Pepper(소금, 후추) 약간씩

Cooking Method/조리방법

1. 보르들레즈 소스 만들기(Bordelaise Sauce)

재료

- Chopped Shallot(샬롯 다진 것) 20g • Chopped garlic(마늘 다진 것) 5g
- Bordelaise wine(보르들레즈 와인) 100ml • Thyme(백리향) 6g • Butter(버터) 100g
- Bay leaf(월계수잎) 2ea • Brown sauce(갈색 소스) 5ℓ • Fresh cream(생크림) 200ml
- Salt & Pepper(소금, 후추) 약간씩

만들기

1) 작은 Sauce pot에 버터를 두르고 다진 샬롯과 마늘을 넣어 15분 정도 투명해질 때까지 Saute한다.
2) 백리향, 월계수잎, 적포도주를 넣어 20~30분 정도 Simmer, 1/3 정도 졸인다.
3) ②에 Brown sauce를 넣어 1/2 정도 서서히 졸인 후 생크림, 소금, 후추로 농도와 간을 맞추어 완성한다.

2. 양등심 조리하기(Roasted Lamb loin Cooking)

1) 양등심을 백리향, 로즈메리, 생강, 레드 와인, 올리브 오일, 소금, 후추로 Marinated한다.
2) 마리네이드된 안심은 프라이팬에서 브라운색을 낸 다음 180℃ 오븐에서 15분 정도 로스팅한다.
3) 감자와 엔다이브도 오븐에 함께 넣어 브라운색이 나도록 익힌다.
4) 아스파라거스와 당근, 단호박, 가지 등은 다듬어 모양을 낸 다음 버터스톡으로 맛을 낸다.

3. 완성하기(Completing)

1) 구운 감자 위쪽을 1/4로 칼집을 넣은 다음 소금, 후추로 간하고 버터를 발라 접시에 담는다.
2) 요리된 모둠채소를 감자 옆에 보기 좋게 놓는다.
3) 로스팅 된 양등심을 3등분하여 접시 중앙에 담는다.
4) 보르들레즈 소스를 데커레이션 효과가 나도록 뿌려 완성한다.

 Cooking Tip

- 양등심 또는 소고기 안심 등도 위와 같은 방법으로 로스팅할 수 있다.
- Wine의 종류에 따라 Steak Sauce명을 변경할 수 있다.

Stuffed Pork Loin with Plum, Citrus Fruits, Seasonal Vegetable & Red Wine Sauce

신선한 감귤류와 말린 자두를 채워 맛을 낸 돼지등심

Ingredient/재료 및 분량

- Pork loin(돼지등심) 200g
- Plum(자두) 50g
- Cinnamon(계핏가루) 10g
- Cherry tomato(방울토마토) 2ea
- Green beans(그린빈스) 30g
- Orange section(오렌지) 30g
- Lemon section(레몬) 30g
- Mixed baby vegetable(모둠 어린 채소) 30g
- Parsley(파슬리) 5g
- Crushed pepper corn (으깬 통후추) 2g
- Brown sugar(황설탕) 약간
- Salt, Pepper(소금, 후추) 약간씩
- Red wine sauce (적포도주 소스) 30ml

Cooking Method/조리방법

1. 적포도주 소스 만들기(Herb-Balsamic Sauce)

재료

- Red wine(적포도주) 30ml • Fresh thyme(타임) 2g • Bay leaf(월계수잎) 1ea
- Demi-glace(데미글라스) 50ml • Garlic chop(다진 마늘) 3g • Onion(양파) 20g
- Butter(버터) 20g • Salt, Pepper(소금, 후추) 약간씩

만들기

1) 소스팬에 버터를 녹인 후 다진 양파, 마늘을 넣어 갈색이 날 때까지 소테한다.
2) ①에 적포도주를 넣고 1/3 정도 졸인다.
3) ②에 데미글라스와 허브를 넣어 약 1/2로 졸인 후 소금, 후추로 간하고 버터 몽 테 하여 완성한다.

2. 돼지등심 조리하기(Tenderloin Cooking)

1) 건자두는 small dice로 썰어 준비한다.
2) 자루냄비에 버터를 녹이고 썬 자두와 계핏가루를 넣어 촉촉하게 볶는다.
3) 돼지등심은 칼로 중앙을 가르고 화이트 와인을 뿌린 뒤 소금, 후추로 간한다.
4) 볶아 놓은 자두를 채워 둥글게 만 다음 조리용 끈으로 감싼다.
5) 팬에 기름을 두르고 건자두를 속박이한 등심 표면에 골든 브라운색을 낸 다음 오븐 에서 구워준다.
6) 오렌지와 레몬은 껍질을 잘 벗기고 웨지형태로 썰어 준비한다.
7) 그린빈스와 방울토마토는 팬에 기름을 두르고 다진 마늘을 볶다가 파슬리 찹과 같이 살짝 볶아준다.
8) 모둠 어린 채소는 찬물에 20분간 담가둔다.

3. 완성하기(Completing)

1) 구워진 돼지등심을 데미글라스 소스에 넣고, 코팅하면서 소스가 배도록 한다.
2) 접시에 그린빈스, 어린 채소를 놓고 등심을 잘 썰어 나열해서 보기 좋게 담는다.
3) 오렌지 섹션과 제스트를 곁들이고 등심 위에 적포도주 소스를 뿌리고 페스토로 색을 내어 완성한다.

 Cooking Tip

- 돼지등심은 가운데를 정교하게 썰어야 하고, 속을 채울 말린 자두는 끈적하면서 되직하게 수분이 없도록 조리한다.
- 소스는 요구사항에 따라 준비된 재료를 이용하여 색과 농도에 유의한다.

Stuffed Mushroom Pork Loin with Herb-Balsamic Sauce
버섯을 채운 돼지등심구이와 허브 발사믹 소스

Ingredient/재료 및 분량

- Pork loin(돼지등심) 150g
- Mushroom(표고, 새송이버섯) 50g
- Pineapple(파인애플) 30g
- White wine(화이트 와인) 20ml
- Polenta(옥수수가루) 30g
- Tomato(토마토) 1/2ea
- Green beans(그린빈스) 2stalk
- Paprika(파프리카) 20g
- Eggplant(가지) 20g
- Tomato Paste(토마토 페이스트) 10g
- Baby Vegetable(베이비채소) 10g
- Balsamic sauce(발사믹 소스) 30ml
- Salt, Pepper(소금, 후추) 약간씩

Cooking Method/조리방법

1. 허브 발사믹 소스 만들기(Herb-Balsamic Sauce)

재료

- Balsamic vinegar(발사믹 식초) 240ml • Brown sugar(황설탕) 30g
- Dried sage(건조된 세이지) 7g • Dried rosemary(건조된 로즈메리) 7g
- Fresh thyme(프레시 타임) 5g • Bay leaf(월계수잎) 1ea • Thin sliced garlic(마늘) 5g
- Pepper(후추) 5g, Salt(소금) 2g

만들기

1) 용기에 발사믹 식초, 로즈메리, 세이지, 프레시 타임, 월계수잎, 마늘, 황설탕을 모두 혼합하여 30~50℃ 상온에서 1일 정도 향이 배도록 재워둔다.
2) 허브향이 배면 작은 Sauce pot에 황설탕을 넣어 1/5 정도로 졸인다.
3) 농도를 확인하고 소금, 후추로 간을 맞추어 고운체에 걸러 제공한다.

2. 돼지등심 조리하기(Pork Loin Cooking)

1) 돼지등심을 넓게 편 다음 화이트 와인과 소금, 후추로 마리네이드한다.
2) 버터 두른 팬에 버섯 슬라이스를 넣고 볶다가 파인애플 간 것과 소금, 후추로 맛을 낸다.
3) 돼지등심에 ②번을 넣고 둥글게 말아 단단하게 봉한 다음, 프라이팬에 색을 내어 오븐에서 속까지 익힌다.
4) 폴렌타를 스톡에 버무려 맛을 낸 후 둥근 케이스에 찍어 놓는다.
5) 파프리카와 가지, 토마토는 다이스로 썰어 토마토 페이스트에 볶아 라타투이를 만든다.
6) 그린빈스는 Blanching을 한 후 버터에 볶아 놓는다.
7) 모둠 어린 채소는 찬물에 20분간 담가둔다.

3. 완성하기(Completing)

1) 조리된 곁들인 채소요리를 메인접시에 보기 좋게 담는다.
2) 만들어진 발사믹 소스를 데커레이션 효과가 나도록 뿌린다.
3) 오븐에서 바로 꺼낸 등심구이를 먹기 좋은 크기로 잘라 나열하여 완성한다.

Sous Vide Pork Tenderloin with Frontera Wine Sauce
칠레 프론테라 와인 소스를 곁들인 수비드로 익힌 돼지안심 요리

Ingredient/재료 및 분량

- Pork Tenderloin(돼지안심) 200g
- Rosemary(로즈메리) 1stalk
- Fresh Thyme(타임) 1stalk
- Fresh Sage(세이지) 1stalk
- Ginger(생강) 10g
- Olive oil(올리브 오일) 30ml
- White wine(화이트 와인) 20ml
- Polenta(옥수수가루) 50g
- Cherry Tomato(방울토마토) 1ea
- Green beans(그린빈스) 2stalk
- Sweet Pumpkin(단호박) 30g
- Eggplant(가지) 20g
- Carrot(당근) 1/4ea
- Chervil(처빌) 1stalk
- Salt, Pepper(소금, 후추) 약간씩

Cooking Method/조리방법

1. 칠레 프론테라 와인 소스 만들기(Frontera wine sauce)

재료

- Frontera wine(프론테라 와인) 30ml • Fresh thyme(타임) 2g • Bay leaf(월계수잎) 1ea
- Demi-glace(데미글라스) 50ml • Garlic chop(다진 마늘) 3g • Onion(양파) 20g
- Butter(버터) 20g • Salt, Pepper(소금, 후추) 약간씩

만들기

1) 소스 팬에 버터를 녹인 후 다진 양파, 마늘을 넣어 갈색이 날 때까지 소테한다.
2) ①에 적포도주를 넣고 1/3 정도 졸인다.
3) ②에 데미글라스와 허브를 넣어 약 1/2로 졸인 후 소금, 후추로 간하고 버터 몽테 하여 완성한다.

2. 돼지안심 조리하기(Pork Tenderloin Cooking)

1) 돼지안심을 로즈메리, 타임, 세이지, 생강, 화이트 와인과 올리브 오일, 소금, 후추로 3시간 이상 마리네이드한다.
2) ①번을 진공 포장한 후 66℃에서 90분간 수비드로 익힌다.
3) 당근과 단호박 등 채소를 먹기 좋은 크기로 자른 다음, 삶아 버터스톡에 조리하여 맛을 낸다.
4) 폴렌타를 스톡에 버무려 맛을 낸 후 둥근 케이스에 찍어 놓는다.
5) 그린빈스는 Blanching한 후 버터에 볶아 놓는다.

3. 완성하기(Completing)

1) 조리된 곁들인 채소요리를 메인접시에 보기 좋게 담는다.
2) 만들어진 소스를 접시에 먼저 뿌린다.
3) 수비드로 익힌 돼지안심을 프라이팬에서 색을 한 번 낸 다음 어슷썰기로 잘라 나열하여 완성한다.

MAIN DISH

Spinach & Ricotta Stuffed in Chicken Breast with Balsamic-Herb Oil

시금치, 리코타 치즈를 채운 닭가슴살 요리와 발사믹–허브향의 오일

Ingredient/재료 및 분량

- Chicken breast(닭가슴살) 150g
- Spinach(시금치) 50g
- Red paprika(빨간 파프리카) 30g
- Yellow paprika
  (노란 파프리카) 30g
- Sweet Pumpkin(단호박) 50g
- Basil(바질) 1stalk
- Sugar(설탕) 10g
- Tomato Chilly Sauce(토마토 칠리
  소스) 30ml
- Micro vegetable
  (마이크로 채소) 20g
- Milk(우유) 200cc
- Lemon juice(레몬주스) 1/4ea
- Vinegar(식초) 10ml
- Balsamic–Herb oil(발사믹 허브
  소스) 50cc
- Salt, pepper(소금, 후추) 약간씩

Cooking Method/조리방법

1. 허브 발사믹 소스 만들기(Herb-Balsamic Sauce)

재료

- Balsamic vinegar(발사믹 식초) 100cc • Tomato(토마토) 20g • Onion(양파) 20g
- Garlic(마늘) 1ea • Thyme(타임) 3g • Basil(바질) 3g • Parsley(파슬리) 3g
- Olive oil(올리브 오일) 20cc • Celery(셀러리) 20g • Pepper corn(통후추) 3g
- Bay leaf(월계수잎) 1ea

만들기

1) 냄비에 모든 재료를 넣고 중불에서 은근히 끓여 1/3로 졸여서 사용한다.

2. 닭가슴살 조리하기(Chicken Breast Cooking)

1) 닭가슴살은 1/2로 잘라서 펼쳐 스테이크 망치로 살짝 두들겨 편다.
2) 시금치는 끓는 물에 살짝 데쳐서 얼음물에 식혀 물기를 제거한다.
3) 우유는 90℃ 정도로 데운 다음 식초를 넣어 은근히 끓이며 리코타 치즈를 만든다.
4) 만들어진 치즈에 설탕과 레몬주스로 맛을 내고 단호박 데친 것과 바질 찹을 넣는
   다.
5) 치즈를 데친 시금치 잎으로 감싼 후 닭가슴살의 중앙에 놓고 롤로 말아준다.
   끝부분은 밀가루를 살짝 발라서 잘 붙도록 한다.

3. 완성하기(Completing)

1) 완성된 닭가슴살을 팬에서 돌려가며 골고루 익혀낸다.
2) 파프리카는 모양내어 잘라 팬에서 버터를 두르고 소금, 후추로 간하여 볶아서
   토마토 칠리소스로 맛을 낸다.
3) 메인접시에 발사믹 허브 오일을 뿌리고 익힌 닭가슴살을 잘라 놓고 준비해 둔 채
   소를 옆에 놓는다.
4) 볶은 파프리카를 위에 올려 마무리한다.

 Cooking Tip

- 리코타 치즈를 만들 때 온도가 너무 높거나 유지방이 없는 우유는 덩어리가 잘 생기지 않으므로 주의하고 유지방 함량이 높은 우유
  를 선택하는 것이 좋다.
- 닭가슴살을 롤로 말아서 호일을 감아 팬에서 색을 내고 오븐에서 익혀도 된다.

Roasted Chicken with Tomato Sauce
로스트 치킨과 토마토 소스

Ingredient/재료 및 분량

- Chicken breast(닭가슴살) 150g
- Green pumpkin(애호박) 30g
- King Oyster mushroom(새송이 버섯) 30g
- Paprika(파프리카 2종) 30g
- Cherry tomato(체리토마토) 1ea
- Baby Vegetable(어린잎 채소) 10g
- Garlic(마늘) 1ea
- Curry Powder(카레가루) 1spoon
- Thyme(타임) 1stalk
- Olive Oil(올리브 오일) 20ml
- Balsamic Sauce(발사믹 소스) 10ml
- Salt, Pepper(소금, 후추) 약간씩

Cooking Method/조리방법

1. 토마토 소스 조리하기(Spicy Tomato Sauce)

재료

- Tomato puree(토마토 퓌레) 150g • Tomatoes juice(토마토주스) 100ml
- Tomato paste(토마토 페이스트) 10g • Olive oil(올리브 오일) 20ml • Chopped onion(양파) 50g
- Chopped carrot(당근) 30g • Chopped celery(셀러리) 20g • Chopped garlic(마늘) 10g
- Chopped fresh basil(바질) 1stalk • Chopped fresh parsley(파슬리) 5g
- Dried basil(드라이 바질) 0.3g • Bay leaf(월계수잎) 1ea • Peperoncino(페페론치노) 2ea
- Salt(소금) 약간, Pepper(후추) 약간

만들기

1) 팬에 다진 마늘, 양파, 당근, 셀러리를 넣어 볶은 다음, 페이스트를 넣어 신맛이 없도록 볶아 놓는다.
2) 토마토 퓌레와 주스, 월계수잎, 드라이 바질을 넣어 자작하게 끓여준다.
3) 바질과 파슬리 다진 것, 페페론치노를 넣고 한 번 더 끓인 후 소금과 후추로 간하여 마무리한다.

2. 닭가슴살 조리하기(Chicken Breast Cooking)

1) 닭가슴살을 믹싱 볼에 넣고 마늘 슬라이스, 타임, 카레가루, 올리브 오일을 함께 하여 마리네이드한다.
2) 프라이팬을 달군 다음 닭가슴살을 브라운색을 내어 오븐에 넣고 익힌다.
3) 애호박, 새송이버섯, 파프리카 2종류를 길게 썰어 버터에 볶은 다음 토마토 소스에 버무린다.

3. 완성하기(Completing)

1) 어린잎 채소를 접시에 담고 채소를 넣은 토마토 소스를 펼치듯이 담는다.
2) 오븐에서 꺼낸 닭가슴살을 어슷썰기하여 나열한다.
3) 닭가슴살 위에 발사믹 소스를 뿌려 완성한다.

Chicken & Seafood Fusion Bouillabaisse

치킨과 해산물을 곁들인 퓨전식 부야베스

Ingredient/재료 및 분량

- Chicken Leg(닭다리) 1ea
- Shiitake(표고버섯) 2ea
- Ginseng(수삼) 1ea
- Red Pimento(붉은 피망) 1ea
- Clam(모시조개) 3ea
- Shrimp(새우) 2ea
- Abalone(전복) 1ea
- Asparagus(아스파라거스) 2ea
- Chestnut(생밤) 1ea
- Sweet Pumpkin(단호박) 20g
- Jujube(대추) 2ea
- Green pumpkin(애호박) 20g
- Chicken Stock(치킨스톡) 300ml
- White wine(화이트 와인) 30g
- Egg white(달걀 흰자) 1ea
- Salt, Pepper(소금, 후추) 적당량

Cooking Method/조리방법

1. 치킨스톡 만들기(Chicken Stock Cooking)

재료

- Chicken bone(닭뼈) 2kg • Water(물) 5L • Onion(양파) 150g • Celery(셀러리) 75g
- Carrot(당근) 75g • Garlic(마늘) 4ea • Bay leaf(월계수잎) 2ea • Pepper corn(통후추) 3ea
- Dry thyme(건타임) 2g, Parsley stalk(파슬리줄기) 2ea

만들기

1) 닭뼈는 흐르는 물에 깨끗이 씻는다.
2) 큰 소스 포트에 뼈를 넣고 냉수를 넣어 끓인다.
3) 끓으면 약불로 줄이고 거품을 걷어내면서 4~5시간 정도 물을 보충하면서 끓인다.
4) 2시간 정도 지난 후에 채소와 향신료를 넣어준다.
5) 고운체 또는 소창에 걸러서 식인 후 냉장 보관해 놓고 필요시 사용한다.

2. 치킨과 해산물 부야베스 만들기(Chicken & Seafood bouillabaisse)

1) 준비된 닭다리를 잘 손질하여 뼈를 발라낸다.
2) 표고버섯은 한 번 데쳐 속살을 발라내고 홍피망도 데쳐 얇게 저민다.
3) 뼈를 제거한 닭다리를 펼쳐 놓고 표고버섯, 홍피망, 인삼을 넣고 둥글게 말아 조리용 실로 묶는다.
4) 전복, 새우, 모시조개를 깨끗이 손질한다.
5) 조리용 냄비에 치킨스톡을 담고 ③, ④번을 넣고 푹 삶는다.
6) 밤, 대추, 단호박, 애호박 등으로 꼬치를 만들고, 아스파라거스는 데쳐 놓는다.

3. 완성하기(Completing)

1) 닭다리 롤과 해산물이 익으면 간을 맞춰 맛을 내고 흰자를 풀어 넣어 맑은 스톡을 만든다.
2) 접시에 아스파라거스와 인삼을 놓고 익은 닭다리와 해산물을 나열한다.
3) 맑은 스톡을 곁들이고 꼬치를 세워 데커레이션 효과가 나도록 하여 완성한다.

Chicken Cordon Bleu with Supreme Sauce

치킨 코르동 블뢰와 슈프림 소스

Ingredient/재료 및 분량

- Chicken breast(닭가슴살) 150g
- American cheese
  (아메리칸 치즈) 1ea
- Ham(햄)
- Egg(달걀) 1ea
- Flour(밀가루) 30g
- Bread crumb(빵가루) 50g
- Butter(버터) 40g
- Supreme Sauce
  (슈프림 소스) 50cc
- Green pumpkin(애호박) 30g
- Eggplant(가지) 20g
- Carrot(당근) 30g
- Sweet Pumpkin(단호박) 50g
- King Oyster mushroom
  (엄지새송이버섯) 30g
- Cherry tomato(방울토마토) 1ea
- Green Beans(줄기콩) 1ea
- Salt, Pepper(소금, 후추) 약간씩

Cooking Method/조리방법

1. 슈프림 소스 만들기(Supreme Sauce)

재료

- Chicken stock(닭육수) 100cc • Onion(양파) 30g • Flour(밀가루) 5g
- Fresh cream(생크림) 50cc • Butter(버터) 20g • White wine(백포도주) 50cc
- Bay leaf(월계수잎) 1ea • Salt, Pepper(소금, 후추) 적당량

만들기

1) 냄비에 밀가루와 버터를 1:1로 하여 루(roux)를 만든다.
2) 냄비에 버터를 두르고 다진 양파를 볶다가 백포도주를 넣고 1/3로 졸인다.
3) ②에 닭육수를 넣고 1/2로 졸인 후 생크림을 넣어 농도가 날 때까지 졸여준다.
4) ①번의 루(roux)를 추가하여 원하는 농도를 조절하고 소금, 후추로 간하여 마무리한다.

2. 닭가슴살 조리하기(Chicken Breast Cooking)

1) 닭가슴살을 반으로 갈라 얇게 두들겨서 펴고, 소금, 후추 간을 한다.
2) 아메리칸 치즈와 햄을 넣고 단단히 봉한다.
3) 닭고기를 밀가루, 달걀, 빵가루 순으로 잘 묻혀서 Standard Breading을 완성한다.
4) 팬에 정제한 버터를 두르고 황금색이 나도록 뒤집어가며 색을 낸 다음 오븐에 넣어 속까지 익힌다.
5) 가지, 애호박, 단호박, 엄지새송이버섯, 체리토마토 등은 모양을 내어 데친 후, 버터에 볶는다.

3. 완성하기(Completing)

1) 엄지새송이버섯 밑부분을 다이스로 썰어서 버터에 볶은 다음 슈프림 소스에 버무려 접시 중앙에 놓는다.
2) 오븐에서 꺼낸 닭가슴살을 어슷썰기하여 나열한다.
3) 곁들임 채소를 주변에 예쁘게 놓아 완성한다.

Warm Chicken Galantine with Honey-Mustard Sauce
치킨 갤런틴과 달콤한 겨자소스

Ingredient / 재료 및 분량

- Chicken Leg(닭다리) 1ea
- Pork fat(돼지기름) 40g
- Chicken breast(닭가슴살) 50g
- Ham(햄) 50g
- Pistachio(피스타치오) 40g
- Carrot(당근) 50g
- Egg(달걀) 1ea
- Butter(버터) 20g
- White wine(화이트 와인) 30g
- Brandy(브랜디) 20cc
- Cherry tomato(방울토마토) 2ea
- Turnip(무) 20g
- Green pumpkin(애호박) 20g
- Spinach(시금치) 20g
- Salt, Pepper(소금, 후추) 적당량
- Honey–Mustard Sauce
  (허니머스터드 소스) 50cc

Cooking Method / 조리방법

1. 달콤한 겨자소스 만들기(Honey-Mustard Sauce)

재료

- Butter(버터) 20g • White wine(화이트 와인) 30g • Mustard(머스터드) 30g • Honey(꿀) 15ml
- Whipping cream(휘핑크림) 30cc • Onion(양파) 10g • Salt, Pepper(소금, 후추) 적당량

만들기

1) 냄비에 양파를 볶다가 화이트 와인을 첨가하여 1/3이 되도록 조린 후 머스터드와 크림을 넣고 조린다.
2) ①에 꿀과 소금, 후추로 간하여 마무리한다.

2. 닭다리살 조리하기(Chicken Leg Cooking)

1) 준비된 닭다리를 잘 손질하여 뼈를 발라낸다.
2) 채소는 다듬어서 손질하고, 피스타치오는 미지근한 물에 담가둔다.
3) 닭가슴살은 곱게 다져 체에 내려서 소금, 후추, 달걀 흰자, 브랜디를 넣고 무스를 만들어준다.
4) 돼지기름은 80% 정도는 곱게 다져 체에 내려 ③에 섞어준다.
5) 햄과 당근은 스몰 다이스하고 피스타치오는 껍질을 제거해 스몰 다이스 크기로 썰어 ③에 섞는다.
6) 랩을 도마에 깔고 뼈를 제거한 닭다리를 펼쳐 놓고 시금치와 만들어 놓은 무스를 넣고 롤로 말아준다.
7) 당근, 무, 애호박은 파리지엔으로 만들어 소금물에 데쳤다가 버터에 볶아서 간하고, 방울토마토도 껍질을 벗긴 후 버터에 살짝 볶아준다.

3. 완성하기(Completing)

1) 조리된 소스를 접시에 먼저 뿌린다.
2) 오븐 스팀에서 30분 정도 익힌 닭다리를 먹기 좋은 두께로 썰어서 소스 위에 담는다.
3) 더운 곁들임 채소요리를 주변에 보기 좋게 나열하여 데커레이션 효과를 발휘하도록 하여 완성한다.

 Cooking Tip

- 갤런틴은 롤로 말아서 속에 재료를 넣고 익힌 것이므로 롤로 말 때 최대한 틈 없이 말아 익혀야 모양이 잘 나오므로 주의한다.

MAIN DISH

Sous Vide Smoked Duck Breast Roulade with Orange Sauce
오렌지 소스를 곁들인 수비드 훈제오리 가슴살 롤라드

Ingredient/재료 및 분량

- Duck breast(오리 가슴살) 150g
- Egg(계란) 3ea
- Beet(비트) 100g
- Cream cheese(크림치즈) 30g
- Sorrel (쏘렐) 5g
- Frisee(프리세) 10g
- Brussels sprouts(미니 양배추) 1ea
- Onion(양파) 30g
- White asparagus(화이트 아스파라거스) 1ea
- Green asparagus(그린 아스파라거스) 1ea
- Potato(감자) 100g
- Cherry tomato(방울 토마토) 1ea
- Orange juice(오렌지 쥬스) 120ml
- Demiglace sauce(데미글라스 소스) 70ml
- Dried thyme(타임)
- Butter(버터) 2Ts
- Cooking oil(식용유) 30ml
- Chicken stock(닭육수) 250ml
- Sugar(설탕) 1ts
- Salt & Pepper(소금, 후추) 약간

Cooking Method/조리방법

1. 오렌지 소스 만들기(Orange Sauce)

Ingredients

- Orange juice(오렌지쥬스) 120ml • Choped Onion(양파) 15g
- Demiglace(데미글라스) 70ml • Bay leaf(월계수잎) 1ea • Butter(버터) 10g
- Dried thyme(타임) 1g • Chopped fresh parsley(파슬리) 1g • Salt & Pepper(소금, 후추) 약간

Cooking Sauce

1) 소스팬에 버터를 두르고 다진 양파를 갈색이 나도록 Saute 한다.
2) ①에 오렌지 쥬스와 월계수잎, 타임을 넣고 1/3이 되도록 Simmering 한다.
3) ②에 데미글라스 소스를 넣고 농도가 생길때까지 1/2 정도 Reduction 한다.
4) ③을 고운체에 걸러 소금, 후추로 간하고 Butter Monte하여 마무리한다.

2. 오리가슴살 롤라드 조리하기(Duck Breast Roulade Cooking)

1) 오리가슴살을 손질하여 얇게 펴준 후 소금, 후추로 마리네이드(Marinade)를 한 후, 화이트 아스프라거스와 크림치즈를 넣고 말아서 수비드 쿠킹(Sous cooking) 을 한다(70℃, 30분)
2) 계란은 흰자와 노른자를 구분하고 노른자를 체에 내려 준비한다. 후라이팬을 살짝 달군 후 불을 약하게 하여 식용유를 얇게 두르고 노른자를 넣고 후라이팬을 돌려가며 얇게 계란 노른자를 익혀준다.
3) 얇게 부쳐낸 노른자 위에 크림치즈를 펴서 올리고, 위에 아스파라거스를 넣어 Roulade한다.
4) 잎 채소들은 물에 담가서 싱싱하게 하고, 체리토마토는 반으로 잘라 올리브오일, 타임으로 Marinade하여 Oven-dry한다.
5) 미니 양배추와 아스파라거스는 버터 약간을 넣어 끓여준 육수에서 데쳐낸다. 버터, 설탕, 소금 약간에 Glazing한다.
6) 비트와 감자는 껍질을 제거 후 손질하여 각각 Puree를 만들어준다.

3. 접시담기(Plating)

1) 완성한 오렌지 소스를 접시 중앙을 중심으로 돌려 뿌려준다.
2) 수비드 쿠킹으로 완성한 오리가슴살 롤라드를 3등분(두께 5cm, 3cm, 1cm정도) 하여 소스 위에 띄엄띄엄 놓아준다.
3) 오리가슴살 롤라드 사이사이에 비트, 감자 퓨레를 약간씩 놓은다. 위에 Oven-dry(오븐 예열 후 150℃, 1시간) 체리토마토, Glazing한 미니양배추, 아스파라거스를 보기 좋게 놓는다.
4) 쏘렐(Sorrel)과 프리세(Frisee)로 장식하여 마무리한다.

Pan-Roast Breast of Duck with Bigarade Orange Sauce
구운 오리가슴살과 오렌지향의 비가라드 소스

Ingredient / 재료 및 분량

- Duck Breast(오리가슴살) 1ea
- Chopped rosemary
  (다진 로즈메리) 1g
- Chopped thyme(다진 타임) 1g
- Salt, Pepper(소금, 후추) 적당량
- Olive oil(올리브 오일) 50cc
- Brandy(브랜디) 적당량
- Rosemary(로즈메리) 1g
- Thyme(타임) 1g
- Cherry tomato(체리토마토) 1ea
- King Oyster mushroom(엄지새송
  이버섯) 30g
- Carrot(당근) 20g
- Green pumpkin(애호박) 20g
- Orange zest(오렌지 제스트) 10g
- Polenta(옥수수가루) 50g
- Bigarade Orange Sauce
  (비가라드 오렌지 소스) 50cc
- Port wine(포트와인) 100cc

Cooking Method / 조리방법

1. 비가라드 오렌지 소스 만들기(Bigarade Orange Sauce)

재료

- Orange(오렌지) 1ea • Orange juice(오렌지주스) 40ml • Grape Jam(포도잼) 10g
- Sugar(설탕) 10g • Red wine vinegar(레드 와인 비니거) 15gcc
- Brown Sauce(브라운 소스) 50cc • Salt, Pepper(소금, 후추) 적당량

만들기

1) 오렌지 껍질을 벗겨 얇게 채썰어 데친 뒤 제스트를 만들고, 속살은 섹션으로 썰어 놓는다.
2) 팬에 설탕을 넣어 캐러멜화한 후, 레드 와인 비니거와 오렌지 주스를 넣고 끓인다.
3) 브라운 소스와 포도잼을 넣고 끓여 농도를 조절하고 버터 몽테한 후 완성한다.

2. 오리가슴살 조리하기(Duck Breast Cooking)

1) 오리를 손질하고 뼈를 제거한 뒤 양념해서 다진 향신료와 올리브 오일, 소금, 후추로 마리네이드하여 준비한다.
2) 당근, 애호박은 파리지엔하여 데쳐서 버터에 살짝 볶고, 버섯도 다듬어서 버터에 볶아서 준비한다.
3) 방울토마토는 껍질을 제거하고 오븐에서 살짝 익히고, 오렌지 껍질을 이용하여 제스트를 만든다.

3. 완성하기(Completing)

1) 마리네이드 된 오리가슴살을 팬에 구워서 오븐에 익힌다.
2) 그 위에 익힌 오리가슴살을 어슷썰기로 잘라 놓고 조리된 폴렌타를 삼각으로 만들어 놓는다.
3) 버섯, 당근, 호박 파리지엔을 버터에 볶아 담는다.
4) 비가라드 소스를 뿌린 다음, 만들어 놓은 오렌지 제스트를 올려 완성한다.

 Cooking Tip

- 오리고기는 육류 중 유일하게 불포화지방산 함량이 높고, 리놀산과 아라키돈산 등의 필수지방산이 다량 함유되어 있어 콜레스테롤 수치를 낮춰주는 역할을 하므로, 성인병 예방에 매우 좋은 식품이다.

Part 6

Dessert

The Professional Western Cuisine

The Professional Western Cuisine

Dessert

Dessert(디저트)의 개요

디저트는 식사 마지막에 제공되는 것으로 주로 단맛이 강한 음식을 말하며, 어원은 프랑스어의 Desservir(데세르비르: 치우다, 정돈하다)에서 유래되었다. Entremets(앙트르메)는 중세 Roti(로티) 다음에 나오는 채소를 곁들인 요리 또는 마술, 노래와 같은 Spectacles를 의미하였으나 현재는 Dessert를 의미한다. 또한 디저트는 메인요리가 Heavy하면 Light하게, 주식이 Light하면 Rich하게 구성하는 것이 바람직하다.

Dessert(디저트)의 분류

디저트는 온도에 따라 3가지로 분류할 수 있으며, 전체적으로 모든 디저트를 완벽하게 구분하기는 어렵다. 주로 온도에 따라 차가운 디저트, 더운 디저트, 얼린 디저트로 나누어진다.

1. Cold Dessert(차가운 디저트)

상온보다 차가운 상태로 제공되는 디저트를 말한다.

① 젤리(Jelly)

젤라틴에 과일과 향신료, 설탕 등을 넣어 만들며, 젤리는 입에 넣었을 때 부드럽게 녹는 상쾌함이 중요하다. 젤라틴 양은 액체량의 2~4%가 적당하며, 유리잔에 직접 굳히는 경우에는 4% 정도가 적당하다.

② 프루츠 샐러드(Fruit Salad)

프루츠 샐러드는 여러 가지 계절 과일에 양주와 시럽을 넣어서 부드러운 맛을 낸 것으로 아이스크림이나 셔벗을 곁들이면 과일의 신선한 맛을 증진시킬 수 있다.

③ 탱발(Timbale Elysee)

탱발은 타악기인 팀파니(Timpani)를 닮은 둥근 틀을 의미하며, 구워낸 파이 껍질을 컵모양으로 만들고 아이스크림과 과일 등을 채워 장식한다.

④ 푸딩(Pudding)

푸딩은 주로 찐 것, 오븐에 굽는 것, 차갑게 굳힌 것 등의 3가지로 나눌 수 있으며, 찐 푸딩은 다소 무거운 느낌을 줄 수 있지만, 푸딩이 뜨거울 때 뜨거운 소스를 곁들이면 한층 더 돋보이는 디저트를 만들 수 있다.

⑤ 바바루아(Bavarois)

젤라틴과 생크림, 달걀을 주재료로 하여 만들고, 바닐라, 커피, 레몬 등을 넣어 향미와 맛에 변화를 줄 수도 있다. 바바루아는 냉과에 속하는 푸딩류의 하나이며, 독일 바이에른 지방의 귀족 집에서 일하는 조리사가 음료, 주스 등의 마시는 것을 부드럽게 하기 위해 다른 것과 혼합하여 굳혀 먹던 것이 시초가 되었다.

⑥ 샤를로트(Charlotte)

푸딩과 비슷한 것으로, 과즙, 익힌 과일, 생크림, 커스터드 크림, 리큐르 등을 혼합하여 마카롱이나 웨하스를 곁들인 것이다. 샤를로트는 파리 여성의 모자형을 기본으로 제조하나, 현재는 비스퀴 알라 퀴이예르(Buscuit a la Cuillere)를 사용하여 만든 앙트르메를 말한다.

⑦ 프루츠 콩포트(Fruit Compote)

프루츠 콩포트는 과일을 1/4 정도 크기로 잘라 시럽에 담가 바닐라, 오렌지, 시나몬스틱, 레몬 등을 넣고 끓여서 식힌 다음 냉장고에 넣어 만든다. 프루츠 콩포트는 차갑게 서브하는 디저트이다.

⑧ 무스(Mousse)

달걀과 휘핑크림을 주재료로 해서 만든 것으로, 몰드에 넣어 냉각시켜 일정한 모양으로 만든 것이다. 원래는 무스 글라세(Mousse Glace)로 출발하여 개량을 거듭하여 오늘날 프랑스 과자의 대명사가 되었다. 무스는 3가지로 분류할 수 있으며, 노른자와 설탕을 기본으로 하는 무스, 흰자와 크림 거품을 기본으로 하는 무스, 초콜릿을 기본으로 하는 크림, 흰자 · 노른자 등의 거품을 섞는 초콜릿 무스로 분류할 수 있다.

2. 더운 디저트(Hot Dessert)

더운 디저트 만드는 방법으로는 오븐에서 굽는 것, 물이나 우유에 삶아내는 방법, 기름에 튀기는 것, 팬에 익혀내는 법, 술로 플랑베(Flambee)하는 법 등이 있다.

① 그라탱(Gratin)

그라탱(Gratin)은 주로 과일 위에 사바용(Sabayon) 소스를 올려 오븐에 구워서 제공하는 디저트다. 프루츠 사바용이라고도 한다.

② 플랑베(Flambee)

플랑베는 손님 앞에서 직접 만드는 것으로 보통 럼주를 따뜻하게 데워 불을 붙여 제공되며 과일은 설탕, 버터, 과일주스, 리큐르 등으로 조리하는 디저트다.

③ 베네(Beignet)

베네는 과일에 반죽을 싸서 기름에 튀겨내는 디저트다. 서브 시 윗면에 슈거파우더를 뿌리고 앙글레즈 소스와 바닐라 소스를 곁들여 낸다.

④ 수플레(Souffle)

수플레는 모양이 위로 부풀어 올라오는 푸딩의 일종으로 반죽과 머랭의 정도, 오븐온도, 재료와 밀가루의 혼합에 따라 모양이 변형될 수 있다. 그리고 수플레는 오븐에서 나오는 즉시 서브하는 것이 좋다. 시간이 지나면 수플레가 가라앉거나 딱딱해진다.

⑤ 크레이프(Crepe)

크레이프는 여러 가지 내용물을 싸서 제공되는 것으로 간혹 차갑게도 제공하나 따뜻하게 제공해야 제맛을 느낄 수 있다. 크레이프는 한끼 식사로도 충분한 디저트다.

3. 얼린 디저트(Les Glaces Dessert)

① 수플레 글라세(Souffle Glace)

수플레 글라세는 호텔이나 양식당에서 고급 디저트 메뉴에 아이스크림 대용으로 사용되며, 아이스 수플레와 같은 의미로 쓰인다. 유지방이 적고 당도가 낮아 부드러움을 선호하는 것으로 사용도가 점차 높아지고 있다.

② 파르페(Parfait)

파르페는 프랑스에서는 봄브(Bombe)라 부르는 것으로, 생크림에 달걀 노른자를 혼합한 다음 리큐르 등을 넣어 냉동시켜 제공한다. 냉동된 파르페는 과일을 장식하여 냉장고에 두었다가 서브 시 생크림으로 장식하고 소스를 곁들여 제공한다.

③ 아이스크림(Ice Cream)

독일에서 제빙기가 발달되면서 냉동기술이 발달되어 아이스크림도 발달하게 되었다. 아이스크림은 소프트 아이스크림과 하드 아이스크림으로 분류할 수 있으며, 소프트 아이스크림은 아이스크림 재료를 동결하되 완전히 경화시키지 않고 반유동체의 형태를 갖는 부드러운 아이스크림을 말한다. 이는 공기 흡입에 의한 중량이 50~60%이다. 반면 하드 아이스크림은 80~100%의 오버런(Over Run)인 상태를 말한다.

④ 셔벗(Sherbet)

셔벗이라는 말은 1603년에 영국 문헌에서 나타났다. 이는 토미레오라는 요리사가 찰스 1세의 연회석상에 차가운 음료를 내놓아 좋은 평을 얻으면서 시작되었다. 당시 셔벗은 완전히 얼린 보잘것없는 후식으로 전해졌으나, 이탈리아인에 의해 찬 음료로 팔리게 되면서 각광받은 음식이다. 셔벗은 아이스크림과 달리 유지방을 사용하지 않는다. 설탕, 물, 과일, 산, 과실 그리고 과실향료, 안정제를 주원료로 하여 냉동시킨 제품으로 진한 풍미보다는 청량감을 우선으로 한다는 점에서 다르다. 또한 아이스크림보다 부드럽고 가벼우며, 깔끔한 맛을 준다.

⑤ 카사타(Cassata)

카사타는 3가지 아이스크림을 조합하여 만든 아이스크림으로 이탈리아의 대표적인 디저트이다. 보통 봄브형이 많이 사용되며, 연회장과 같이 대량으로 생산할 때는 시팬을 이용하여 만드는 경우가 많다.

⑥ 그라니테(Granite)

이탈리아가 발상지인 그라니테는 처음에는 눈이나 얼음에 술과 과즙을 첨가하여 먹었으나 냉동기술의 발달로 더욱 다양하게 발전하였다. 기본적인 방법은 시럽과 과실을 얼린 다음 수저로 긁어서 서브하는데 이것을 바닥에 놓고 셔벗을 위에 올려 장식하기도 한다.

⑦ 마르키즈(Marquises)

마르키즈는 사용되는 과일에 따라 이름이 변한다. 이것은 셔벗과 비슷하나 셔벗보다 동결 정도가 강하므로 단단하다. 또한 크림과 과즙 함량이 높아 진한 향을 가진다.

⑧ 봄브(Bombe)

봄브는 폭탄 모양에서 유래되었다. 아이스 봄브는 Lining과 Filling으로 구성되어 있으며, 1~2cm의 아이스크림으로 겉면을 만들고 속은 Filling으로 채워 얼려서 제공한다.

Dessert(디저트)의 소스

디저트 소스의 어원은 라틴어 "Salt"에서 유래되었다. 디저트 소스는 향기, 맛, 색깔의 3가지 요소로 이루어지며, 단순한 디저트에는 가니쉬와 색의 조화를 잘 이룰 수 있는 소스를 사용하고, 파이 같은 디저트에는 부드러운 소스, 당도가 높은 디저트에는 당도가 약한 소스를 사용하여 디저트와 소스가 조화를 이루도록 하는 것이 아주 중요하다.

가장 대표적인 디저트 소스로는 앙글레즈 소스, 사바용 소스, 바닐라 소스, 초콜릿 소스, 캐러멜 소스 등이 있다.

좋은 디저트를 만들기 위해서는 소스와의 조화가 매우 중요하므로 요즘 들어 디저트 소스의 중요도가 강조되는 추세이다.

DESSERT

Millefeuille with Custard Cream
커스터드 크림을 곁들인 밀푀유

밀푀유 반죽 재료(Millefeuille)

- Strong flour(강력분) 280g
- Medium flour(중력분) 120g
- Butter(버터) 280g
- Salt(소금) 4g
- Cold water(찬물) 220g

커스터드 크림 재료(Custard Cream)

- Milk(우유) 500g
- Sugar(설탕) 125g
- Egg yolk(달걀 노른자) 75g
- Soft flour(박력분) 30g
- Cornstarch(전분) 25g
- Butter(버터) 25g
- Vanilla rum(바닐라 럼) 15g

데커레이션 재료(Decoration)

- Canned Cherry(통조림 체리) 3ea
- Pistachio(피스타치오) 4g

Cooking Method/조리방법

1. 밀푀유 시트 만들기(Millefeuille sheet)

1) 강력분과 중력분을 2번 체친다.
2) 버터와 밀가루를 조리대 위에 놓고 스크레이퍼를 이용해서 유지의 크기가 콩알 만해지게 다진다.
3) 찬물에 소금을 넣고 용해시킨 후에 ①에 조금씩 넣어, 반죽을 한 덩어리로 만들어 준다.
4) 30~40분간 냉장고에서 휴지시켜 준다.
5) 휴지를 마친 반죽을 밀대를 이용해 직사각형으로 밀어편 후 3절 접기를 3~4회 해준다.(접을 때마다 20분 정도 냉장고에서 휴지시킨다.)
6) 반죽을 밀어펴서 두께 0.5cm, 가로 30cm, 세로 40cm의 직사각형으로 자른다.
7) 포크나 피켓을 이용해 ⑥에 구멍을 뚫어준다.
8) 반죽을 직사각형으로 4등분해 준다.
9) 오븐팬에 2장씩 올려놓고 210℃의 오븐에서 15~20분간 굽는다.

2. 커스터드 크림 만들기(Custard Cream)

1) 동그란 그릇에 우유를 넣고 불에 올려 끓기 직전(80~90℃)까지 데운다.
2) 다른 그릇에 노른자를 넣고 골고루 풀어준 후 약간의 우유와 설탕을 넣어 혼합해서 체친 밀가루를 섞어준다.
3) ①을 ②에 조금씩 넣으면서 골고루 혼합한 후 동그란 그릇에 옮겨 끓인다.
4) 그릇 밑바닥에 눌어붙거나 덩어리가 생기지 않도록 저으면서 죽 같은 상태로 만든다.
5) 체에 걸러 덩어리를 제거한 후 버터를 넣어 골고루 혼합한다.
6) ⑤의 크림을 식힌 후 럼과 반을 갈라 씨를 긁어낸 바닐라빈도 넣고 섞어준다. 레몬즙을 넣어도 좋다. (바닐라빈은 생략 가능하며 바닐라에센스로 대체 가능하다.)

3. 완성하기(Completing)

1) 넓고 편편한 접시에 구워진 밀푀유 시트를 올리고 그 위에 짤주머니를 이용해 커스터드 크림을 짜준다.
2) 시트, 크림 순으로 3~4장 정도 쌓는다.
3) 제일 윗면에는 커스터드 크림을 바르고 다진 피스타치오를 뿌려준다.
4) 체리를 올리고, 남은 커스터드 크림은 양식 수저를 이용해 커널 모양으로 만들어 사진처럼 완성한다.

DESSERT

Citron Mousse Cake with Raspberry Sauce

라즈베리 소스를 곁들인 유자무스 케이크

제누아즈 재료(Genoise)

A • Egg White(달걀 흰자) 1ea
  • Sugar(설탕) 5g
  • Starch Syrup(물엿) 5g
B • White yolk(달걀 노른자) 1ea
  • Sugar(설탕) 10g
  • Starch Syrup(물엿) 5g
C • Cornstarch(전분) 6g
  • Baking Powder(베이킹파우더) 1g
  • Medium flour(밀가루) 18g
  • Almond Powder(아몬드파우더) 10g

유자 무스 재료(Citron Mousse)

• Milk(우유) 22g
• Egg yolk(달걀 노른자) 11g
• Sugar(설탕) 10g
• Plain Yogurt(플레인 요구르트) 25g
• Citron(유자청) 25g
• Fresh Cream(생크림) 65g
• Gelatin(젤라틴) 1ea

허니튀일 재료(Honey Tuile)

• Medium flour(밀가루) 56g
• Sugar(설탕) 126g
• Orange juice(오렌지주스) 50g
• Honey(꿀) 26g,
• Butter(버터) 70g

라즈베리 소스 재료(Raspberry Sauce)

• Raspberry Juice(산딸기주스) 20g
• Sugar(설탕) 10g
• Corn Syrup(물엿) 10g

Cooking Method / 조리방법

1. 제누아즈 만들기(Genoise)

1) A 혼합하여 쳐올린다.
2) B 혼합하여 쳐올린다.
3) C 곱게 체에 내린다.
4) A에 C를 살살 섞어준 후 B를 넣어 섞는다.
5) 200℃에서 세팅하여 3분 예열한 후 200도에서 3분 굽고 180도에서 3분간 굽는다.

2. 유자 무스 만들기(Citron Mousse)

1) 우유를 따뜻하게 데운다.
2) 가볍게 섞어 녹은 노른자와 설탕에 ①을 섞은 후 중불에서 82℃까지 잘 저어서 끓인 다음 체에 거른다.
3) 찬물에 불린 젤라틴과 플레인 요구르트를 ②와 섞는다.
4) 유자청은 핸드 블렌더로 간 후 ③과 섞는다.
5) ④가 35도가 되면 80%로 휘핑한 생크림과 섞어준다.

3. 허니튀일 만들기

1) 중력분을 체에 거른 후 설탕을 섞어준다.
2) 오렌지 주스와 꿀을 ①에 섞는다.
3) 냉장고에서 30분간 휴지시킨다.
4) 짤주머니에 담은 후 실리콘 패드에 짜준다.
5) 180도에서 7분간 구워준다.

4. 라즈베리 소스 만들기

1) 라즈베리 주스와 설탕, 물엿을 넣고 끓인 다음 식힌다.

5. 완성하기(Completing)

1) 오븐에서 구워낸 케이크 시트(1cm 두께) 3장을 사각으로 잘라서 준비해 둔다.
2) ①의 시트 위에 유자 무스를 layer(층)로 발라준다.
3) 접시 위에 유자무스 케이크를 놓고, 허니튀일로 장식해 준다.
4) 라즈베리 소스를 보기 좋게 뿌려서 완성한다.

DESSERT

Seasonal Fruits Waffle & Churros

계절과일을 곁들인 와플과 츄러스

Ingredient/재료 및 분량

- Cherry(체리) 1 ea
- Banna(바나나) 30g
- Orange segment(오렌지조각) 2ea
- Jelly(젤리) 3ea
- Mini chocoball(미니쵸코볼)
- Whipping cream(휘핑 크림)
- Chocolate Syrup(초콜릿 시럽) 30ml
- Applemint(애플민트) 1g
- Sugar powder(슈거파우더) 2g

Waffle

1차반죽
- Cake flour(중력분) 400g
- Fresh Yeast(생이스트)37g
- Milk(우유) 125ml
- Water(물) 125ml
- Sugar(설탕) 30g
- Egg(달걀) 50g

2차반죽
- Cake flour(중력분) 50g
- Salt(소금) 5g
- Cinnamon Powder(계피가루) 1g
- Honey(꿀) 25g
- Butter(버터) 200g
- Hagel Sugar(우박설탕) 100g

Churros

- Fresh Milk(우유) 100g
- Egg Yolk(달걀 노른자) 30g
- Sugar(설탕) 25g
- Vanilla essence(바닐라에센스) 1g

Cooking Method/조리방법

1. 와플 만들기(Waffle Cooking)

1) 1차 반죽 재료를 2분간 반죽하고 30분 발효시킨 반죽에 버터와 우박설탕을 제외하고 2차 반죽 재료를 넣고 반죽한다.
2) 버터는 글루텐이 형성될 때까지 수차례 나누어 넣으면서 반죽한다.
3) 반죽을 마치면 60g으로 분할하여 30분 발효시킨 후 예열한 와플기계 200℃에서 3분간 구워낸다.

2. 츄러스 만들기(Churros Cooking)

1) 밀가루, 버터, 설탕, 소금, 물을 넣고 섞어주면서 약불에서 끓인다.
2) 밀가루를 충분히 호화시킨 후 믹싱볼에 옮겨 거품기로 저어주면서 계란과 계피가루를 섞어준다.
3) 짜주머니에 넣은 후 기름종이 위에 일정한 간격으로 짜준다. 기름 온도를 170℃로 맞추어 식용유에 튀긴다. 튀긴 후 계피설탕에 굴려준다.

3. 접시담기(Plating)

1) 와플 2쪽을 포개어 접시위에 올린다. 휘핑크림은 휘핑하여 짜주머니에 담아 짜준다.
2) 체리, 바나나, 오렌지조각을 와플 위에 보기 좋게 올린다. 젤리와 미니쵸코볼도 주변에 놓아준다.
3) 츄러스는 6cm 길이로 잘라 포개어 놓고 쵸코 시럽을 뿌려준다.
4) 마지막으로 슈거파우더(Sugar powder)를 위에 살짝 뿌려주고 애플민트(Applemint)로 장식하여 마무리한다.

DESSERT

Chocolate Mousse with Chocolate Sauce
초콜릿 소스를 곁들인 초콜릿 무스

초코 스펀지 시트 재료 (Chocolate Sponge sheet) : 12cm

- Egg(달걀) 2ea
- Sugar(설탕) 47g
- Weak flour(박력분) 45g
- Cocoa Powder(코코아가루) 4g
- Butter(버터) 14g

초코 무스 재료(Chocolate Mousse)

- Dark chocolate(다크초콜릿) 12g
- Fresh cream(생크림) 10g
- Whipping Cream(휘핑크림) 27g
- Sugar(설탕) 30g

초콜릿 소스 재료(Hot Chocolate Sauce)

- Dark chocolate(다크초콜릿) 100g
- Fresh cream(생크림) 125ml
- Honey(꿀) 15ml
- Vanilla beans(바닐라빈) 1/2ea

Cooking Method/조리방법

1. 스펀지 시트 만들기(Sponge sheet)

1) 전란, 설탕, 소금을 넣고 고속으로 거품을 올린다.
2) 다시 저속으로 기포를 정리한다.
3) 중력분과 코코아 파우더를 넣고 거품이 충분할 때까지 휘핑해 준다.
4) 최종 녹인 버터를 넣고 마무리한다.
5) 160도 온도에서 10~15분간 굽는다.

2. 초코 무스 만들기(Chocolate Mousse)

1) 젤라틴은 우유와 함께 중탕한다.
2) 달걀 흰자와 설탕 15g으로 머랭을 만든다.
3) 달걀 노른자에 설탕을 조금씩 넣어 앙글레즈 크림을 만든다.
4) 휘핑크림은 80%로 휘핑한다.
5) 다크초콜릿은 40도에 녹여서 준비한다.
6) ⑤에 ③의 앙글레즈 크림을 혼합한다.
7) ⑥에 머랭 1/2을 혼합한다. 나머지 1/2의 머랭을 섞어준다.
8) 몰드에 담아 냉장고에서 굳혀준다.

3. 초콜릿 소스 만들기(Hot Chocolate Sauce)

1) 생크림에 바닐라빈과 꿀을 넣어 끓인 후 바닐라빈을 제거한다.
2) 중탕으로 초콜릿을 녹인다.
3) 초콜릿이 모두 녹으면 뜨거운 생크림을 넣어가며 초콜릿을 젓는다.
4) 뜨거운 상태에서 소스를 사용한다.

4. 완성하기(Completing)

1) 접시에 초콜릿 소스를 점으로 보기 좋게 뿌린다.
2) 초콜릿 무스를 한쪽에 놓아준다.
3) 미리 만들어 놓은 장식용 가니쉬를 올려 제공한다.

DESSERT

Fruit Mousse with Yogurt Sauce

요거트 소스를 곁들인 과일 무스

과일 무스 재료(Fruit Mousse)

- Egg(달걀) 1ea
- Sugar(설탕) 40g
- Gelatin(젤라틴) 6g
- Fruit puree(과일 퓌레) 70g
- Whipping cream(휘핑크림) 110g

스펀지 시트 재료(Sponge sheet) : 12cm

- Egg(달걀) 60g
- Sugar(설탕) 47g
- Weak flour(박력분) 45g
- Butter(버터) 10g
- Milk(우유) 21g

Cooking Method / 조리방법

1. 과일 무스 만들기(Fruit Mousse)

1) 판 젤라틴을 물에 불리고, 생크림을 휘핑한다.
2) 달걀 흰자에 설탕과 물을 넣고 끓여서 섞은 다음 휘핑하여 이탈리안 머랭을 만든다.
3) ②에 생크림, 과일 퓌레, 젤라틴을 넣는다.
4) 몰드에 담아 냉장고에서 굳힌다.

2. 스펀지 시트 12cm 만들기(Sponge sheet)

1) 달걀을 고속으로 거품을 올린다.
2) 다시 저속으로 기포를 정리한다.
3) 박력분을 섞어준다.
4) 50도의 우유와 버터를 섞어준다.
5) 160도에서 20분간 굽는다.

3. 완성하기(Completing)

1) 과일 무스를 접시 중앙에 놓는다.
2) 무스 위에 장식용 설탕공예 가니쉬를 얹는다.
3) 무스를 중심으로 요거트 소스를 주위에 보기 좋게 뿌린다.

DESSERT

Banana Rollcake with Strawberry Sauce

딸기소스를 곁들인 바나나롤케이크

**바나나롤케이크 재료
(Banana rollcake)**

- Egg(달걀) 700g
- Sugar@(설탕) 175g
- Starch syrup(물엿) 25g
- Salt(소금) 2.5g
- Water(물) 50g
- Vanilla essence(바닐라에센스)
  5g
- Sugar⑤(설탕) 150g
- Soft flour(박력분) 250g
- Baking Powder(베이킹파우더)
  2.5g
- Salad oil(샐러드 오일) 125g
- Grapefruit(자몽) 5g
- Applemint(애플민트) 1g

딸기소스 재료

- Strawberry puree(딸기 퓌레)
  100g
- Sugar(설탕) 30g
- Apricot jam(살구잼) 20g

Cooking Method/조리방법

1. 바나나롤케이크 만들기(Banana rollcake)

1) 달걀 노른자, 설탕@, 물엿, 소금을 넣고 쳐올린 후 물, 바나나에센스를 넣어
   준다.
2) 흰자에 설탕⑤를 넣은 뒤 머랭을 올린다.
3) 머랭 ②를 1/2만 ①에 섞어준다.
4) 박력분과 베이킹파우더를 체에 친 후 샐러드 오일과 나머지 머랭 1/2을 섞
   어준다.
5) 유선지에 완성된 반죽을 부어준다.
6) 예열된 오븐에 ⑤를 넣어서 180도에서 8분간 구워준다.
7) ⑥을 식힌 후 휘핑한 생크림과 바나나를 넣고 돌돌 말아 냉장고에 휴지시
   킨다.

2. 딸기소스 만들기(Strawberry sauce)

1) 모든 재료를 혼합하여 끓여준다.

3. 완성하기(Completing)

1) 접시 위 별모양의 종이 위에 코코아파우더를 뿌려서 모양을 낸다.
2) 바나나롤케이크를 별 모양 옆에 가지런히 놓아준다.
3) 케이크 위에 자몽 세그먼트 한 조각과 애플민트로 장식한다.
4) 딸기소스를 보기 좋게 뿌려서 완성한다.

DESSERT

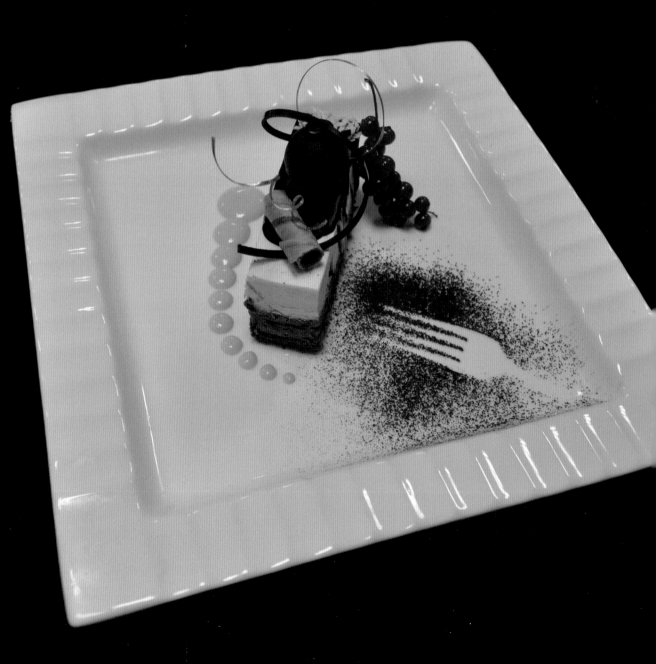

Coconut Mousse Chocola with Dacquoise
다쿠아즈를 곁들인 코코넛 무스 쇼콜라

Ingredient/재료 및 분량

다쿠아즈 시트 재료
(Dacquoise sheet)
- Egg White(달걀 흰자) 100g
- Sugar(설탕) 40g
- Splitting(분당) 80g
- Almond powder
  (아몬드파우더) 96g

초코무스 재료(Choco Mousse)
- Sugar(설탕) 125g
- Fresh cream(생크림) 180g
- Dark chocolate
  (다크초콜릿) 95g
- Butter(버터) 38g
- Cointreau(쿠앵트로) 20g
- Whipping cream
  (휘핑크림) 260g
- Gelatin(젤라틴) 2ea

코코넛 무스 재료
(Coconut Mousse)
- Milk(우유) 135g
- Vanilla bean(바닐라빈) 1/4ea
- Egg yolk(달걀 노른자) 1.5ea
- Sugar(설탕) 30g
- Coconut puree
  (코코넛 퓌레) 270g
- Gelatin(젤라틴) 3ea
- Sugar(설탕) 82g
- Water(물) 19g
- Egg White(달걀 흰자) 60g
- Fresh cream(생크림) 345g

Cooking Method/조리방법

1. 다쿠아즈 시트 만들기(Dacquoise sheet)
1) 아몬드파우더, 분당을 미리 체쳐둔다.
2) 머랭을 올린다.
3) ①번 가루를 넣고 잘 섞어준다.
4) 철판에 잘 펴주고 분당을 2번 정도 체로 친다.
5) 180도 오븐에 15분 정도 굽는다.

2. 초코무스 만들기(Choco Mousse)
1) 생크림을 80도까지 데운다.
2) ①번에 설탕, 다크초콜릿, 버터를 넣어 섞고, 젤라틴을 넣어 식힌다.
3) ②번에 쿠앵트로를 넣고 휘핑크림을 섞는다.

3. Coconut Mousse 만들기
1) 우유에 바닐라빈을 넣고 끓인다.
2) 달걀 노른자에 설탕을 넣고 ①번을 섞으면서 살균한다.
3) 설탕과 물을 끓여 흰자에 섞으면서 이탈리안 머랭을 만든다.
4) ②번과 코코넛 퓌레를 섞고 중탕한 녹인 젤라틴을 넣는다.
5) 이탈리안 머랭을 섞고 휘핑한 생크림을 넣고 섞는다.

4. 완성하기
1) 다쿠아즈 시트를 접시에 깔고 초코무스와 코코넛 무스를 사진과 같이 장식한다.

 Cooking Tip

- 생크림을 휘핑하여 사용할 때 70% 정도만 올리는 것이 좋다.

DESSERT

Cream Cheese & Strawberry Mousse
크림치즈와 딸기 무스

Ingredient/재료 및 분량

치즈무스
- Cream cheese(크림치즈) 50g
- Sugar(설탕) 15g
- Egg Yolk(달걀 노른자) 1ea
- Sugar(설탕) 15g
- Milk(우유) 20ml
- Fresh cream(생크림) 50g
- Lemon(레몬) 1/8ea
- Gelatin(젤라틴) 2g

딸기무스
- Strawberry(딸기 퓌레) 50g
- Sugar(설탕) 50g
- Gelatin(젤라틴) 5g
- Lemon(레몬) 1/8ea
- Chocolate garnish(초콜릿 가니쉬) 2ea
- Strawberry(딸기) 1ea
- Sugar powder(슈거파우더) 5g

Cooking Method/조리방법

1. 치즈무스 만들기
1) 치즈와 설탕을 넣고 녹인다.
2) 노른자와 설탕을 넣어 휘핑한다.
3) 우유를 끓여 섞는다.
4) 중탕한다.
5) 젤리틴을 넣는다.
6) 휘핑한 생크림에 섞는다.

2. 딸기무스
1) 딸기 퓌레와 설탕을 섞는다.
2) 젤라틴을 넣는다.
3) 레몬주스를 넣는다.
4) 틀에 넣고 냉장고에서 굳힌다.

3. 완성하기(Completing)
1) 틀에서 빼낸 무스를 접시에 담는다.
2) 슈거파우더를 뿌리고 초코 스틱을 곁들인다.
3) 딸기를 곁들이고 애플민트를 꽂아 완성한다.

DESSERT

Mango Sauce and Orange Mousse
오렌지 무스와 망고소스

Ingredient/재료 및 분량

스펀지 시트 재료(Sponge sheet) : 12cm
- Egg(달걀) 60g
- Sugar(설탕) 47g
- Weak flour(박력분) 45g
- Butter(버터) 10g
- Milk(우유) 21g

오렌지 무스 재료 (Orange Mousse)
- Orange juice(오렌지즙) 35g
- Sugar(설탕) 5g
- Gelatin powder(분말젤라틴) 6g
- Orange juice(오렌지 주스) 10g
- Fresh cream(생크림) 50g

Cooking Method/조리방법

1. 망고소스 만들기(Mango Sauce)
재료
- Mango puree(망고 퓨레) 20g • Sugar(설탕) 5g

만들기
1) 망고 퓨레와 설탕을 넣고 끓인 다음 식힌다.

2. 스펀지 시트 만들기(Sponge sheet)
1) 전란을 고속으로 거품을 올린다.
2) 다시 저속으로 기포를 정리한다.
3) 박력분을 섞어준다.
4) 50도의 우유와 버터를 섞어준다.
5) 160도에서 20분간 굽는다.

3. 오렌지 무스 만들기(Orange Mousse)
1) 오렌지즙, 설탕, 분말젤라틴, 오렌지 주스를 넣고 젤라틴을 불린다.
2) 생크림을 올린다.
3) ①번을 끓였다 식힌 다음 ②번을 섞는다.

4. 완성하기(Completing)
1) 디저트용 접시에 망고소스를 깔고 그 위에 무스를 놓는다.
2) 미리 만들어 놓은 장식용 가니쉬를 올려 제공한다.

Tiramisu and Purple Sweet Potato Mousse
자색 고구마 무스와 티라미수

Ingredient/재료 및 분량

자색 고구마 무스 재료
(Purple Sweet Potato Mousse)

- Milk(우유) 50g
- Honey(꿀) 7g
- Purple Sweet Potato powder
  (자색 고구마가루) 5g
- Egg yolk(달걀 노른자) 1ea
- Sugar(설탕) 10g
- Gelatin(젤라틴) 2g
- Italian Meringue(이탈리안 머랭)
  20g
- Fresh cream(생크림) 40g

스펀지 시트 재료(Sponge sheet) :
12cm

- Egg(전란) 60g
- Sugar(설탕) 47g
- Weak flour(박력분) 45g
- Butter(버터) 10g
- Milk(우유) 21g

티라미수 재료(Tiramisu)

- Egg yolk(달걀 노른자) 2ea
- Sugar(설탕) 10g
- Egg White(달걀 흰자) 25g
- Sugar(설탕) 25g
- Mascarpone Cheese
  (마스카르포네 치즈) 50g
- Whipping cream(휘핑크림) 50g
- Gelatin(판젤라틴) 2g
- Galiano(갈리아노) 소량
- Espresso(에스프레소) 소량

Cooking Method/조리방법

1. 자색 고구마 무스 만들기(Sweet Potato Mousse)

재료

1) 우유와 꿀, 자색 고구마가루를 넣고 끓여준다.
2) 우유와 설탕을 섞은 후 ①번을 체에 걸러 넣어준다.
3) 봄브(bombe)를 끓인 후 젤라틴을 넣어준다.
4) 봄브(bombe)가 식으면 이탈리안 머랭을 섞은 후 생크림을 섞어준다.

2. 스펀지 시트 12cm 만들기(Sponge sheet)

1) 전란을 고속으로 거품을 올린다.
2) 다시 저속으로 기포를 정리한다.
3) 박력분을 섞어준다.
4) 50도의 우유와 버터를 섞어준다.
5) 160도에서 20분간 굽는다.

3. 티라미수 만들기(Tiramisu)

1) 판젤라틴은 물에 불려두고, 생크림은 휘핑한다.
2) 노른자에 설탕을 넣고 중탕하면서 휘핑한다.
3) 흰자에 설탕을 넣고 중탕하면서 휘핑한다.
4) 노른자에 마스카르포네 치즈를 넣고 섞으면서 녹인다.
5) 판젤라틴을 넣고 녹으면 식혀서 ②번과 섞는다.
6) ⑤번에 휘핑한 생크림을 넣고 섞는다.
7) 시트에 에스프레소를 바르고 ⑥번 티라미수를 3부 정도 넣고 자색 고구마 무스를 넣고 다시 티라미수를 넣는다.
8) 위에 코코아파우더를 뿌린다.

4. 완성하기(Completing)

1) 산딸기 시럽 소스를 접시에 보기 좋게 뿌린다.
2) 만들어 놓은 포션을 그림과 같이 놓는다.
3) 장식용 초콜릿 가니쉬를 얹어 제공한다.

Part 7

이론편 1
서양요리 이론 및 식재료

제1장 서양요리의 이해

1. 서양요리의 발달사

인류의 형성과 더불어 시작된 식생활의 전반은 분명히 하나의 문화라고 할 수 있다. 지구촌 곳곳에 살고 있는 여러 민족은 토양과 기후 조건에 알맞게 식량을 생산하고, 음식을 만들어 가족이나 친지, 또는 부족들이 모두 모여 나누어 먹음으로써 생존하고 심신을 충족시켜 왔다고 할 수 있다. 이렇듯 식생활문화에서 인간이 터득한 조리기술은 가장 오래된 기술이며, 예술적 가치가 있는 것이라고 할 수 있다.

오늘날과 같은 요리의 기술을 이루게 된 것은 인간이 불을 발견한 이후부터라고 할 수 있다. 어느 민족이나 불을 발견한 이후로 사람들은 혈연중심으로 모여 살면서 야생고기와 가축을 나누어 가졌다. 즉 인간의 능력을 무한대로 발전시킨 계기는 분명 불의 발견이었고 조리에 있어서는 사냥하여 날것으로 먹던 것을 익혀서 먹는 기술의 확장을 가져온 것이다.

인류는 크게 동서양으로 나눌 수 있는데 이는 요리에서도 구분이 가능하다. 서양요리는 이슬람권의 중동지방과 불교문화권의 동·서남아시아의 여러 나라를 제외한 유럽 전역과 미국을 포함한 나라들의 요리를 일컫는다. 서양요리는 프랑스를 비롯하여 이탈리아, 스페인 등 라틴계열의 요리와 영국, 미국, 북유럽 요리 등 수많은 나라의 요리를 편의적으로 표현한 것이며 깊이 들어가 보면 각 나라마다 각기 내용을 달리하는 특징적인 식생활을 하고 있다.

서양요리에서 대표적인 요리는 프랑스 요리로 이론에 기초를 둔 조리법을 가지고 맛의 조화를 잘 고려하여 만들어진 요리로 아름다운 모양이나 색깔이 식욕을 돋우기에 충분하며 그 맛이 미묘하여 오늘날까지 세계인들로부터 많은 사랑을 받고 있다.

2. 서양요리의 역사

대자연에서 얻은 식재료를 위생적으로 처리하여 유해하지 않고 먹기 좋게 조리해서 먹는 것은 인간만의 행위인 것은 분명하다. 지구상에 생존하는 동물은 무엇인가 먹이를 찾아서 먹는 것은 공통된 행위이지만 자연식품을 조리하고 가공해서 저장하는 행위와 능력은 인간만의 지혜이며 이러한 행위에서 식문화를 비롯하여 모든 문화가 형성되었고 동물과도 인간을 구분 짓게 되었다.

선사시대부터 인간은 조리와 가공 기술을 개발함으로써 일정한 식재료들을 수많은 요리로 확대시켰으며 나아가서는 각 민족마다의 고유한 전통음식을 창출하였다. 인류는 음식의 다양한 개발뿐만 아니라 식기와 상차림, 식사 양식 및 식사 분위기의 풍요로운 정서와 아름다움을 추구하는 데에도 지혜를 함께 모았다. 다양한 민족들의 이러한 행위가 역정을 거듭하면서 세월의 흐름과 시대에 따라 변천하여 왔으며, 교류를 통해 식생활 문화의 격조와 개성을 크게 확대 발전시키고 있다.

서양요리도 인간의 역사만큼이나 오랜 역사를 지니고 있다고 할 수 있다. 인간이 불을 사용할 줄 알았을 때 조리가 시작되었다. 바로 이 '조리'라는 행위가 먹는 행위를 문화요소로까지 격상시킨 한 기점이 되었다. 프랑스를 비롯한 유럽 전역에 존재하고 있는 옛 동굴벽화나 이집트의 피라미드에서 발견되고 있는 요리에 대한 흔적으로 보아 고대 이전부터 이미 인간들은 상당히 발전된 조리법으로 만든 요리들을 즐겼던 것으로 추정할 수 있다. 이를 뒷받침하듯 이집트 피라미드에 새겨진 포도로 와인을 빚는 과정이나 화덕을 이용하여 빵을 만드는 과정들이 현대에도 사용하는 기술임을 나타내고 있다.

1) 고대 그리스 시대

그리스의 문명은 유럽 대륙에서 최초로 발생한 위대한 문화이다. 기원전 2000년경부터 시작되어 그리스의 황금시대(기원전 477~431년)인 아테네에서 그 절정기를 구가했다. 이때 그리스는 철학, 예술, 상업 등에서 최고의 경지에 이르렀고 더 나아가 민주주의 정부의 발달을 실현했다. 이러한 이유에서 오늘날 그리스는 서양문명의 발상지로 인식되고 있다.

기원전 700년경 그리스는 여러 작은 독립국가로 이루어져 있었고 대부분의 땅은 바위를 비롯한 척박한 곳이었다. 기원전 그리스 음식은 밀이나 보리로 만든 포리지(Porridge, 오트밀에 우유 또는 물을 넣어 만든 죽)와 빵이 주식이고 곁들임으로는 올리브나 올리브기름, 물고기, 무화과, 벌꿀, 치즈, 와인 등이 있었다.

기원전 5세기 중엽까지 그리스의 부자와 가난한 자의 음식은 거의 다르지 않았다. 그러나 인구가 증가하고 물이 오염되면서 식량이 줄어들기 시작, 부자들은 물을 덜 마시고 포도주를 더 마셨으며 염소, 양고기 또는 돼지고기를 더 자주 먹었다. 결국, 아테네의 황금시대에 이르러서는 부자와 가난한 자의 요리는 양분되어 큰 차이가 생겼다. 가난한 아테네인들은 가축의 피로 만든 검은 푸딩(Black Pudding : 돼지 선지를 넣어 만든 소시지)을 먹었고 부자는 수입된 고기와 신선한 채소를 먹었다.

기원전 4세기경에는 부자들을 위하여 요리책까지 만들었다. 그리스의 부자들은 하루에 네 끼니씩 식사를 하였는데 즐겨 먹는 것은 돼지고기나 양고기에 오레가노와 커민 같은 독특한 향의 허브를 곁들여 사용한 것으로 전해지고 있다. 이러한 배경들이 요리발전에 초석이 되었다고 할 수 있다.

2) 로마시대

로마는 서양 고대사의 집약적 대성을 이룸으로써 지중해 연안의 세계문화를 완성한 문화사적 의의를 지니고 있다. 한때는 그리스 문화의 단순한 모방으로 보는 경향이 강하였으나 현재는 보다 더 넓은 문화사적 의미를 부여하고 있다. 전체적인 특성을 꼽는다면 첫째, 절충적 성격이다. 로마인들은 선진문화권이던 에트루리아인의 문화에 그리스 문화를 받아들여 앞서가는 모든 문화를 거의 다 흡수하여 그 폭과 깊이를 더하였다. 둘째, 실용적이며 실제적이었다. 로마인들은 추상적이고 명상적인 면보다는 실용적인 토목공법이나 의학을 받아들였고 창작과 미학적인 면보다는 현실적인 과학기술로 받아들였다.

요리에 있어서도 서양요리의 전성시대라고 말할 수 있다. 로마시대는 거대한 국력 신장으로 부를 이루었으며, 상류층 계급에서는 요리에 대한 관심이 많았다. 로마시대에 요리가 발전할 수 있었던 요인은 그리스의 풍부한 선진문화를 빨리 받아들이는 그들의 개방적인 성격이 한몫을 하였다. 그리스 조리법을 바탕으로 한 그들의 식습관과 중국의 실크로드를 통한 아시아인들의 왕래로 새로운 식재료와 향신료의 교류가 이루어졌으며 새로운 요리기술과 방법이 가미되었기 때문으로 보인다.

특히 로마시대에는 요리발전에 필수적 3요소인 미식가와 요리사, 지중해 연안에서 얻을 수 있는 신선한 식재료와 올리브 등이 풍부했다. 고대 로마 요리의 특징은 소스에 많은 양의 향신료를 사용한 것이다. 즉 후추와 고추, 민트, 잣, 건포도, 당근, 마늘, 오일, 식초, 와인, 머스크를 사용하여 새콤하면서 단맛을 내는 양념을 주로 사용하였다.

3) 프랑스 시대

프랑스 요리의 역사를 알기 위해서는 역사적 배경과 함께 미식가와 요리 발전에 대해 알아야 한다. 현재의 프랑스는 옛날 골족들이 살던 곳이다. 그 골족들의 입맛은 매우 거칠었다. 역사가 진행되면서 골에 프랑스족들이 이동해 온 것이다. 프랑스족은 골인들이 먹던 음식법을 이어받았는데 이때까지만 해도 그들은 지역에서 생산되는 밀과 보리, 수수 농사를 지으며 이 재료들을 이용하여 빵 만드는 것을 근본으로 살아왔다. 물론 가을이면 조류와 사슴류, 산돼지 등을 사냥하여 빵과 함께 겨우살이를 준비하였다.

이때부터 프랑스에서는 절이거나 훈연으로 가공하여 저장하는 기술들이 발달하기 시작한 요인으로 인해 요리의 기본이 다져졌고 이렇게 생산된 요리재료는 번성한 국가인 로마에 수출하는 판로도 마련하였다. 하지만 이때까지만 해도 프랑스 요리는 주로 빵과 함께 먹는 요리들이 주를 이루어 고급이라고는 볼 수 없었다. 그러나 시간이 지나면서 고대 로마 요리의 영향은 피할 수 없는 것이어서, 그 땅의 산물로 고대문화의 기술을 받아들여서 만들어낸 음식들이 프랑스 요리의 출발점이었다. 즉 로마문화가 프랑스 요리에 크게 두 가지 면에서 기여를 했다.

첫째는 와인의 전래인데 현대에도 프랑스 와인산지로 유명한 보르도 지역에 이탈리안 와인이 전해지면서 급속도로 프랑스 전역으로 확대되었다. 즉 풍부한 와인이 요리 발전에 기여했다고 할 수 있다. 두 번째는 1533년 이탈리아 피렌체의 메디치가 공주인 '카드린 드 메디시스'가 프랑스 국왕 앙리 2세와 결혼하면서부터 프랑스의 요리 발달에 크게 기여하였다.

그때 그녀는 피렌체 출신의 요리사들과 함께 프랑스로 왔는데 다양한 요리법과 향신료, 식기 등을 가지고 왔다. 이때부터 궁중에서는 그녀가 가져온 조리법과 식기들을 사용하였고 함께 온 요리사들에게 프랑스인들이 이탈리아 요리를 배우기 시작하여 식문화에 변화를 가져오면서 프랑스 요리의 르네상스가 시작되었다. 시간이 지나면서 파리에 요리학교가 생겨 많은 요리사가 양성되었다. 다시 말해 비교적 광대하고 비옥한 땅에서 생산되는 풍부한 식재료와 와인 그리고 연안에서 획득한 다양하고 많은 해산물이 있었고, 프랑스 민족은 미각이 발달된 민족이었으며, 경제적으로 풍요로워 여유가 있었던 요인들이 겹쳐서 프랑스 요리가 발달하였다.

4) 루이 시대

루이 시대는 프랑스 요리의 황금기라고 할 수 있다. 그 당시 프랑스 요리는 질적으로는 물론이고, 양적으로도 매우 성장한 요리 전성기라고 할 수 있다. 루이 13세(1601~1643) 시대에는 프랑스 요리가 그다지 발전하지 못하였다. 그러나 1651년 바렝에 의해 조리법이 체계적으로 갖춰진 책이 발간되면서 이 책을 바탕으로 맛과 멋을 겸비한 많은 요리들이 만들어지기 시작하여 비약적인 발전을 거듭했다. 루이 14세(1638~1715) 때 프랑스 문화는 유럽 전체로 파급되었으며 문화와 함께 요리도 전파되어 각 궁전에서뿐만 아니라 귀족 사회에서까지 요리를 즐기는 문화가 확대되었다. 루이는 귀족들을 대상으로 대단히 많은 횟수의 연회를 성대하게 치르며 음식을 즐겼으며, 그중에서도 맛을 겸비한 멋있는 요리에 관심을 갖기 시작하여 요리가 예술로까지 불리게 되었다. 그때의 큰 성과로는 육즙을 만들어내는 스톡이 개발되고 구워진 고기의 육즙으로 만들어내는 소스가 개발된 것이다.

루이 15세(1710~1774)의 시대에도 귀족들은 미식을 좋아하여 스스로 요리를 만들기도 하였으며 루이 16세(1754~1792) 통치원년은 요리방법을 좀 더 세분화하여 연회행사의 메뉴까지도 특정한 규칙을 정하고 좀 더 자극적인 아름다움을 요구하게 되었다. 이때부터 요리를 만들고 제공하기 위한 전용식당을 개설하였다.

제공된 메뉴는 24가지의 오르되브르와 12가지 수프, 20가지의 쇠고기요리, 20가지의 양고기요리가 있었고 송아지요리는 30가지, 24가지나 되는 생선요리와 50가지가 넘는 디저트와 장식요리를 포함하여 400가지에 달하는 요리를 만들어 제공했다.

5) 프랑스 혁명

프랑스 혁명은 정치적으로 구체제의 지배에서 벗어나기 위해 민족 간의 경쟁이 심했던 요인도 있었다. 그때쯤 서방세계는 중상주의를 택하여 부르주아지가 등장하였고 군주, 특권계급과 부르주아지가 대립하여 귀족들의 특권 폐지와 권리 평등을 요구했기 때문으로 보고 있다.

혁명은 부르주아지와 특권계급의 요구로 일어났으나 결과적으로 자유와 특권계급의 사회적 우위에 타격을 가했다. 사실상 프랑스 농민의 대부분은 자유로운 상황이었다고 한다. 그 당시 산업자본주의는 영국에는 크게 뒤져 있었지만 대륙에서는 가장 선진적이었다고 한다. 하지만 이전까지 화려하게 발달해 온 프랑스 요리문화를 조금씩 쇠퇴시키는 요인으로 작용하고 있었다.

이 당시 요리는 새로운 창조시기라기보다는 지금까지 해왔던 조리기법들을 재창출하는 방향으로 전개되었다. 이러한 요리 흐름과는 대조적으로 제과분야는 지속적인 발전을 거듭하고 있었는데 특히 설탕을 이용하는 기술이 급속히 개발되었다고 한다. 이 당시 카렘은 그의 천부적인 소질로 요리를 배우고 있었다.

6) 카렘과 에스코피에 시대

① Marie-Antoine Careme(마리 앙투안 카렘, 1783~1833)

카렘은 프랑스 파리에서 태어난 조리사로 제과사의 길을 걸었으며 1833년 50세의 나이로 일생을 마쳤다. 19세기의 대표적인 조리사로 고전 프랑스 요리의 아버지라 칭하며 위대한 요리책을 펴낸 저자이기도 하다. 유명한 그의 업적으로는 Mother Sauce(모체소스)와 Derivation Sauce(파생소스)의 개념을 체계적으로 정리한 점을 들 수 있다.

그는 4가지 기본소스 Espanol(에스파놀), Veloute(벨루테), Allemande(알망드), Bechamel(베샤멜)을 구분하였으며 그 모체소스로부터 파생소스를 개발하여 파생시키는 방식으로 소스를 체계적으로 정리하였다.

② George Auguste Escoffier(조르주 오귀스트 에스코피에, 1846~1935)

에스코피에는 13세 때 부친이 학교를 그만두게 하여 숙부가 개업한 프랑쉐라는 음식점에서 조리를 시작하였고, 그 후 파리의 르프치무랑루즈에서 일했다. 89세에 일기를 마감하여 장수한 요리사이기도 하며 키가 몹시 작았기 때문에 오븐의 불꽃으로부터 머리를 보존하기 위해 항상 굽높은 목제구두를 신고 다닌 것으로도 유명하다. 이 시기에는 산업혁명으로 인해 교통이 발달하여 프랑스 도시는 국제화 물결이 일기 시작하였다. 밀려드는 바이어들과 관광객들을 감당하기 위해 대형 호텔들이 생겨났고 호텔들은 앞다투어 실력 있는 요리장들을 초빙하는 데 심혈을 기울였다. 그 대상들이 바로 에스코피에 또는 위르뱅드 와이스 등이었다.

에스코피에는 카렘이 체계화시킨 많은 종류의 stock(육즙) 등을 더욱 간편하게 만드는 법을 소개했으며 4가지 모체소스에 대해서도 강조하였다. 그는 경험에 의한 조리법을 탈피하여 정확한 양의 수치를 이용, 조미료 만드는 법을 소개함으로써 현대 조리서의 기본적인 기초를 확립하였다.

그가 주로 근무하였던 호텔은 스위스 몬테카를로의 그랜드 호텔과 로잔의 내셔널 호텔, 그리고 런던과 파리에 있는 리치가 관리하는 호텔에서 총주방장으로 명성을 크게 날렸다. 현대 호텔이나 대형 외식업체에서 운영하는 주방시스템도 그가 창출한 것이며, Dubois(뒤부아)의 러시아식 음식 서브방법을 도입하여 오늘날 코스로 제공되는 음식문화를 창안한 사람도 에스코피에 바로 그였다.

또한 고객으로부터 주문받은 전표를 3장으로 하여, 한 장은 주방, 한 장은 접객원, 또 한 장은 캐셔(Cashier)에 돌아가도록 하고 전표에는 특별히 고객의 성명이나 특징을 적어 그 고객이 재차 방문하였을 때 그가 선호하는 음식이 무엇인지를 미리 알 수 있도록 하여 고품위 음식서비스의 기틀을 마련하였다. 이는 곧 음식을 조리하는 조리사로서의 업무뿐만 아니라 레스토랑을 운영하는 경영인으로서의 자질도 충분히 갖춘 사람이라 할 수 있다.

7) Nouvelle Cuisine 시대(뉘벨퀴진)

20세기 들어 서양요리의 대표적인 변화는 뉘벨퀴진(Nouvelle Cuisine)의 등장이라 할 수 있으며 이것은 새로운 식문화라 할 수 있다. 이것은 1972년 요리 평론가인 고(H. Gault)와 미요(C. Millau)에 의해 처음 선언되었다. 이는 고전의 복잡하고 기름진 요리에서 탈피하여 새로운 방식으로 요리를 만든 것이라 할 수 있다. 이전까지의 기름지고 단백질이 많은 요리가 성인병과 심혈관 질환에 여러 가지 문제를 일으키는 것이 밝혀지고 조리방법이 여러 단계를 거치므로 경제적 가치가 떨어지는 등 불합리성이 존재하기 때문에, 이런 점에서 벗어나고자 한 것이다.

젊은 주방장들로부터 많은 호응을 얻은 이 선언의 내용은 신선한 식재료를 사용하는 것과 장시간을 요하는 복잡한 요리보다는 쉽게 하는 요리를 강조하며 Sauce에 있어서도 Roux를 사용하여 걸쭉한 것보다는 육즙을 이용한 Sauce의 활용을 주장하였다. 조리방법에 있어서도 되도록 식재료 자체의 순수한 맛과 영양을 그대로 살릴 수 있는 조리법을 주장하였다. 이는 유기농 채소나 곡식으로 만든 건강식 식단을 즐기며 건강한 육체와 정신을 추구하는 현대인들의 'Well-Being' 열풍에 부응하는 결과를 낳기도 했다.

8) 21C의 요리

사람은 누구나 건강하게 오래 살고 싶은 소망을 가지고 있다. 건강은 몸에 병이 난 후에 치료하는 것보다는 병을 예방하는 것이 최선책이라 할 수 있다. 이런 측면에서 보면 요리에 있어서도 건강을 바탕으로 한 요리가 고객들에게 각광받을 것이며 유행할 것이다. 조리의 궁극적 목적이 국민들의 건강한 삶을 지속시키는 것이므로 21세기 밀레니엄 시대의 요리는 음식을 섭취함으로써 병을 예방하는 효과를 포함하고 치료방법까지 생각하는 건강식 요리를 만들어야 한다.

제2장 퓨전 및 분자요리의 이해

1. 퓨전요리

1) 퓨전의 정의

'용해, 융합, 합병'이라는 의미를 말이다. 원래 음악 용어로서 다른 리듬의 감각적인 이질(異質)의 음악을 믹스한 것을 가리켰다. 패션 용어로서는 같은 모양, 다른 감각의 믹스를 말한다.

2) 퓨전요리의 정의

퓨전이란 의미는 이미 오래 전부터 사용해오던 뜻으로서 서로 다른 것이 융합되는 것을 의미한다. 이러한 의미가 요리에 적용되면서 다양한 음식재료와 조리방법이 혼합되어 새로운 요리가 만들어지는 것을 말한다.

▶ 광의의 의미: 서로 다른 문화권의 음식재료와 요리기법 등이 혼합된 음식
▶ 협의의 의미: 미국 캘리포니아에서 주로 발달한 조리법

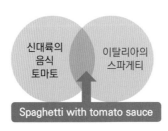

퓨전요리의 이해

본래 퓨전이라는 말은 음악 용어로 서로 다른 장르가 어울린 색다른 음악이나
재즈와 락, 발라드 등의 장르가 이것 저것 섞인 노래를 뜻함

요리에
도입

격식을 벗어난 재료 혼합이나 조리 방법 등 일반적인 요리상식을 뒤집는 것

퓨전요리의 정의

▶ 새로운 음식이라는 뜻에서 뉘벨 퀴진(Nouvelle Cuisine),

새로운 유행이라는 뜻에서 뉴 웨이브 푸드(New Wave Food),

다양한 문화가 섞였다고 해서 멀티 컬쳐 푸드(Multi Culture Food)로 불린다.

3) 퓨전요리의 역사

현재 서양에서는 타르타르족의 이름을 딴 비프 타르타르라는 프랑스식 육회 요리가 있고 우리가 즐기는 육회도 타르타르족에서 유래된 것이라고 볼 수 있다. 이탈리아의 파스타도 중국의 국구에서 유래된 것이다. 퓨전 요리의 역사 중에서 가장 큰 사건은 콜럼버스의 아메리칸 대륙발견이며, 이를 통해 토마토, 고추, 옥수수가 유럽에 전파되었고, 그 다음에 전파된 것이 감자였다. 감자는 유럽인들을 식량난에서 구한 귀한 양식으로 이제 전세계적으로 감자를 재배하고 있다.

이처럼 퓨전요리는 어느날 갑자기 탄생한 요리분야가 아니라, 인간의 이동과 문화의 교류를 통해 서서히 이루어진 것이다.

4) 퓨전요리의 시작

퓨전요리는 1980년대 미국의 캘리포니아 지역에서 처음으로 시작되었는데, 미국인들의 건강식에 대한 관심의 증가와 동양음식에 대한 선호도가 증가하면서 퓨전요리가 발달하게 되었다. 그 당시 아시아인들은 이민 2, 3세가 되어도 비만인들을 거의 찾아 볼 수가 없었다. 이에 미국인들은 아시아인들의 다이어트 비결을 궁금하게 여기게 되었고, 그결과 미국인들이 주로 먹는 재료와 조리법을 분석하고 많은 시행착오를 거쳐가면서 자신들의 요리에 점차 응용하게 되어 퓨전

요리가 탄생하게 되었다.

　퓨전요리를 본격적인 상품으로 만든것은 1980년대 미국 L.A의 식당 '시누아 온 메인'이라는 식당이었다. 이 식당 조리장 볼프강 퍽(Wolfgang Puck)은 야채를 많이 쓰고 상대적으로 고기와 기름을 적게 쓰는 아시아 요리와 프랑스 요리를 접목한 요리를 선보였다.

5) 퓨전요리의 특징

① 새로운 시도는 모두 퓨전요리이다.

　퓨전 요리는 전통 요리에 새로운 방법이나 재료를 더해 응용하기 때문에 얼마든지 새로운 요리를 만들 어 낼 수 있다. 쉬운 예로 김치와 스테이크 고기,햄 등을 섞어 끓인 부대찌개도 퓨전요리라 할 수 있다.

② 건강을 중요시한 미국인이 시작했다.

　미국에서는 80년대 중반에 들어서면서 건강식에 대한 관심이 커지고 기름진 음식에 매우 민감해져 신선한 야채를 많이 사용하는 동양요리에 관심이 높아졌다. 이러한 이유로 동양 요리와 서양요리가 혼합 된 퓨전요리가 탄생하였다.

③ 다양한 재료의 어울림이 특징이다.

　우리나라에 퓨전 레스토랑이 생긴 지는 불과 4-5년 정도, 하지만 실제로는 패밀리 레스토 랑에서 선보 인 해물을 넣고 버터에 볶은 김치볶음밥이나 불고기 버거, 간장소스에 버무린 스파게티 등으로 이미 퓨전요리를 접하고 있다.

④ 한 그릇에 풍부한 영양과 다양한 맛을 담는다.

　고기요리에 야채나 국수, 쌀 등을 곁들여 독특한 맛과 함께 영양에 균형을 맞춘다. 조리법이나 요리의 재료 또한 제한이 없다. 딱히 서양요리라거나 동양요리라고 규정 지울 수 없기 때문에 모든 종류의 육류, 어류, 국수류, 곡류, 야채와 향신재료가 재료가 된다.

⑤ 다양한 향신재료를 이용한다.

　퓨전요리는 서양의 와인과 유제품 그리고 동양의 신비로운 맛을 지닌 다양한 향신료와 향긋한 야채들 이 결합된 요리, 다양한 허브와 향 채소를 곁들여 시각적 효과가 뛰어난 서양요리와 담백하고 섬세한 맛이 돋보이는 동양요리의 장점을 합했다.

⑥ 퓨전요리의 맛을 좌우하는 포인트는 소스이다.

야채 샐러드에 서양의 드레싱 대신 간장소스나 된장소스를 곁들이거나 스테이크에 데리야키 소스를 뿌려 내는 등, 퓨전요리를 특징 짓는 가장 중요한 요소 중 하나는 바로 소스, 매운 맛을 좋아하면 서양 요리에도 고추장, 고춧가루를 넣은 소스를 이용할 수 있다.

⑦ 격식없는 자연스러운 식탁 세팅이 어울린다.

퓨전요리는 음식을 담아낼 때도 일정한 공식을 갖지 않는다. 양식기나 도자기류 어느 그릇도 음식과 어울리기만 하면 된다. 질박한 국그릇에 스튜나 국물요리를 담고 화려한 접시에 떡을 담아 내어도 좋다.

6) 퓨전요리의 미래

① 무궁무진한 발전가능성

퓨전요리는 아직 전성기에 도달한 것이 아니다. 현재는 발전 가능성이 무궁무진한   유아기 단계에 와있다고 할 수 있으며 앞으로 더욱 더 긴 생명력을 가지게 될 것이다. 새로운 문화체험의 욕구, 새로운 맛의 욕구, 조리사들의 실험 정신, 외식시장의 발달로 인해 무한한 가능성이 있다.

② 창의적 요리의 시험

퓨전요리의 복합적인 요리 방법은 요리사 들에 있어서 사실상 무제한 적인 요리의 자유를 가져다 준다는 측면에서 대단히 매력적인 분야임에 틀림없다. 또한 우리 음식을 전세계에 알리기 위한 퓨전요리가 만들어져야 할 것이다.

7) 대표적인 퓨전요리

부대찌개

치즈 떡볶이

불고기 버거

2. 분자요리(Molecular cuisine)

1) 분자요리의 정의

분자요리(Molecular Cuisine)는 식품의 맛과 향은 그대로 유지하되 형태를 변형시킨 음식을 말한다. 조리시 분자 단위까지 잰다고 할 정도로 세밀하고 정확하게 음식을 만들기 때문에 정확함과 섬세함이 요구되는 과학적인 요리법이다. 즉 음식재료와 요리과정을 과학적으로 분석하여 새로운 맛과 질감을 개발하여 이제껏 경험하지 못했던 질감 또는 모양을 개발하여 새로운 맛을 창조하는 요리이다.

2) 분자요리의 등장배경

1980년대 프랑스 화학자인 에르베 디스(Herve This)가 용어를 만들어 냈고 조리속성과 식품과학 사이의 차이를 밝히고자 연구를 시작하였다. 에르베 디스 교수는 자신의 저서 '냄비와 시험관'에서 요리를 화학, 물리학 원리로 분석해 조리에 실제 적용하도록 자세히 설명하였을 뿐만 아니라, 기본 상식으로 굳어져 내려온 조리법과 요령을 분자 미식학의 원칙에 따라 점검 하였다.

분자요리는 스페인 정부가 이탈리아나 프랑스와 같은 음식 선진국을 따라잡기 위해 새로운 요리법 개발을 장려하는 과정에서 탄생했다는 설이 있다. 이후 분자요리는 프랑스, 영국, 스페인 등 유럽 전역으로 확산되었고 음식 전통을 가지고 있는 유럽 사람들로서는 이질적인 요소를 융합하는 퓨전보다 오히려 음식과 과학의 만남이라는 접근법이 더욱 설득력을 주고 호기심을 자극

하게 되었다. 2000년대 들어 과학 기술의 발달과 사람들의 소비 트렌드의 변화가 음식과 요리
에도 나타나게 되었다.

3) 분자요리의 특징

▶ 식재료와 조리법에 대한 과학적인 접근

▶ 생소한 조리법(액상재료를 거품을 내거나 젤라틴화 시킴)

▶ 접시에 표현하는 예술과 재미, 기대감을 깨는 요리

▶ 익숙한 식재료를 전혀 다른 방법으로 조리하는 실험정신

4) 대표적인 분자요리 기법

(1) Spherification(구체화)

- 물 + 알긴산 나트륨 ⇒ 물 +염화칼슘

물과 알긴산 나트륨의 혼합물을 칼슘용액에 담구었을때 다양한 조직과 경도를 가진 구형을 만
든다. ex) 캐비아, 라비올리

|basic formula for making certain
spherified preparations:

For the calcium base
1 litre of water
6.5g of calcium chloride

Base recipe for caviar
1 litre of liquid
(for example melon jus)
8g of alginate

Ravioli recipe
1 litre of liquid
(for example pea water)
5g of alginate

Spherification 조리법

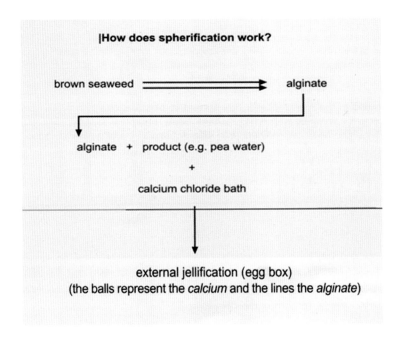

Spherification의 원리

(2) Foaming(거품내기)

액상상태의 재료를 거품기를 이용하여 거품을 형성한다. 거품에는 향미를 지니고 있어서 소스와 시즈닝(seasoning)의 역할을 동시에 할 수 있다.

▶ Type of foaming(거품내기의 형태)

- Without addition of another product

  ex) beet root, carrot

- With the addition of vegetable fats

  ex) soy lecitin

- With the addition of animal fats

  ex) egg yolk, milk, cream, butter

- With a protein base

  ex) egg white powder, gelatin

(3) Gelling(겔화)

동물성 젤라틴, 한천, 콩물 등을 이용하여 액체를 겔화하여 요리에 이용한다. 수분을 가두어 망목구조를 형성한다.

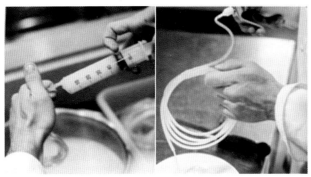

Parmesan Spaghetti

(4) Emulsion(유화)

콩 단백질인 레시틴을 사용하여 섞이지 않은 물질들을 잘 섞이도록 도와주는 방법이다.

- 발사믹과 올리브오일을 섞은 일시적인 유화상태
- 드레싱에 머스터드를 넣은 반영구적인 형태
- 홀렌다이즈와 마요네즈와 같은 영구적인 형태

(5) Liquid Nitrogen(액화질소)

영하 196도의 초저온 액화질소를 이용하여 재료를 얼리는 방법으로 분자요리에서 가장 많이 쓰이는 방법 중 하나이다. 현재 다양한 스타일의 음식에 적용되고 있다.

ex) foam, ice cream, mousse 등

즉석 셔벳(sherbet)

5) 대표적인 분자요리 레스토랑

현재 분자요리로 유명한 레스토랑은 스페인의 엘불리(El bulli), 영국의 팻덕(The Fat duck), 프랑스의 피에르 가니에르(Piere Garganier), 미국 캘리포니아의 프렌치 런더리(French Laundry)가 대표적이며 세계에서 유명한 쉐프들이 모두 분자요리를 시도하고 접근하고 있어 확실히 새로운 요리 트랜드로 부상하고 있다.

제3장 허브와 향신료

1. 허브(herb)와 향신료(spice)의 개념

음식의 맛과 향·색을 내기 위해 사용하는 초본성 식물을 허브(향신료)라고 한다. 이 향신채의 뿌리, 수피, 잎, 과일 및 종자를 건조시킨 모든 식물성 재료를 스파이스(향신료)라고 한다. 허브는 스파이스 안에 포함되는 개념으로서 좁은 의미이므로 스파이스는 허브를 포함하는 개념이라고 할 수 있다. 스파이스는 향신료(영어 : Spice, 불어 : e'pice, 독어 : Gewurz)라는 것으로 "식물의 종자, 과실, 꽃, 잎, 껍질, 뿌리 등에서 얻은 식물의 일부분으로 특유의 향미를 가지고 식품의 향미를 북돋거나, 아름다운 색을 나타내어 식욕을 증진시키거나, 소화기능을 조장하는 작용을 하는 것"이라고 정의하지만 나라 또는 민족의 식생활에 따라서 그 범위, 종류, 분류는 다르게 되어 있다.

인간은 오래 전부터 풀과 열매를 식량이나 치료약 등에 다양하게 이용하여 왔는데 점차 생활의 지혜를 얻으면서 인간에게 유용하고 특별한 식물을 구별하여 사용하기 시작하였다. 이러한 식물 가운데 가장 대표적인 것이 허브(Herb)라고 할 수 있다. 허브는 푸른 풀을 의미하는 라틴어 '허바(Herba)'에 어원을 두고 있는데 고대 국가에서는 향과 약초라는 뜻으로 이 말을 썼다. 기원전 4세기경의 그리스 학자인 테오프라스토스 (Theophrastos)는 식물을 교목, 관목, 초본으로 나누면서 처음 허브라는 말을 사용하였다. 현대에 와서는 '꽃과 종자, 줄기, 잎, 뿌리 등이 약, 요리, 향료, 살균, 살충 등에 사용되는 인간에게 유용한 모든 초본식물'을 허브라고 한다. 다시 말하면 허브는 '향이 있으면서 인간에게 유용한 식물'이라고 정의할 수 있다. 원산지가 주로 유럽, 지중해 연안, 서남아시아 등인 라벤더, 로즈메리, 세이지, 타임, 페퍼민트, 오레가노, 레몬 밤 뿐만 아니라 우리 조상들이 단오날에 머리를 감는 데 쓰던 창포와 양념으로 빼놓을 수 없는 마늘, 파, 고추 그리고 민간 요법에 쓰이던 쑥, 익모초, 결명자 등을 모두 허브라고 할 수 있다. 지구상에 자생하면서 유익하게 이용되는 허브는 꿀풀과, 지치약용, 미용, 요리, 염료 등에 다양 하게 활용되고 있다.

2. 허브의 특징

허브는 약의 개념이 함축된 영양보급과 건강증진을 위한 식품으로서 비타민과 미네랄이 풍부하고 각종 약리성분이 함유되어 있어서 곡물류나 재배채소, 과일류와는 다른 기능을 갖고 있다. 즉 수렴, 소화, 이뇨, 살균, 항균작용 등이 있어서 식이요법을 겸하는 경우가 많으며 조리에서는 스파이스의 기능이 강조될 때도 있다. 조리에 이용할 때 주의할 것은 과용은 오히려 음식 본연의 맛을 떨어뜨리므로 소량을 사용하는 것이 음식과 더불어 허브의 향과 맛을 느끼게 한다.

또한 허브의 향은 주로 취각이나 피부의 말초신경을 자극하여 감정을 조절하는 뇌의 조직에 직접 작용하는데 모든 분비선을 조절하여 긴장과 피로를 완화하고 평안함을 가져다 주며 스트레스에 대한 저항력을 길러주는 작용도 하여 육체적으로나 정신적으로 안락한 삶을 유지시켜 주는데 기여한다

▶ 약초로서의 허브

허브는 옛날부터 건강의 유지와 병의 치료에 쓰이는 약초로서 치료나 약술 등 평소에 마시는 음료에도 포함된다. 또, 방충, 방부제로서 해충구제와 식료품이나 의류의 보존에도 귀중한 역할을 하며 염색에도 쓰였다.

▶ 향초로서의 허브

허브는 각각의 특유의 향미를 지니고 있어 다양한 제품을 만드는데 재료로 사용된다. 또한 가공품이 아니더라도 화분에서 직접 키워 방향 식물로도 이용된다. 허브가 주로 이용되는 곳은 방향제, 포푸리, 향 가공품인 비누, 치약, 초, 인형, 목걸이 등에도 많이 사용된다.   허브라 하면 대개 음식물의 부향제나 향수의 원료로 쓰이는 식물이라고 관념지어져 좁은 뜻의 허브로만 알기

쉽다. 물론 허브에는 향기가 좋은 것이 많아서 이 방향을 이용하여 날것으로 또는 건조시키거나 기름을 추출하여 향장료나 부향제로 쓰인다. 따라서 허브란 향초라는 개념이 지배적이다.

▶ 허브는 채소

일반적으로 영양성분을 함유하고 있어서 식용으로 재배하는 풀을 채소라고 하는데 허브도 비타민과 무기질을 비롯한 각종 미량 영양소를 풍부하게 가지고 있어 요리에 향과 맛은 물론 영양을 더해준다. 허브를 채소라 하는것 처럼 요리에 쓰이는 허브는 향미초로 일컫는다. 물론 채소도 처음에는 풀에 불과했지만 개량을 거듭하면서 좋은 형질만 남아서 비타민이나, 미량원소등 미네랄을 공급하는 영양원이 되었다. 따라서 허브는 향미를 지닌 채소라 할 수 있다.

▶ 허브는 향신료

허브는 식물성 물질로서 꽃, 열매, 종자, 잎, 줄기, 뿌리 등이 방향성 자극제로 사용되며, 상큼한 향기를 내는 부향제의 역할, 식욕촉진, 색소 성분을 가지고 있어 착색효과, 방부제로서의 역할 및 노화방지, 신진대사 촉진 등의 역할, 식품의 보존력을 높이는 살균효과, 재료의 역한 냄새를 제거해 주는 소취제 역할을 하고, 맵고 달고 시고 쌉쌀한 맛을 내는 향신료로 사용된다.

분류	종류
향기가 강한 향신료	올스파이스(allspice), 정향(clove), 메이스(mace), 계피(cinnamon), 아니스(anise), 고수(coriander), 캐러웨이(caraway), 넛맥(mutmeg), 딜(dill)
매운 향미재료	후추(pepper), 겨자(mustard), 와사비(wasabi), 칠리고추(chili), 계피(cinnamon)
향미를 얻기 위한 재료	정향(clove), 넛맥(nutmeg), 메이스(mace), 큐민(cumin), 아니스(anise), 갈릭(garlic)
냄새 제거를 위한 재료	월계수잎(bay leaf), 세이지(sage), 로즈마리(rosemary), 타임(thyme), 오레가노(oregano)
색을 얻기 위한 재료	파프리카(paprika), 심황(tumeric), 샤프란(saffron), 파슬리(parsley)

2. 허브(Herb)와 스파이스(Spice)의 종류

1) 뿌리 향신료(Root Spice)

(1) Garlic(마늘)

백합과의 다년초 식물로 서아시아가 원산지로 알려져 있다. 마늘은 우리의 건국신화에 등장하는 향신료로 우리 민족에겐 친숙하며 우리나라 요리에서 빠지면 안 되는 중요한 식품으로 세계에서 가장 많이 먹는다고 할 수 있다. 서양요리에서는 돼지고기, 양고기, 가금류, 생선류 소스 등의 향신료로 사용된다.

(2) Ginger(생강)

생강과의 다년초로 아시아 남동부가 원산지이다. 줄기는 키가 1m 정도로 자란다. 생강 뿌리와 줄기는 옆으로 자라는 특성이 있어 꺾꽂이하여 번식시킨다. 수확할 때는 뿌리줄기를 흙 속에서 캐내는데 그 모양이 울퉁불퉁하게 가지를 치거나 손바닥처럼 갈라져 일정하지 않다. 색깔은 약간 어두운 노란색을 비롯해서 밝은 갈색, 엷은 담황색 등으로 다양하다.

주성분은 진지베린(zingiberene)이며, 진저론(zingerone)은 얼얼한 맛을 낸다. 향신료로서 생강은 약간 쓴맛이 나며 보통 말려 갈아서 빵, 과자, 카레요리, 소스, 피클 등에 이용하며, 신선한 뿌리줄기인 풋생강은 요리할 때 쓴다. 특히 돼지고기, 가금류, 생선류의 누린내 또는 비린내를 제거하는 데 유용하게 쓰인다.

(3) Horseradish(호스래디시)

중앙유럽과 아시아에서 자라는 것으로 뿌리를 주로 사용한다. 현재 유럽과 아시아가 원산지인 겨자과의 이 식물은 톡 쏘는 맛이 일품이다. 현재 전 유럽과 미국에서 많이 생산되고 있으며 갈황색 뿌리로 내부는 회색빛을 띤 흰색이다. 이 뿌리의 껍질을 벗겨 식초와 우유를 넣고 끓여서 레몬주스, 사과즙 등을 첨가한다. 일본과 우리나라에서는 생선회에 곁들여지는 향신료로 많이 쓰이지만 유럽에서는 육류요리, 생선요리, 소시지 등의 소스로 이용하며, 열을 가하면 그 향미가 없어지므로 생채 또는 갈아서 쓰거나 건조시켜 사용한다. 신선한 것은 주로 강판에 갈아서 소스, 생선, 쇠고기 등에 사용하면 얼얼한 맛이 일품이다.

(4) Turmeric(터메릭)

우리나라 말로 강황으로 표현되는 터메릭은 열대 아시아가 원산지로 여러해살이 식물이다. 주로 뿌리와 줄기를 사용하는 향신료로 껍질 벗긴 뿌리를 삶아 건조해서 빻아 만든 가루는 노란색을 띠는데, 이것을 카레를 비롯한 여러 요리의 향신료 및 착색제로 사용한다. 말레이시아를 비롯한 인도네시아, 인도, 중동, 북아프리카 지방의 요리 중에서 카레나 쌀을 이용할 경우 빠져서는 안 되는 향신료 중 하나이다. 간장 질환이나 자궁근종, 황달을 치료하는 데 효과가 좋아 생약으로도 쓰인다.

(5) Wasabi(와사비)

겨잣과의 풀로 일본이 원산지인 식물이다. 냉랭하고 습기가 있는 산골짜기나 밭에서 잘 자란다. 원기둥 모양의 10cm 정도 길이로 울퉁불퉁하게 땅속 줄기에 잎 흔적이 남아 있다. 깨끗한 물이 아니면 자라지 않아 항상 흐르는 물로 깨끗하게 관리해 줘야 하므로 친환경식물이라 할 수 있다. 순간적으로 톡 쏘는 매운맛을 내는 것이 특징이며 일본요리의 대표적인 향신료이다. 근래에는 서양요리에서도 소스 등에 소량씩 사용한다.

2) 껍질과 줄기 향신료(Stalk & Skin)

(1) Chive(차이브)

차이브는 파의 일종으로 키가 작고 잎이 가늘며 짧은 품종으로 파 냄새가 나지 않고 톡 쏘면서도 향긋해서 식욕을 돋우는 것이 특징이다. 분홍, 보라, 자색의 귀여운 꽃이 6~7월에 걸쳐 계속 피어나는데, 군생하는 성질이 있어 모아심기로 화단 가장자리에 심으면 독특한 경관을 연출할 수 있다. 20~30cm로 자라며 키가 매우 작고 잎도 가늘다. 요리에서는 생선이나 육류의 냄새를 없애고 풍미를 더해준다. 잘게 다져서 스크램블, 오믈렛, 샐러드, 수프 등에 이용되며, 잎은 길이에 맞게 잘라서 요리의 가니쉬로 사용하면 요리의 시각적인 면에서 매우 효과적이다. 또는 버터에 볶는 당근이나 옥수수, 콩, 콜리플라워, 버섯요리에 맛을 더하기 위해 넣는다.

(2) Cinnamon(계피)

시나몬과나 상록수과에 속하고 건조시킨 나무껍질로 만들며, 껍질은 노란색, 갈색, 검은색 등을 띠는 것도 있고 휘발성 기름을 함유하고 있다. 중국, 인도네시아, 스리랑카 등에서 생산되는 계피나무 껍질을 그대로 우려서 사용하거나 가루로 만들어 사용한다.

계피에서는 상쾌함, 청량감, 달콤함 등과 더불어 박하와 같은 향이 있으면서 쓴맛도 있다. 요리에서 계핏가루는 상쾌한 청량감과 향기, 달콤한 맛을 내는 것이 특징이다. 보통 음료나 아이스크림, 케이크, 푸딩, 페이스트리, 빵, 캔디 등을 만드는 데 사용되며, 통계피는 과일조림, 피클, 수프 등에 사용된다.

(3) Lemon Grass(레몬그라스)

지중해 연안이 원산지로 지중해 동부지방과 서아시아, 흑해연안, 중부유럽 등지에서 자생한다. 우리나라에서는 남도나 제주도에서 성장이 가능하고 이외의 지방에서는 겨울철 온실에서 재배해야 한다. 꿀풀과의 다년초로 초여름에 하얗고 작은 꽃이 핀다. 주로 요리의 향신료로 이용되는데 동남아시아, 태국 요리에서는 빠질 수 없는 허브이다. 손가락으로 비벼보면 레몬향이 난다. 이 향기의 주성분은 '시트랄'로서 정유의 70~80%나 함유되어 있다.

요리에는 샐러드나 수프, 소스, 닭, 가금류, 오믈렛, 육류, 생선요리 등의 맛을 내는 데 이용된다. 질산칼륨과 함께 잎을 복용하면 독버섯으로 인한 복통에 좋고 소금과 함께 복용하면 궤양에도 효과가 있다.

3) 잎 향신료(Leaves Herb)

(1) 바질(Basil)

바질은 일년생 식물로 높이가 45cm까지 자란다. 엷은 신맛을 내며 정향처럼 달콤하면서 강한 향기가 있어 잎을 뜯기만 해도 공기 중에 은은한 향이 퍼져나간다.

요리, 허브티, 목욕, 관상, 포푸리 등에 이용된다. 주로 요리에 많이 이용되는데 건조한 잎이나 생잎은 스파게티, 피자에 빠질 수 없는 향신료이다.

그 외에 닭고기, 어패류, 채소, 샐러드 드레싱, 피자파이, 스튜, 수프, 생선요리, 토마토요리 등에 널리 쓰이며, 특히 이탈리아 요리에서 빠질 수 없는 향신료이다.

(2) 월계수잎(Bay leaf)

수프, 스튜, 고기, 채소 요리 등에 광범위하게 사용되는 월계수잎(생잎)은 약간 쓴맛이 있지만 건조시키면 달고 향이 강하며, 독특한 향기가 있어 서양요리에는 필수적일 만큼 널리 쓰이는 향신료이다. 식욕을 증진시킬 뿐만 아니라, 풍미를 더하며 방부력이 뛰어나 소스, 소시지, 피클, 수프 등의 부향제로도 쓰이고 생선, 육류, 조개류 등의 요리에 많이 이용된다. 말린 잎과 생잎 모두 사용한다.

(3) 처빌(Chervil)

유럽 중동부가 원산지이며 미나리과에 속한다. 0.6m 길이의 상록 일년초이며 희고 작은 꽃이 3월 하순에서 8월 초순에 우산처럼 밀집하여 핀다. 직사광선과 건조한 곳을 싫어하므로 양지에서 반음지까지 조금 습하고 통풍이 잘되는 곳이면 잘 자란다.

해가 짧은 경우에도 온도만 유지하면 성장을 계속하고 다른 허브에 비해 일조시간이 적어도 잘 자란다. 하얗고 작은 다섯 개의 꽃잎이 우산처럼 밀집하여 피는 처빌은 파슬리보다 섬세한 느낌의 향이 있어 '미식가의 파슬리'라 불린다. 채소나 어패류의 수프 등에 미세한 맛을 낸다. 신선한 잎을 잘게 다져 수프에 띄우면 밝은 녹색으로 요리를 돋보이게 하고 요리의 마무리에 장식으로도 이용한다.

(4) 코리앤더(Coriander)

코리앤더는 남유럽, 지중해 연안이 원산지로 미나리과에 속하는 일년초이다. 꽃이 백색으로 개화하고 줄기는 곧고 위에서 많은 곁가지를 친다. 줄기 아래 나는 잎은 연한 녹색이고 줄기가 하나 있으며, 통잎이거나 세 쪽으로 나누어져 있다. 하나의 잎줄기에서 4~12개의 꽃이 피는데 꽃잎은 흰색이거나 살색이다. 밝은 갈색인 씨의 크기는 2~5mm이고 작은 구슬과 같이 둥글게 생겼다. 줄기의 위에 나는 잎은 2~3회 우상복엽으로 되어 있고 어긋나기를 한다. 잎줄기는 줄기의 위로 올라갈수록 점차 짧아져 잎줄기가 아주 없는 것도 있다.

줄기와 어린잎에서 특유하고 독특한 냄새가 있는데, 사람에 따라 악취로 느낄 수도 있다.

성숙하면 방향이 변하는데 중국, 인도, 태국, 베트남 등 동남아시아의 여러 나라에서 스파이스로 중요하게 사용되고 있다. 씨는 과자, 쿠키, 빵 등의 향신료로 이용된다. 오이피클이나 육류제품, 수프 등의 향신료로 이용된다. 뿌리와 줄기도 식용하며 약용으로도 쓰인다.

(5) 딜(Dill)

오랜 역사를 가진 딜은 지중해 연안이나 서아시아, 인도, 이란 등지에서 자생하는 미나리과의 일년초로 1m 이상 자란다. 특히 잎은 작은 깃털처럼 생겼고 솜털로 덮여 있다.

딜은 전체에 방향이 있기 때문에 꽃과 부드러운 잎, 줄기는 물론 씨까지 모두 이용할 수 있지만, 잎과 줄기보다는 씨 쪽이 더 강한 풍미를 지니고 있다.

딜은 산뜻한 향기가 나기 때문에 닭고기, 양, 생선, 채소요리 등 어느 요리에나 이용하고 특히 피클에서는 빼놓을 수 없다. 하지만 뒷맛이 톡 쏘는 듯 맵기 때문에 약간 적은 듯하게 사용하는 것이 좋다. 독특한 방향이 있는 잎의 정유가 비린내를 제거하는 데 큰 역할을 하기 때문에 생선요리에 없어서는 안 될 대표적인 허브이다. 주로 잎은 잘게 썰어서 감자샐러드, 오이샐러드에 넣고 씨는 육류요리나 빵, 과자 등에 사용되고 있다. 비누의 향료, 요리의 부향제, 샐러드, 약용으로 사용되고 잎과 줄기는 주로 샐러드 등의 요리에 이용되며 열매는 차와 향신료로 이용된다. 방향성 구충제, 거담제, 건위제, 소화, 진정, 최면, 구취 제거, 동맥경화, 불면증 등에 효과가 있다.

(6) 라벤더(Lavender)

향의 여왕이라 불리는 라벤더는 허브 가운데 가장 널리 알려진 품종이다. 지중해 연안이 원산지이며 0.15~1m까지 자라기도 한다. 방향유 성분이 잎과 꽃 표면이 빛나는 것처럼 보이게 하기 때문에 관상용 허브로도 인기가 높은데, 개화기에 그 화려함이 더욱 빛을 발한다.

고품질의 라벤더는 여러 용도로 쓰인다. 특히 꽃, 잎, 줄기 등 식물 전체에 방향이 있어 관상용은 물론이고 포푸리나 각종 미용재로 적합하다. 또한 내의를 넣은 옷장 및 서랍에 라벤더 주머니를 넣어서 모기와 기타 곤충들이 가까이 오지 못하도록 수백 년 동안 사용되었다.

라벤더의 정유성분으로 만든 화장수는 피부의 긴장을 완화시켜 주며 말끔하고 촉촉하게 재생시켜 주는 세정효과가 있기 때문에 거친 피부에 효과가 크다. 요리의 경우 직접적으로 향을 내는 데 사용하는 경우는 거의 없으나 라벤더 식초를 만드는 데 많이 사용하고 있다. 꽃이 달린 줄기를 병에 넣고 식초를 부어 2~3주간 담가두면 향긋한 라벤더 식초가 된다.

(7) 레몬밤(Lemon Balm)

지중해 연안이 원산지로 알려져 있다. 줄기는 곧게 자라며 가지는 사방으로 무성하게 퍼진다. 햇볕이 잘 들고 잘 경운된 비옥한 흙에서 자란다. 레몬향과 유사한데 이 향은 사람의 감정을 편

안하게 진정시켜 주는 효과가 있어 심장 박동 수를 낮추고 혈압까지 낮춘다고 한다. 천연두에도 효능이 있어 유럽 등지와 여러 나라에서 약용으로 사용해 왔다. 끓여서 차로 만들어 먹기도 하는데 진정·건위·강장·신경 고양 등에 효능이 있으며, 기분을 상쾌하게 만들기도 하기 때문에 서양에서는 즐겨 마신다고 한다. 서양조리에서는 샐러드로 사용하기도 하며, 수프, 소스, 생선, 육류요리에 많이 사용한다.

(8) 마조람(Marjoram)

그리스·로마 시대부터 잘 알려진 마조람은 행복의 상징으로 여겨지고 있다. 예부터 식물학적으로 오레가노와 같이 취급하였으나 현재는 별개의 것으로 구분되고 있다. 오레가노에 비해 향기가 부드러워 중세 유럽에서는 향주머니를 만드는 데 없어서는 안 될 허브였다.

건조한 잎과 분말의 마조람은 채소, 조개, 치즈, 닭요리, 햄, 토끼요리, 간요리, 달팽이, 스튜, 파이나 각종 소시지요리, 수프나 소스 등에 첨가하는데 식욕을 증진시키는 효과가 있고 살균작용으로 산화를 방지해 주는 역할도 한다. 특히 육류요리의 누린내와 생선요리의 비린내를 없애는 데 좋은 향신료이며, 진정효과와 소화촉진 효과가 있어 식후 허브차로 좋다.

뿌리는 황색의 염료로 쓰이고 풀 전체는 올리브 그린색을 내는 염료로 쓰인다. 피부의 진정, 정화, 진통작용을 하며 방향성분은 향수나 화장수, 비누를 만드는 데 널리 이용된다. 차를 끓여 마시면 체내의 독소를 배출하여 몸에 이롭다. 잎은 소화촉진과 위장기능 증진에 효과가 있다.

(9) 민트(Mint)

지중해 연안이 원산지로 꿀풀과의 여러해살이풀로 품종이 다양한데 향, 풍미, 잎의 색 등에 차이가 조금씩 있다. 즉 정유의 성질에 따라 애플민트, 캣민트, 스피어민트, 페퍼민트, 페니로열민트 등으로 구분된다. 한방에서는 잎을 약용하고 향기가 좋아 향료, 음료, 사탕 제조에도 쓴다. 서양요리에서는 육류나 양고기 요리의 누린내 제거와 음료, 빵, 과자 등에 다양하게 쓰인다.

(10) 오레가노(Oregano)

마조람의 일종으로 와일드 마조람이라고 하듯이 야생화의 강인함이 단연 돋보이는 허브로 유럽과 서남아시아가 원산지이다.

박하처럼 톡 쏘는 향기가 특징이고 생으로 이용하는 것보다 건조시켜 사용하는 것이 향이 좋다. 생잎은 특유의 풋내가 없어지고 은은한 향만 남게 되므로 요리의 맛을 제대로 살릴 수 있다.

고대부터 관상용 허브로 이용되었는데 줄기와 잎, 꽃은 요리나 목욕제, 포푸리, 염색 등에 다양하게 쓰인다. 특히 요리에서는 멕시코 요리, 이탈리아 요리, 스튜, 칠리파우더, 토마토 소스, 피자파이, 치즈, 육류, 생선, 채소 등에 폭넓게 이용된다.

(11) 파슬리

원산지는 지중해 연안 국가들이다. 잎과 꽃술에 독특한 휘발성 방향성분이 있는데 1년에도 몇 번씩 수확을 한다. 비타민 A를 많이 함유하고 있어 소화를 돕는 소화효소가 풍부하며 비타민 C가 200mg으로 채소 중 최고이다. 시금치의 2배, 양배추의 4배, 토마토의 10배나 된다. 파슬리는 우리나라 사람들이 특히 좋아하는데, 꽃봉오리처럼 아름다운 잎이 한국인의 정서에 맞기 때문인 것 같다. 파슬리는 말리면 색이 변하기 때문에 신선한 채로 많이 이용한다. 잎은 요리의 가니쉬에 많이 사용하며, 잘게 다져 수프에 뿌려서 향미와 색을 내거나 채소주스로 만들기도 한다. 특히 소스나 수프를 끓일 때 부케가르니로도 이용한다.

(12) 로즈메리(Rosemary)

기원전 1세기부터 약초로 쓰였는데, 요리는 물론 큰 행사가 있을 때 생활 속에서 다양하게 이용되었다. 지중해 연안에 폭넓게 분포하는 로즈메리는 꿀풀과의 다년생 상록저목으로 1m까지 자란다. 땅을 기는 포복성 품종과 보통종이 있고 봄부터 여름에 걸쳐 흰색, 분홍색, 청색 등 입술 모양의 꽃이 핀다. 좁고 가는 솔잎 모양의 잎은 가죽처럼 질긴 성질이 있으며 윤기가 나고 강한 특유의 방향이 있다. 줄기, 잎, 꽃을 모두 이용한다.

열을 가해도 향이 보존되기 때문에 세이지, 타임과 함께 육식요리에 많이 이용되며 방향이 강하므로 주요리의 풍미를 살리려면 적게 사용하는 것이 좋다.

특히 토마토와 달걀을 주로 한 수프, 생선, 로스트, 양고기, 닭고기, 돼지고기, 쇠고기, 오리고기 등에 이용하며, 스튜나 수프에도 이용한다.

(13) 세이지(Sage)

세이지는 그리스·로마 시대부터 만병통치약으로 이용되어 왔다. "세이지를 정원에 심어놓은 집에서는 죽은 사람이 나오지 않는다"라는 속담이 있을 정도이다.

초여름에는 청색, 흰색, 분홍색, 노란색 등의 다채로운 꽃이 피며 허브 가든의 여왕으로 불린다. 5월 중순에서 7월 하순까지 개화하는데 꿀풀과 특유의 입술 모양 꽃잎은 은회색의 잎과 대조를 이루는 대표적인 관상용 허브이다. 세이지에는 보드리프세이지, 퍼플세이지, 골든세이지, 트리컬러세이지, 커먼세이지, 플라리세이지, 러시안세이지, 레드세이지, 체리세이지, 가든세이지 등 다양한 종류가 있고, 어느 장소에서나 사용 가능하며 관상, 향료채취, 약, 요리, 염색 등에 이용된다. 세이지에는 강장, 진정, 소화, 살균효과 등이 있으며, 고기나 생선의 지방분을 중화시켜 냄새를 제거하므로 요리에 매우 요긴하게 쓰인다. 특히 크림수프, 콩소메, 스튜, 햄버거, 송아지, 돼지고기, 소시지, 스터핑, 가금류, 토마토 요리에 많이 사용하며, 한번에 다량으로 사용하지 않아야 한다.

(14) 타라곤(Tarragon)

국화과에 속하며 쑥의 일종인 풀로 시베리아가 원산지로 알려져 있다. 말린 잎과 꽃의 윗부분을 향신료로 사용하는데 생선이나 닭, 스튜, 피클 등의 요리에 톡 쏘며 얼얼한 맛을 내는 데 사용한다. 신선한 잎을 떼서 샐러드로 먹기도 하며, 타라곤으로 만든 식초는 독특한 맛을 내는 것이 특징이다.

(15) 타임(Thyme)

꿀풀과의 쌍떡잎식물이며 여러해살이 풀이다. 발끝에 묻어 백 리를 간다고 하여 백리향이라고도 한다. 키는 15㎝ 정도이다. 줄기는 덩굴성으로 융단처럼 땅에 기듯이 자라는 포복형과 25~30cm 정도까지 자라 포기가 곧게 서는 형이 있다. 백리향의 줄기와 잎은 한방에서 발한제, 구풍제, 진해제 등으로 사용하기도 한다. 서양요리에서는 육류, 가금류 또는 소스 등으로 가장 많이 쓰이는 향신료 중 하나이다.

(16) 보리지(Borage)

보리지는 지중해 연안이 원산지로 지치과에 속하며 비교적 재배하기 쉬운 일·이년초이다.

고대 그리스와 로마시대부터 술 등에 넣어 마시면 기분이 좋아진다고 해서 널리 사용했다. 이런 효능 때문에 '쾌활초'라고도 불리는데 십자군 원정 때에는 고된 전쟁으로 지친 군대에 사기를 불어넣기 위해 많이 마시게 했다고 전해오고 있다. 보리지는 채소와 함께 이용하면 좋다. 잎이 부드러울 때 샐러드에 섞거나 설탕절임으로 과자의 장식에 쓰며 닭이나 생선요리에 첨가하기도 한다. 오이와 같은 향이 있어 샌드위치에 넣으며, 청량음료로도 만든다. 꽃잎은 와인에 띄우기도 하고 샐러드나 케이크, 펀치에 장식으로 이용할 수 있다. 유럽과 미국에서는 오래전부터 약초로 이용하였으며 허브 가든에서는 빼놓을 수 없는 종류이다. 보리지는 예로부터 민간요법에 약초로 사용되어 왔다. 습진이나 피부병에 효과가 있고 진통, 피로회복, 해열, 정화, 발진, 이뇨, 조급증 등에 약효가 있다고 전해진다. 꽃이 피어 있을 때 딴 잎을 따뜻한 물에 담근 습포약은 간장이나 방광의 염증에 효과가 있으며 류머티즘이나 호흡기의 염증에도 뛰어난 효력이 있다.

4) 꽃향신료(Flower Spice)

(1) 케이퍼(Caper)

원산지는 지중해 국경으로 스페인 등이다. 열매는 크기에 따라 분류하며 제일 작은 것이 질이 좋은 것이고 큰 것은 질이 좋지 않은 것으로 구분하고 있다. 그대로 사용하는 것보다 식초에 저장해 둔 것을 주로 사용하는데 소금에 절여 저장하기도 한다. 주로 샐러드 소스, 파스타, 연어, 참치요리, 청어절임, 스튜, 타르타르 등에 사용하여 요리의 마지막에 첨가하는 경우가 많다.

(2) 정향(Clove)

원산지가 인도네시아인 열대식물이며 향신료 중 꽃봉오리를 따서 건조시켜 사용하는 유일한 품종이다. 클로브의 어원은 프랑스 말로 클로우인데, '손톱이나 못'이라는 뜻이다.

선홍색의 꽃봉오리를 대나무로 따서 불 곁이나 햇볕에서 말린다. 못같이 생긴 클로브는 흑갈색이며 강한 방향성분과 얼얼한 맛이 특징이다.

통째로 된 것은 육류의 누린내와 생선의 비린내 등을 없애주는 마리네이드를 할 때 많이 이용하며, 가루로 된 것은 과일케이크, 생강빵, 줄 케이크, 후추케이크, 핫펀치, 쿠키와 빵 등에 이용된다. 향이 매우 강하기 때문에 요리할 때 지나치게 많이 사용하지 않도록 주의한다.

(3) 사프란(Saffron)

지중해 동부지역이 원산지로 주요 산지는 남유럽과 그리스, 프랑스 등으로 알려져 있다. 창포 붓꽃과의 꽃으로 암술을 말려서 향신료로 사용하는데 독특한 향과 쓴맛, 단맛이 나며 짙은 노란색을 내는 성질이 있어 향신료와 착신제로 병행하여 사용한다. 약 500개의 암술을 말려야 1g을 얻을 수 있고, 사람이 직접 수작업을 해야 하므로 세계에서 가장 비싼 가격에 유통되는 향신료라고 할 수 있다. 서양요리에서는 쌀요리, 수프, 소스, 감자, 빵 등에 사용한다. 값비싼 것이므로 스톡에 잠시 담가 색이 미리 침출되게 해서 사용하는 것이 알뜰하게 쓸 수 있는 좋은 방법이다.

5) 열매 향신료(Fruits Spice)

(1) Anise(팔각, 회향)

중국 요리를 할 때 많이 사용되는 향신료로 중국목련나무의 씨와 그 씨방이다. 원산지는 유럽이며, 다년생 초본식물로 높이가 90cm까지 자란다고 한다.

한국어로는 팔각이라고 하며, 채소 아니스와 스타 아니스가 있다. 채소 아니스는 둥근 모양의 뿌리를 보고 식별이 가능하고, 스타 아니스는 중국목련과에 속하는 나무에서 생산된다.

요리에서는 돼지고기와 오리고기의 누린내를 없애준다. 찜이나 조림 요리에 많이 사용된다.

이탈리아 요리에서는 돌체를 만드는 데 주로 사용된다.

(2) Black Pepper(검은 후추)

열대지방에서 자라는 피페(piper)니그룸(nigrum)이라는 넝쿨에 달린 열매가 완전히 익기 전에 수확하여 햇볕에 말린 것으로 원산지는 인도 남부와 동남아시아, 보르네오섬, 자바 등의 지역이다. 꽃은 흰빛으로 5~6월에 피며 꽃 이삭은 잎과 마주 달린다. 열매는 둥글고 지름은 4~5mm 정도 되며 자루가 없고 익으면 붉은색이 되는데 완숙하면 검은색으로 변한다. 즉 어린 열매를 말린 것을 후추 또는 검은 후추라고 일컬으며 겉에 주름이 있다. 흰 후추가 요리에서 다양하게 쓰이는 것은 성숙한 열매의 껍질을 벗겨서 건조시킨 것으로 색깔이 희기 때문이다. 흰 후추는 검은 후추에 비해 향기가 강하지 않아 상등품이며 'Powder' 형태로 요리에 많이 쓰인다.

(3) Cardamon(카다몬)

인도, 스리랑카, 과테말라에서 생산되며, 스파이스의 왕국이라 불리는 인도에서 후추와 함께 카다몬을 2대 스파이스라고 부른다. 커리파우더의 필수 재료이며 맛은 독특하고 강한 향기와 약간 쓴맛이 있고 자극성이 강한 매운맛이 특징이다. 요리의 부향제로 주로 쓰이며 포푸리의 부재료로도 사용된다. 주로 쿠키, 빵류, 데니시 페이스트리, 커피, 케이크, 포도, 젤리, 피클 등을 만들 때 사용한다.

(4) Cayenne pepper(카엔페퍼)

생칠리를 잘 건조시켜 만든 것이다. 칠리는 북아프리카가 원산지이며 자생 또는 많이 재배되고 있다. 칠리는 타바스코 소스의 주원료이기도 하며 독특한 매운맛이 있다. 비타민 C가 풍부하고 소화를 촉진하는 생약효과도 있으며 발한작용을 하는 성분도 함유되어 있어 감기치료에도 좋은 것으로 알려지고 있다. 옛 목동들이 맛없는 고기를 먹을 때 고기 맛을 감추기 위해 요리에 넣기 시작한 것에서 유래되어 현재까지 향신료로 쓰이고 있다. 육류, 생선, 가금류, 소스 등을 요리할 때 사용한다.

(5) Juniper Berry(주니퍼 베리)

주니퍼(두송자)는 이탈리아, 체코, 슬로바키아, 루마니아에서 자라는 삼나무과에 속하는 관목 상록수로 완두콩 크기 정도 열매를 향신료로 사용한다. 육류나 생선을 양념에 재울 때 주로 사용하며 특히 양배추의 사워크라우트, 돼지구이, 피클, 사슴고기, 양고기, 오리고기 등을 로스트(Roast)할 때와 리큐르, 알코올 음료에 향으로 많이 이용된다.

(6) Paprika(파프리카)

스페인, 프랑스 남부, 이탈리아, 유고, 헝가리에서 많이 재배되고 있으며 헝가리안 고추 또는 피멘토라 지칭하기도 한다. 헝가리산 파프리카는 얼얼한 맛을 내며 검붉은색을 띠고 있다. 맵지 않은 것으로 알려져 있으나 구미에는 아주 매운 것과 은근히 매운 것도 있다. 매운 성분은 캡사이신이고 빨간 것은 카로틴이며, 비타민의 공급원으로 유용하다. 열매 전체를 가루로 만들 경우 더욱 매운 것을 얻을 수 있으며 맵지 않은 것은 과육으로 만든다. 요리에는 드레싱, 생선, 새우, 굴, 쇠고기, 닭고기, 수프, 달걀요리, 채소요리 등에 사용되고 케첩, 칠리소스 등의 조미료를 만드는 데도 사용한다.

(7) Vanilla(바닐라)

난초과의 여러해살이 덩굴풀로 중앙아메리카, 서인도제도, 태평양제도에 많이 분포되어 있다. 익기 전의 열매를 발효하면 강렬한 향기가 나는 '바닐린'을 얻을 수 있다. 아메리카의 원주민들이 초콜릿의 향료로 사용하는 것을 본 콜럼버스가 유럽에 전했다고 하며 그 후부터 프랑스를 비롯한 유럽 전역에서 소스와 빵 등에 사용하였다.

현재는 아이스크림이나 페이스트리, 초콜릿, 캔디, 푸딩, 케이크, 음료수, 소스 등에 폭넓게 사용되고 있다.

6) 씨앗 향신료(Seed Spice)

(1) Anise Seed(아니스 씨)

자메이카에서 자라는 조그만 상록수의 열매에서 생산되기도 하며 멕시코, 양티에섬과 남미에서도 재배된다. 이것은 익기 직전의 열매를 따서 말려야 하며 피멘토, 피멘타, 자메이카 페퍼로도 많이 알려져 있다. 검붉은 갈색에서부터 노르스름한 색까지 띠는 열매와 직경 6cm까지 크는 흑갈색의 씨를 가지고 있다. 후추 같은 매운맛은 없으나 상쾌하고 달콤하면서도 쌉쌀한 맛이 난다. 향은 클로브, 정향, 넛멕, 시나몬과 같은 향료와 비슷하다. 단 음식, 매운 음식 등 어느 것에도 잘 어울리며 주로 소시지, 생선, 피클, 디저트, 마리네이드, 스튜, 수프 등에 사용된다.

(2) Caraway Seed(캐러웨이 씨)

소아시아가 원산지이며 유럽, 시베리아, 북페르시아, 히말라야에서 재배되고 있다. 이년생 초본식물로 많은 가지를 가지고 있다. 60cm 이상 자라며 작고 하얀 꽃을 피운다. 열매는 대략 0.3cm 길이로 되어 있고 익었을 때 회갈색을 띤다. 커민·아니스와 같이 캐러웨이는 독특한 향이 있다. 요리에는 사우어크라우트, 비프스튜, 수프와 캔디, 케이크, 돼지고기, 보리빵, 감자, 치즈 등에 이용된다.

(3) Celery Seed(셀러리 씨)

좁쌀만한 크기의 씨로 유럽이나 미국 등지에서 향신료로 쓰인다. 쓴맛이 있으며 채소 셀러리 향기와 비슷하다. 혈압강하와 관절염, 항류머티즘, 소염, 이뇨, 통풍치료 등에 좋다.

숙성한 씨를 가을에 수확하여 차로 우려 마시거나 곱게 빻아서 류머티즘성 질환 등의 부위에 습포를 해도 좋다. 서양요리에서는 수프, 스튜의 요리, 치즈요리, 피클 등에 사용한다.

(4) Coriander Seed(코리앤더 씨)

조그마한 후추콩 크기 정도의 열매로 고수라는 식물의 씨를 말한다. 통째로 사용하기도 하지만 대부분은 가루로 만든 후 향신료로 사용한다. 강한 향이 있기 때문에 생선, 육류요리에 비린 내나 노린내를 제거할 때 사용하면 좋다. 소화를 촉진하는 효과가 있다고 알려져 있다. 육류, 생선, 빵, 케이크, 절임 요리 등에 사용된다.

(5) Cumin(커민)

씨앗을 향신료로 이용하는 식물로 노랑 또는 연한 갈색을 띠고 있다. 모양은 다섯 측면으로 되어 있고 부드러운 잔털로 덮여 있다. 맛은 쓴맛, 향긋한 맛 외에 '구미날'이란 성분도 지니고 있다. 로마시대부터 양고기, 쇠고기, 조류, 돼지고기 등에 후추처럼 사용하는 향신료였는데, 중세에 와서야 일반적인 향신료로 사용되었다. 요리에는 주로 커리파우더, 치즈, 피클, 수프, 스튜, 빵 등에 이용된다.

(6) Dill Seed(딜 씨)

지중해 연안과 남러시아가 원산지로 꽃과 잎, 줄기, 씨 모두에 향기가 있는데 잎과 줄기 등은 허브로 차가운 요리에 향을 내기 위해 쓰이며, 소스나 더운 요리 향신료로 쓰이는 것은 주로 씨이다. 딜 씨는 소화, 구풍, 진정, 최면에 효능이 좋으며, 동맥경화 예방에 좋고, 저염식 식단이 필요한 고혈압환자나 당뇨병환자에게도 효과가 좋은 향신료이다. 케이크, 빵, 과자, 샐러드, 소스 등에 사용한다.

(7) Fennel Seed(펜넬 씨)

펜넬은 지중해 연안이 원산지이다. 속명인 페니쿨룸(Foeniculum)은 '건초'를 뜻하는 라틴어 페눔(foenum)에서 왔는데, 이는 펜넬의 특유한 건초 냄새에서 연유한 이름으로 알려져 있다. 중국 명으로는 회향이라고도 하고, 잎은 가늘고 섬세하여 새 깃털과도 같다. 씨는 달콤하고 상큼한 맛이 있어 육류의 누린내를 없애고 맛을 돋우는 데 좋은 향신료이다. 소스, 빵, 카레, 피클, 생선·육류요리 등에 사용한다.

(8) Mustard Seed(머스터드 씨)

온화한 기후와 열대기후 어디서든 자생하는 머스터드는 세계적으로 광범위하게 퍼져 있다. 채소로 사용되는 머스터드 잎은 샐러드로 사용되고 씨는 다양한 용도로 사용된다.

주로 사용되는 것은 씨인데, 색은 밝은 밤색이며 후추처럼 갈아서 양념으로 사용한다. 이때 터메릭, 식초, 포도당, 소금 등을 넣어 순한 맛을 만들어낸다. 디종 머스터드는 허브와 백포도주를 섞어서 톡 쏘는 맛이 나지만 끝맛은 부드러운 것이 특징이다.

머스터드는 매운맛을 지니고 있으며 소스, 샐러드, 마요네즈, 피클, 그레이비, 특히 돼지고기와 소시지에 많이 사용한다.

(9) Nutmeg(넛멕)

원산지는 향료의 섬이라 불리는 인도네시아 몰루카섬에서 자란다. 그 외에도 서인도제도 반디섬과 파푸아뉴기니, 브라질 등지에서도 생산된다. 잎은 어긋나고 긴 타원형이며 가장자리가 밋밋하고 두껍다. 복숭아 같은 씨를 말려서 만드는데 표면의 코팅된 껍질은 메이스와 함께 향미료로 사용한다. 향이 달콤하면서도 깊은 맛을 가지고 있어 생선요리, 소스, 아스픽, 크림푸딩, 닭, 송아지, 사슴고기, 스튜, 피클 등에 사용된다.

(10) Poppy Seed(양귀비 씨)

극동아시아와 네덜란드가 원산지로 알려져 있다. 씨앗을 말려서 음식의 조미료 또는 양귀비 씨 기름의 원료로 쓰인다. 마약으로 알려진 아편의 원료로도 유명하다. 하지만 이는 눈[芽]에 들어 있는 즙액이 아편이 되는데 이것은 씨가 형성되기 전에만 있기 때문에 양귀비 씨에는 마약성분이 없다. 씨는 작고 길이가 약 1㎜이며, 콩팥 모양이고 회청색에서 짙은 푸른색을 띤다. 파란 솔방울만한 양귀비 열매에 3만 2천여 개의 씨앗이 들어 있다고 한다. 나무열매와 같은 은은한 향기와 부드러운 맛이 있어 빵이나 그 밖의 굽는 음식에 널리 이용된다.

(11) White Pepper(흰 후추)

후추에는 검은 것과 흰 것이 있다. 검은 후추의 매운맛이 흰 후추보다 더 강하다. 검은 것은 덜 익은 후추종을 외피가 주름지고 검은색으로 변할 때까지 태양에서 말린 것이고, 흰 것은 같은 작물에서 검은 것이 완숙되었을 때 딴 것이다. 간 후추보다 갈지 않은 통후추가 더 매운맛이 나며, 흰 후추는 생선요리나 하얀색의 요리를 할 때 넣으면 색이 나쁘게 보이지 않아 유용하게 쓸 수 있다. 후추는 고기나 생선의 누린내, 비린내를 없애주며 미각을 자극해 식욕증진의 효과도 있다. 통으로 된 후추는 돼지고기, 소시지 등의 육가공 요리 및 육류 절임, 수프, 피클, 소스에 풍미를 내는 데 이용하고 간 것은 요리의 마지막에 첨가하여 요리의 맛과 풍미를 더하는 데 사용한다.

(12) Curry powder(커리파우더)

커리는 엄격한 종교 전통에 따라 몇 가지의 가루로 된 향료를 섞어서 쓴다. 주로 향료는 터메릭, 코리앤더, 생강, 캐러웨이, 후추, 파프리카, 카다몬, 커민 등 12가지 이상을 섞은 것이다. 맛은 생강과 고추의 함량에 따라 순한맛, 중간맛, 매운맛으로 나뉠 수 있으며, 남인도지방에서 생산되는 커리가 맵기로 유명하다.

커리가 노란색을 띠는 것은 터메릭의 함량에 따라 차이가 나는데, 터메릭의 양이 적을수록 노란색이 약해진다. 요리에는 고기, 생선, 닭고기, 밥, 수프 등에 사용되며, 주로 동남아시아 요리에 많이 사용되고 있다.

3. 허브와 향신료의 요리 용도

1) 향신료 다발과 부케가르니

서양요리를 할 때는 부케가르니를 많이 이용하는데, 잎은 허브를 조금씩 끈으로 묶거나 치즈를 만드는 치즈클로스에 넣어 만든다. 소스, 수프, 스톡, 스튜 등과 같은 조리를 할 때 향과 맛, 풍미를 더해주기 위하여 대중적으로 사용하고 있다. 요리의 용도에 따라 선택된 향신료와 허브들을 굵은 실로 묶어 조리 시에 첨가하게 되는데 셀러리, 파슬리 줄기, 월계수잎, 타임, 로즈메리 등으로 묶을 수 있다. 향신료 다발은 묶을 수 없어 작은 입자를 가진 재료들은 소창이나 천을 사용하여 마치 복주머니처럼 묶어서 조리 시에 사용한다. 요리의 마지막에 주로 건져준다.

2) 요리에 따른 용도

허브는 생선, 육류, 채소 등의 요리에 다양하게 이용할 수 있지만, 처음부터 너무 많이 사용하면 향이 강하여 음식 특유의 맛을 잃을 수 있으므로 조금씩 사용한다. 주의할 것은 허브의 향이다. 신선한 허브 1큰술이 건조한 허브 1작은술에 해당하기 때문에 환산을 잊지 않도록 한다. 또 사용하는 용도나 조리시간도 중요하다. 스튜나 수프처럼 고온이나 오랜 시간의 조리를 요하는 요리에는 향기가 잘 없어지지 않는 세이보리, 오레가노, 세이지, 셀러리, 타임, 파슬리, 펜넬, 로즈메리 등이 알맞다. 반대로 요리가 끝날 때쯤 첨가하거나 열을 가하지 않는 요리에 사용하여 고유의 맛과 향을 살릴 수 있는 허브로는 코리앤더, 타라곤, 처빌, 차이브, 딜, 바질, 민트 등이 알맞다. 또한 건조한 허브는 그 향이 충분히 우러나도록 조리의 초기에 넣어 사용하고 신선한 허브는 조리의 후반부에 넣어 향을 최대한 유지하도록 하는 것이 좋다. 이 허브들을 잘게 썰어서 피자, 샐러드, 수프, 소스 등에 섞으면 세련된 조미료가 된다. 또 싱싱한 허브의 잎이나 꽃은 요리의 장식으로도 쓰이는 데, 식탁의 장식을 시각적으로 풍요롭게 하는 데 도움이 된다. 한편 허브를 이용하여 버터나 오일, 식초를 만들어 용도에 따라 손쉽게 사용할 수도 있다. 주재료는 일반 시중에서 판매하는 식물성 버터나 옥수수, 콩, 올리브 등으로 만든 식용유, 사과식초나 와인식초 등을 사용해도 좋다.

만드는 방법이 간단하기 때문에 조금만 신경 쓰면 가족의 건강은 물론 요리의 풍미를 즐길 수도 있다.

제4장 소고기(Beef)

1. 육류의 개요

인간은 선사시대부터 산이나 들에서 자라는 식물의 열매를 따서 먹음으로써 탄수화물이나 기타 무기질을 섭취하였고, 들짐승이나 새들을 사냥하여 육류의 단백질을 섭취하였다. 불을 발견하면서 고기를 구워 먹게 되었고, 그 후부터 육류는 인간의 식생활에서 빠질 수 없는 고급단백질 공급원으로 자리 잡게 되었다. 식문화가 발달하면서 사람은 야생동물을 순치 개량하여 집에서 기르기 시작하였는데 이를 가축이라는 이름으로 현재 다양한 동물들이 사육되고 있다. 이러한 가축에서 생산되는 도체를 육류라고 하며, 이는 소, 돼지, 양 같은 동물의 고기를 뜻한다.

육류에는 양질의 단백질과 지질 등이 풍부하게 함유되어 있고, 비타민 B_1, B_2와 무기질 등이 들어 있어 우리 몸에 꼭 필요한 기초식품이다. 육류는 근육조직, 결합조직, 지방조직 등 3가지로 구성되어 있으며 뼈 등의 골격과 연결되어 있고, 도살 직후에는 근육이 뻣뻣해졌다가 일정 시간이 지나면 부드러워지는데 이러한 점은 사후경직이라 한다. 경직기가 지나면 자기 소화기에 들어가는데 이 과정을 자기 숙성이라 한다. 대부분의 육류는 이러한 숙성과정을 거쳐야 고기 맛이 좋아지고 보존성도 증가되며 향기와 맛이 좋아진다. 육류의 성분을 살펴보면, 대체로 수분이 70%이며 단백질 20%를 포함하여 지방, 당질, 칼슘, 인, 철 등의 무기질과 비타민류 등으로 구성되어 있다.

Grain beef는 대부분 최고품인 pine(최상급)이나 choice(상등급)급으로 판정받아 유통된다.

쇠고기는 나이와 성별에 따라 분류된다.

① 수송아지 : 어릴 때 거세하여 호르몬 분비를 억제시켜서 얻은 고기로 대부분 최상급이나 상
   등급을 생산한다.
② 어린 암소 : 어린 처녀 암소로 수송아지 다음으로 품질이 뛰어나다. 수송아지보다 빨리 성숙
   하며 살이 찐다.
③ 암소 : 1~2마리의 새끼를 낳은 암컷으로 몸속에는 불균일한 노란색의 지방층을 가진 것이
   특징이다. 송아지나 우유를 산출할 때까지 사육하므로 대부분 나이가 들어 도축하게
   된다. 나이는 쇠고기의 육질에 크게 영향을 미치기 때문에 표준급이나 판매급으로 유
   통된다.
④ 거세한 황소 : 성적으로 성숙한 후에 거세한 수컷으로서, 수육의 마블링과 조직의 품질이 낮
   으므로 판매급이나 통조림급에 해당한다. 거세한 황소고기는 대부분 통조림과 건조용으로
   유통된다.
⑤ 황소 : 성적으로 성숙하고 거세하지 않은 수컷으로서 지방질보다 육질이 많으며 진홍색을
   띠고 있어 최하급의 쇠고기로 소시지와 건조용으로 유통된다.

(1) 원산지별 쇠고기 근내지방 중 올레인산 함량

쇠고기에 함유된 지방산 중에 단일 불포화지방산의 일종인 '올레인산'은 쇠고기의 맛을 좌우
한다. 때문에 그 함량이 상대적으로 낮으면 기호성이 떨어질 수밖에 없다. 올레인산(Oleic acid)
은 올리브유, 동백유 등 유지류의 주성분으로 대표적인 불포화지방산이다. 융점 8~16℃의 무색
무취의 액체이며 화장품, 의약품 첨가제 등으로 쓰이는 것으로 콜레스테롤 함량을 떨어뜨리거나
증가시키지 않는 역할을 한다(Sturdicant 등, 1992).

우리나라 한우 고기에는 사람의 건강에 유익한 불포화지방산이 59% 함유되어 있어 수입육
이나 교잡우에 비하여 월등하게 많은 것은 물론 고기의 맛과 향미를 증진시키는 올레인산 함량
이 다른 품종의 쇠고기보다 훨씬 많아 맛이 좋다.

즉 한우는 올레인산 함량이 수입육에 비해 높으며 쇠고기 내의 지방이 골고루 분포된 것, 지방
함량이 많고 적다든가의 문제가 아니라 쇠고기를 구성하는 지방성분 중 올레인산 조성비율이 근
본적으로 다르기 때문에 맛에서 차이가 난다. 다시 말해 쇠고기 질이 다르기 때문에 우리나라 사

람들은 한우고기를 좋아한다고 할 수 있다. 세계적으로 널리 알려진 'Wagyu' 역시 올레인산이 많이 함유되었기 때문이라고 볼 수 있다.

올레인산 함량 비교표

구성분	쇠고기 원산지별					
	뉴질랜드	호주산	젖소 (한국산)	미국산	한우 (한국)	와규(wagyu) (일본)
지방산 중 올레인산 함량(%)	31.0	31.6	27.0	42.5	48.0	50.2

2. 쇠고기의 특징

1) Grass Beef : 자연초목에서 풀을 먹고 자란 소

2) Grain Beef : 최소 90일 이상 곡물 먹인 소를 일컬음

3) 육류의 근육조직

① 근육조직 : 우리가 보통으로 먹는 고기로 미오신과 액틴이 결합조직에 싸여 있음

② 결합조직 : 콜라겐으로 구성된 것(쇠머리, 쇠족, 힘줄이 많은 질긴 고기)

③ 지방조직 : 포화지방산이 다량 함유된 것

④ 골격조직 : 칼슘과 인을 공급하며, 인지질을 많이 함유

⑤ 내장조직 : 간, 천엽 등 무기질과 비타민 다량 함유

- 고기 : 수분이 70~75% 차지. 수분을 제외하면 대부분 단백질로 20%를 차지함

- 그 외에 탄수화물, 지방, 각종 무기질 함유. 철분의 공급원임

- 육류는 양질의 동물성 단백질 공급원으로 필수 아미노산이 골고루 함유되어 있음

- 가축은 도살된 후 사후강직이 일어남. 쇠고기 12~24시간, 돼지고기 8~12시간, 닭은 6~12시간이 지나야 식용으로 적당하며, 이 과정을 숙성이라고 함

4) 연한 부위(Tender Cuts)

〈건열방식 조리〉

- 로스트용, 구이용, 프라이용, 불구이 또는 석쇠구이용(바비큐)

- 갈비부위

- 등심부위

- 설도부위

5) 적당히 연한 부위(Medium Tender Cuts)

〈건열방식 조리/연도 강화 위해 습열방식 조리〉

 편육용, 구이용, 조림용, 탕용

- 목심부위

- 우둔부위

6) 덜 연한 부위(Less Tender Cuts)

〈습열방식 조리〉

 찜용, 스튜용, 찜구이용

- 사태부위

- 사각형 쇠고기

- 앞가슴부위

- 뒷가슴부위

- 플랭크부위

3. 쇠고기의 부위별 명칭

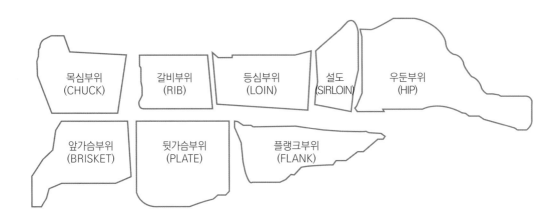

1) 목심부위(Chuck)

(1) 부채살(견갑골살, shoulder joint) : **Shoulder clod Top Blade** : 어깨관절 뒤에서부터 견갑연골 끝까지 뻗어 있는 근육. 서대살, 낙엽살로도 불린다.

- 미국산 명칭 - Flat Iron
- 호주산 명칭 - Blade or Clod

(2) 목심 : 앞다리(CLOD)부분과 목심(Chuck Roll)부분을 포함한 상태에서 절단한 후 모든 뼈와 연골 등을 제거한 상태

- 미국산 명칭 - Chuck roll(Boneless)
- 호주산 명칭 - Chuck and Blade

※ 앞다리부분과 꾸리살을 제거한 상태로 판매하기도 한다.(chuck roll)

(3) 꾸리살 : 등뼈에서 목뼈로 이어지는 관절(견갑골)부위에 붙어 있는 살
- 미국산 명칭 - Chuck Tender
- 호주산 명칭 - Chuck Tender

(4) 알목심: 목에서 등 쪽으로 살이 가장 많이 붙어 있는 곳

Chuck roll에서 살치살을 분리하고 살치살과 연결되어 있던 아랫부분을 천연근 봉합선을 따라 제거한 규격이다.
- 미국산 명칭 - Chcuk eye roll
- 호주산 명칭 - Chuck roll

(5) 제비추리 : 목부터 갈비 6번째까지 길게 이어지는 근육(Neck Chain이라고도 함). 경추와 흉추의 복부 쪽에 있는 긴 근육으로 6번째 늑골까지 연결됨
- 미국산 명칭 - Rope Meat
- 호주산 명칭 - Neck Chain

(6) 살치살 : 목심에서 알목심을 생산하고 남는 목심의 가장자리 부분
- 미국산 명칭 - Chuck Flap Tail
- 호주산 명칭 - Chuck Flap Tail

(7) 척갈비(앞갈비) : 목심부위를 절단했을 때 갈비 2번부터 5번까지의 갈비뼈를 포함한 상태
- 미국산 명칭 - Chuck Short Ribs(Bone-in)
- 호주산 명칭 - Chuck Short Ribs(Bone-in)

(8) 갈비본살 : 척갈비(앞갈비)에서 뼈와 허드레 살을 제거한 것
- 미국산 명칭 - Chuck Short Ribs(Boneless)
- 호주산 명칭 - Chuck Short Ribs(Boneless)

2) 갈비부위(위쪽, Rib)

(1) 갈비심(꽃등심) : 갈비 등 쪽에 있으며 늑골 6번째부터 13번째까지 이어지는 등심

- 미국산 명칭 - Rib eye roll, Lip off
- 호주산 명칭 - Cube roll

※ 뼈를 포함한 것도 있다.

※ 옆근육 제거한 것을 Rib-eye Roll 'Lip off'라 한다.

※ 옆 근육 붙인 상태를 Rib-eye Roll 'Lip on'이라 한다.

(2) 갈비(정선) : 갈비정육, Short Rib Boneless

- 미국산 명칭 - Short Ribs Trimmed
- 호주산 명칭 - Rib Ends

(3) 등갈비 : 갈비를 통째로 늑골 5번째에서 13번째까지 절단했을 때 위쪽 부분

- 미국산 명칭 - Back Rib
- 호주산 명칭 - Back Rib

※ 갈비부위와 뒷가슴부위의 중간부분을 절단한 것이 우리나라 사람들이 제일 좋아하는 불갈비 부위이다.

(4) 늑간살(갈빗살) : 갈비뼈 사이에 붙어 있는 살. 늑골이 포함된 모든 부위에서 생산 가능함

- 미국산 명칭 - Rib Fingers(intercostal)
- 호주산 명칭 - Finger Meat

3) 등심부위

(1) 채끝 등심: 뒤쪽 갈비 3개 부분부터 허리 관절까지 이어지는 등심

- 미국산 명칭 - Striploin 〈Short Cut〉 - Boneless
- 호주산 명칭 - Striploin

(2) 안심 190A(옆근육 제거, 근막 제거) : 채끝 등심 안쪽에 붙어 있는 근육. 머리 쪽이 우둔 쪽으로 치우쳐 있음

• 미국산 명칭 - Full Tenderloin 〈Side Muscle off skinned〉
• 호주산 명칭 - Full Tenderloin

(3) 안심 189(옆근육 부착, 지방 제거) : 채끝 등심 안쪽에 붙어 있는 근육. 머리 쪽이 우둔 쪽으로 치우쳐 있음

• 미국산 명칭 - Full Tenderloin 〈Side Muscle on Defated〉
• 호주산 명칭 - Full Tenderloin 〈Side Muscle on Defated〉

4) 설도부위(Sirloin)

(1) 보섭살(설도살) : 채끝 등심부분과 우둔 사이에 있는 근육
• 미국산 명칭 - Top Sirloin Butt
• 호주산 명칭 - Rump(등심 쪽)

(2) 뒷도가니살 : 허리 관절부위에 붙어 있음
• 미국산 명칭 - Bottom Sirloin Butt(Flap Meat)
• 호주산 명칭 - D-Rump(관절부위에 붙어 있음)

5) 우둔부위(Hip)

(1) 도가니살(껍질 제거): 뒷무릎 위 안쪽에 붙어 있는 살. 대분할 우둔 부위에서 가장 먼저 분리되는 부위
• 미국산 명칭 - Knuckle(Peeled)
• 호주산 명칭 - Knuckle

(2) 우둔상 : 엉덩이에서 제일 상단부분. 우둔의 윗부분이다. 한국식에서는 우둔살이라고도 한다.

- 미국산 명칭 - Top Round Inside
- 호주산 명칭 - TopSide-inside

(3) 우둔하(정선) : 엉덩이살에서 우둔살을 떼어내고 홍두깨살을 분리하지 않은 상태

- 미국산 명칭 - Bottom Round
- 호주산 명칭 - Silver Side

(4) 설깃살 : 홍두깨살이 분리된 규격으로 항문에 가장 가까운 곳에 위치

- 미국산 명칭 - Outside Round, Flat(Heel Out)
- 호주산 명칭 - Outside Flat

(5) 홍두깨살 : 엉덩이에서 다리 쪽으로 길게 뻗어 있는 살

- 미국산 명칭 - Eye of Round
- 호주산 명칭 - Eye Round

6) 사태부위(Shank)

(1) 앞다리사태 : 앞뒤 다리의 지육을 발골한 것

- 미국산 명칭 - Fore Shank(Shin Meat)
- 호주산 명칭 - Fore Shank

(2) 다이스트 쇠고기(스튜용 쇠고기) : 사태를 오리고 나온 고기

- 미국산 명칭 - Diced Beef
- 호주산 명칭 - Diced Beef

7) 앞가슴부위(Brisket)

1) 차돌양지 : 뱃살 중 앞쪽 가슴에 붙어 있는 살
- 미국산 명칭 - Brisket(Boneless, Deckle off)
- 호주산 명칭 - Brisket

8) 뒷가슴부위(Plate)

(1) 안창살 : 횡격막 중 얇은 부분. 척추부분에 인접
- 미국산 명칭 - Skirt Steak Outer
- 호주산 명칭 - Thin Skirt

(2) 치마살 : 횡격막 중 가장 두터운 부분으로 척추에 붙어 있는 살
- 미국산 명칭 - Skirt Steak
- 호주산 명칭 - 토시살(Thin Skirt)

(3) 삼겹양지 : 뱃살 중 뒤쪽 부분에 붙어 있음(국거리용)
- 미국산 명칭 - Short Plate
- 호주산 명칭 - Short Plate

9) 플랭크 부위(Flank)

(1) 플랭크 스테이크 : 뱃살 중 가장 뒤쪽에 붙어 있는 살
- 미국산 명칭 - Flank steak
- 호주산 명칭 - Flank steak

10) Porterhouse(포터하우스 스테이크), T-Bone(티본스테이크), Wing(윙스테이크)

채끝등심(Striploin)과 안심(Tenderloin)의 T자 모양으로 생긴 가운데 뼈를 포함한 상태에서 수직으로 3등분으로 절단하면 포터하우스 스테이크, 티본스테이크, 윙스테이크가 산출된다. 안심의 크기로 구분하는데 안심을 가장 많이 포함하고 있는 것이 포터하우스, 중간이 T-Bone, 가장적게 포함한 것을 윙스테이크라 한다.

11) 소의 머리에서 생산되는 부산물

(1) 볼때기살(Cheek meat) : 턱 부위 살부분에서 분비선을 정선하고 생산한다.

(2) 머릿고기(Head meat) : 소 두개골에서 피부(skin), 볼살(cheeks), 혀(tongue), 입술(lips)을 분리한 후 남는 고기. 편육용

(3) 입술(Lips) : 입의 단단한 앞 근육부분

(4) 혀(Tongue) : 지방 및 뼈, 임파선, 뿌리, 혓날이 제거된 규격이다.

12) 소의 목과 가슴에서 생산되는 부산물

(1) 식도(Weasand) : 인두와 위를 연결하는 90~105cm 정도의 근막성의 긴 관

(2) 폐(Lungs) : 후두에 연결된 약 65cm의 관상기관

(3) 흉선(송아지목살, Sweetbreads) : 주로 어린 소의 목 주위에 위치하며, 지방 등이 제거된 상태

(4) 심장(염통) : 전체(Heart/full) 소 체중의 0.4~0.5% 차지

(5) 간(표준형)[Liver(Regular)] : 창자 내 소화에 중요한 담즙을 내보냄

(6) 신장(Kidney) : 종 모양으로 생겼으며 제1~4 요추 늑골돌기 부위에 위치

(7) 췌장(Pancreas Gland) : 위의 후방에 있으며 십이지장 기부를 따라 위치. 간 근처에 있는 흉
    선과 비슷하면서도 더 불규칙한 모양의 장기

13) 소의 위에서 생산되는 부산물

(위는 식도와 곱창 사이에 있는 주머니 모양의 기관이며 횡격막과 간장의 바로 뒤에 있다.)

(1) 양(탕침)[Paunch/Rumen(Scalded)]
소의 제1위에 해당되며 흑위라고도 부른다. 위 전체의 약 80%를 차지한다.

(2) 벌집위(탕침)[Honeycomb/Riticulum(Scalded)]
소의 제2위로 벌집처럼 생겼다. 위 중에서 가장 작으며 위 전체의 5% 정도를 차지한다.

(3) 양깃머리(Mountain Chain Type)
소의 양을 싸고 있는 굵은 기둥처럼 생긴 부위로 Rumen Pillar라고도 한다.

(4) 천엽[탕침, Omasum Scalded]
소의 제3위로 천엽 또는 백엽이라고도 부른다. 위 전체의 7~8% 정도를 차지한다. 천엽은 제4
위인 홍창과 만난다.

14) 소의 창자에서 생산되는 부산물

(1) 곱창(소장, Small Intestine)
소의 창자 중 첫 번째인 소장에 해당된다. 소장은 십이지장, 공장, 회장으로 구성되어 있다.

(2) 대창(대장, Large Intestine)

소장(곱창)과 직장을 연결하는 소화기관의 일부이다.

(3) 직장(Bun Cup) : 소의 대장에서 연결되며, Rectum이라고도 한다.

15) 기타 부산물

(1) 우족/단족[Feet(Short Cut) Front Feet/back Feet]

소의 족이며 도가니뼈(Patella Bone)를 자른 후 그 지점 아래에서 한번 추가 절단하여 만든다.
만일 추가 절단하지 않으면 장족(Feet~Long Cut) 규격이 된다.

(2) 우건(스지)[Tendons(Flexor)]

앞다리에서 생산되는 힘줄이다.

(3) 우건(스지)[Tendons(Achilles)]

뒷다리에서 생산되는 힘줄이다.

(4) 꼬리(Oxtail)

관골(Pelvic Bone)이 포함되지 않은 규격이다.

제5장 양고기

1. 양고기의 개요

토양이 건조한 지역에서 목축이 잘되는 양은 염소와 함께 가장 오래된 가축이며 신석기시대 초기(BC 9000년경)의 이라크 유적에서 이미 가축화된 유해가 발견된 것을 보면 인류가 양고기를 먹기 시작한 것은 원시시대부터라고 볼 수 있겠다. 이 시기는 야산에서 목초를 뜯고 있는 양들을 뾰족한 칼 모양의 돌로 사냥하여 먹었을 것이다. 최초의 농경이 서남아시아에서 발생하기 직전으로, 사람들은 종래의 수렵생활에 종자식물의 이용도 겸한 정착에 가까운 생활을 시작하게 되었다. 이와 같이 양의 가축화는 농경의 발생과정과 거의 시기를 같이하고 있고, 그 후 고대 오리엔트문명 성립의 경제적 배경을 이루는 한 요인도 되었다.

처음에 양은 수렵동물을 대신하는 식량원의 하나로 주로 고기가 이용되었으나 차츰 젖의 이용도 중요시하게 되었다. 고대 메소포타미아와 이집트에서는 BC 3000년경에 이미 유제품(乳製品)이 만들어졌다. 기원전 1750년경에 하라파(Harappa)와 모헨조다로(Mohenjodaro)의 붕괴와 유라시아 스텝 지역으로부터 아리안족인 유목민들이 출현하여 양고기를 주식으로 애용하였다.

오늘날 양의 사육과 이용은 대체로 3가지 유형으로 나누어진다. 즉 오스트레일리아와 아르헨티나에서 볼 수 있는 근대적 목축, 지중해 연안을 중심으로 하는 농촌형 목축, 중앙아시아 초원지대 또는 아라비아·사하라사막의 주변에서 볼 수 있는 유목(遊牧)이다.

농촌형 목축은 다시 계절에 따라 방목지를 이동하는 이목(移牧)과 마을 근처의 목초지를 이용하는 당일방목(當日放牧)의 두 형태로 세분된다. 양과 인간생활의 관계가 밀접한 것은 유목과 이

목의 두 형태에 기인하며 아마도 고대로부터의 전통적인 양의 사육방식도 이 두 형태 중의 어느 하나였을 것이라 생각한다.

유목의 경우는 양 외에 소·낙타·말 등의 동물도 함께 사육하는데 일반적인 식량원으로는 주로 양고기를 이용한다. 그러나 섭식하는 것은 보통 젖에서 가공되는 치즈나 발효유 등의 유제품이다. 가축에 대한 유목인의 의존도는 매우 높아 털·가죽·고기·뼈에서부터 배설물에 이르기까지 철저하게 이용하고 있다.

유목의 경우는 농촌사회와의 관계가 밀접한데 사육에 종사하는 목부도 농민 속의 특정한 사회집단이라고 볼 수 있으며 이른바 농촌 속에서 분업의 형태를 취하고 있다. 이때 다른 가축을 함께 사육하는 경우는 없고 양을 집중적으로 관리하게 된다. 양떼 속에 수컷이 많이 있으면 발정기에 서로 싸움이 생겨 양떼가 혼란을 일으키므로 수컷은 새끼양일 때 알맞게 솎아낸다. 젖을 짜는 최적시기는 새끼양이 젖을 떼고 난 바로 다음이므로 암컷의 출산시기를 적절히 조절하면 유제품을 만들기 위한 젖의 양을 안전하게 확보할 수 있다.

2. 양고기의 부위별 명칭

1) Lamb/어린 양의 도체
몸체 골격에 붙어 있는 모든 근조직 및 뼈, 발목관절 및 무릎관절, 그리고 모든 경추골과 5개까지의 미추골을 포함한다. 유방 또는 고환, 음경 그리고 유방 또는 음낭 지방은 제거됨

냉동 시 보관을 용이하게 하기 위하여 앞다리 사태부분은 일반적으로 목부분에 밀착되도록 끈으로 묶음

2) Leg Chump On
이분체에서 6번째 요추골을 지나 장골(볼기뼈, ilium)을 떼어낼 수 있는 부위까지 절단한 것

3) Leg Chump On - Shank Off(레그 첨프 온 - 사태 제거)
레그 첨프 온에서 경골(정강이뼈, shank bone: tibia)을 부분적 또는 무릎관절까지 모두 제거한 것

4) Shortloin(쇼트로인)

로인에서 6~8대의 갈비 랙(rib rack)을 제거하고 남은 부분

5) Rack(랙/양갈비세트)

이분체에서 4~6개의 늑골이 붙어 있는 전사분체와 1개의 늑골이 붙어 있는 후사분체를 제거하고 나면 랙에는 6개의 늑골이 남게 됨. 브레스트는 직선으로 제거됨

6) Rack Frenched(랙 프렌치드/양갈비세트)

랙으로부터 유래하며, 6~9개의 늑골로 구성됨. 추골과 가시돌기는 제거되고 승모근은 부착됨. 갈비는 안장근으로부터 10cm 거리에서 사각형으로 절단되며 절단부에서 5cm 정도의 갈비에 붙은 살을 발라냄

7) Trunk(트렁크/정육)

지육 트렁크 또는 지육 트렁크 첨프 온에서 뼈, 연골, 힘줄, 목, 인대 등을 제거. 뒷다리부분을 제외한 앞쪽 몸통 정육

8) Forequarter(포 쿼터/전사분체정육)

전사분체 지육에서 뼈와 목 인대를 제거

9) Shoulder-Square Out Rolled/Netted(어깨 사각절단)

어깨 사각절단에서 유래하며 이 부위에 부착되어 있는 뼈와 목인을 제거

10) Square Cut Shoulder(스퀘어 컷 숄더/사각절단 어깨)

전사분체에서 첫 번째 늑골과 흉골 사이에 있는 관절에서 시작하여 추골과 평행으로 사태와 양지를 직선으로 제거함. 목은 3번째 경추와 4번째 경추 사이를 절단하여 제거

11) Neck(넥/목살)

넥은 3~4개의 경추골과 관련 근섬유로 구성됨

12) Foreshank (포 섕크/앞사태)

앞사태는 앞사태(척골과 요골)와 상완골 끝 25~40mm(1인치~1½인치) 위쪽 골격과 그 관련 근섬유로 구성됨

13) Leg Chump On/Shank(레그 첨프 온/사태 제거)

지육 레그 첨프 온에서 뼈, 힘줄, 사태 제거

14) Tenderloin of Lamb(덴더로인/양 안심)

첨프 온 로인(chump on loin)에서 안심을 떼어냄

15) Backstrap(백스트랩/등심)

로인(loin), 랙(rack), 전사분체에 이르는 완전한 안장근(eye muscle)이며 목의 4번째 경추골까지 포함될 수 있음

제6장 닭고기

1. 닭고기의 개요

닭은 원래 들닭(野鷄)이었으나 지금으로부터 약 4000년 전 인도, 말레이시아, 미얀마 등지에서 가금화(家禽化)되어 사람이 기르기 시작했다고 기록되어 있다. 그 동기를 확실히 알 수는 없으나 처음에는 고기나 달걀을 식용으로 이용하고자 하는 목적보다는 오락적 또는 종교적인 목적 때문에 가금화하였다가 차츰 경제적으로 이용하기 위해 기르게 되었을 것으로 추측된다. 우리나라에서도 닭을 식용한 역사는 매우 오래된 것으로 추정되지만 정확한 시기는 알 수 없으며, 중국의 영향을 많이 받았을 것으로 보인다. 지구상에 현존하는 야계에는 4종류가 있는데 이는 다음과 같다.

1) 적색야계 : 가장 널리 분포되어 있으며 암, 수 모두 외관상 갈색 레그혼종과 비슷하다. 말레이시아, 인도, 중국 남부지방에 많이 분포되어 있다.

2) 실론야계 : 외모가 적색야계와 비슷하여 깃털은 감색을 띠고 있으며, 볏의 중앙이 황색인 것이 특징으로 실론 지방에만 있다.

3) 회색야계 : 서남인도지방에 야생하고 회색 깃털이며 목 부위는 황금색 깃털을 가지고 있으며 반점이 있는 것이 특징이다. 울음소리가 탁하여 울음을 길게 뽑지 못하는 것이 특징이다.

4) 녹색야계 : 자바섬을 중심으로 그 인근에 분포하고 있다. 깃털이 녹색이어서 녹색야계로 불리며, 볏의 가장자리가 밋밋하고 적색인 것이 특징이다.

닭고기는 가금류 중에 가장 연한 질감을 가졌고 맛과 풍미가 담백하여 조리하기 쉽고 영양가도 높아 지구상의 사람들이 가장 많이 먹는 고기 중 하나라고 할 수 있다. 닭고기의 성분은 지방질이 적고 소화흡수율이 좋은 단백질이 많아 닭고기 100g 중 21g이고 지방질은 4.8g이며, 126kcal의 열량을 내는데 특히 비타민 B_2가 많다. 그 밖에 회분 1.3g, 칼슘 4mg, 인 300mg, 비타민 A, B_1, B_2 등을 함유하고 있다.

닭고기는 우선 살의 색깔이 담황색을 띠며, 윤기가 있고 탄력과 수분함량이 많은 것이 좋다. 또한 생후 1년 이내의 것으로 1~1.2kg 정도 중량의 닭이 고기의 맛과 육질감이 가장 좋다.

닭의 뼛속에는 히알루론산(Hyaluronic Acid)이 많이 함유되어 있어 각종 노인성 질병인 관절염, 백내장, 피부노화 방지에 효과가 매우 좋다.

2. 닭고기의 부위와 용도

1) 통다리 : 다리와 넓적다리가 합쳐진 것(탄력이 좋고, 지방과 글리코겐이 적당량 포함되어 있다. 맛이 제일 좋은 것)
   ※ 용도 : 튀김, 양념구이(구이), 바비큐, 조림, 찜, 도리탕 등

2) 북채(북을 치는 채 모양으로 생긴 데서 유래한 말) : 닭고기 중 철분이 많은 부위로 지방과 단백질이 조화를 이루어 쫄깃쫄깃함
   ※ 용도 : 튀김, 조림, 도리탕, 닭찜, 구이 등

3) 통다리살 : 닭의 넓적다리 부위에서 뼈를 발라낸 것. 육질도 좋고 맛이 뛰어나기 때문에 용도가 다양하고 안심이나 가슴살 대용으로도 사용함
   ※ 용도 : 닭불고기나 튀김, 육개장 등

4) 껍질 없는 통다리살 : 닭의 넓적다리 부위에서 뼈를 발라낸 것으로 껍질을 벗긴 것임. 안심이

나 가슴살 대용으로도 사용함

※ 용도 : 닭불고기, 튀김, 냉면육, 육개장, 꼬치, 스테이크, 구이 등

5) 다리살 깍둑썰기(스킨 유) : 통다리에서 뼈를 제거한 살코기로 조리용도를 더욱 다양하게 할 수 있음

※ 용도 : 튀김, 조림, 볶음, 샐러드 등

6) 다리살 깍둑썰기(스킨무/중식 사용) : 통다리에서 뼈를 제거한 살코기로 껍질을 제거한 것. 조리 용도를 더욱 다양하게 할 수 있음

※ 용도 : 튀김, 조림, 볶음, 샐러드 등

7) 다리살 채썰기(스킨유) : 통다리에서 뼈를 제거한 살코기로 조리용도를 더욱 다양하게 할 수 있도록 한 부위

※ 용도 : 튀김, 조림, 볶음, 샐러드 등

8) 다리살 채썰기(스킨무) : 통다리에서 뼈를 제거한 살코기로 껍질을 제거한 것. 조리용도를 더욱 다양하게 할 수 있도록 한 부위

※ 용도 : 튀김, 조림, 볶음, 샐러드 등

9) 윙 봉 : 윗 날개부분과 날개 중간부분을 합친 부위로 단백질이 많고 육질이 연하며, 지방은 적어 맛이 담백함. 날개의 다른 부위에 비해 살이 많아 기호도가 좋은 부위임

※ 용도 : 튀김, 조림, 구이, 도리탕

10) 윙 : 중앙 관절부위와 날개 끝부분을 함께 자른 것. 살은 적으나 소량의 지방으로만 구성되어 있고, 젤라틴성분도 많아 쫄깃한 맛이 매우 좋음

※ 용도 : 튀김, 구이, 전골, 찜, 닭갈비 등

11) 봉 : 통날개 중 첫 번째 부위로 관절과 팔꿈치 부위를 말함. 육질이 연하며 맛이 담백하여 조리의 용도가 다양함(일식이나 양식에서 많이 씀)

   ※ 용도 : 튀김, 구이, 전골, 닭찜, 조림, 볶음, 샐러드 등

12) 가슴살(스킨유) : 지방이 매우 적고 근육섬유로만 되어 있어 육색이 엷고 맛도 부드러움. 다이어트 식품으로도 매우 좋다. 조리 시 열을 너무 가하면 퍽퍽해지기 때문에 유의할 필요가 있다.

   ※ 용도 : 튀김, 치킨가스, 볶음, 조림, 치킨샐러드, 스테이크 등

13) 가슴살(스킨무) : 가슴살의 껍질을 벗긴 것으로 지방이 매우 적고 근육섬유로만 되어 있어 육색이 엷고 맛도 부드러움. 다이어트 식품으로도 매우 좋다. 조리 시 열을 너무 가하면 퍽퍽해지기 때문에 유의할 필요가 있음

   ※ 용도 : 튀김, 치킨가스, 볶음, 조림, 치킨샐러드, 스테이크 등

14) 안심 : 가슴살 안쪽 부위로 대나무잎 모양으로 길게 생김. 지방이 아주 적기 때문에 담백하고 육질이 매우 부드러움. 소화가 빠르며 영양 면에서도 뛰어나 환자식 또는 병후 조리식에 매우 좋은 부위임

   ※ 용도 : 튀김, 조림, 볶음, 치킨샐러드, 스테이크 등

15) 통닭 : 1~1.2kg 중량. 신선육은 손으로 만져보았을 때 촉촉한 정도의 수분이 있고 살이 두툼하여 푹신한 느낌을 주며, 껍질이 크림색으로 윤기가 있고 털구멍이 살아 있어 보이는 것

   ※ 용도 : 닭찜, 백숙, 닭죽 등

16) 영계 : 500~600g 중량. 삼계탕 전용의 개량품으로 육질이 쫄깃하여 식감이 뛰어남

   ※ 용도 : 닭찜, 백숙, 닭죽 등

제7장 생선(Fish)

1. 생선의 기본 상식(Basis Fish)

날로 증가하는 해산물의 가치는 조리사로 하여금 그 자원들에 대해 친숙함을 가지고 최상품의 생선을 선별할 수 있는 능력과 최상의 조리법을 갖춰야 함을 요구하고 있다. 붉은 살의 육류를 주식으로 하는 서양인들도 근래에는 생선요리를 주요리로 자주 주문한다. 때문에 생선의 원산지, 신선도, 어획한 후의 작업상태, 지방질 함량, 질감은 단단한지, 수증기 조리법에 알맞은지, 굽는 조리에 알맞은지 등에 대해 고객이 요구하는 어떠한 질문에도 응답할 수 있어야 한다.

1) Market Forms of Fish(시장에서의 생선형태)

(1) Whole Fish(전체 생선)
바다에서 어획한 다음 작업을 거치지 않고 바로 유통시키거나 냉동한 후, 시장에서 거래되는 생선

(2) Drawn Fish(반작업상태)
생선의 전체 모양(머리, 꼬리, 지느러미 등)을 건드리지 않고, 내장만 제거하여 유통되는 것

(3) Head & Gut(머리와 내장)
머리 혹은 내장은 제거되나 지느러미와 비늘은 그대로 남겨두는 것

(4) Dressed Fish(전처리한 생선)

내장과 비늘, 지느러미 등 생선살 부분만 남기고 모두를 소제하여 유통되는 것

2) 신선도 점검요령

(1) 냉동생선

5℃ 이하에서 업자들로부터 인수받아야 한다.

(2) 상처

맑은 점액을 포함하여 상처, 멍 등이 없으며, 지느러미와 비늘이 단단하고 싱싱하게 붙어 있어야 한다.

(3) 눈

맑음과 밝음이 공존해야 하며, 아가미는 핑크색을 띠어야 하고 생선 전체에서 바다 냄새를 느낄 수 있어야 상품이라고 할 수 있다.

2. 어패류의 종류(Kind of Fish & Shell)

1) Flat fish(평형 모양의 물고기)

Flat fish(평형 물고기)는 한쪽 부분만 색이 있으며 눈은 머리의 왼쪽 또는 오른쪽을 향해 붙어 있고, 바닷속을 헤엄칠 때는 평평한 모양으로 몸과 꼬리를 흔들면서 움직이는 것이 특징이다. 평형물고기의 특징은 살결이 매우 부드럽고 순한 맛을 지니고 있으며, 살코기에서 은은한 단맛을 풍기는 것이다.

(1) Red Tongue Sole(참서대)/Dover Sole(도버 솔)

우리나라 서남해, 일본 남부해, 동중국해와 영국 근해인 도버해협에서 주로 잡힌다. 몸 빛깔은 눈이 있는 쪽이 적갈색 바탕에 자색의 작은 가로선이 비늘줄을 따라 달렸으며, 주면은 황색을 띠고 눈이 없는 쪽은 흰색을 띤다. Poaching(데치기), Meuniere(밀가루 발라 지짐), Steaming(수증기), Sauteing(팬구이) 등의 조리법을 활용하면 살이 쫄깃하면서 감칠맛이 매우 좋다. 유사한 서대종류는 노랑각시서대, 용서대, 개서대, 흑대기 등으로 다양하다.

(2) Flounder(가자미)

몸 빛깔은 눈 있는 쪽이 짙은 갈색 바탕에 흑색 또는 흰색 반점이 있다. 종류는 참가자미, 충거리가자미, 용가자미, 줄가자미, 돌가자미, 기름가자미 등 수많은 종류가 전 세계 바다에서 서식한다. 우리나라 근해에서도 30여 종 이상이 포획되는 것으로 알려져 있다. 영양성분으로는 필수아미노산에 속하는 리신, 트레오닌 등의 단백질을 함유하고 있어 식용가치가 매우 좋고, Grilling(그릴구이) 또는 Poaching(살짝 데치기) 조리법을 활용할 수 있다.

(3) Turbot(터봇)

터봇은 유럽 근해에 서식하는 광어의 일종으로 넙치과에 속하며 살집이 매우 좋아 유럽인들이 가장 선호하는 생선 중 하나이다. 가자미와 같은 조리법을 활용하면 매우 효과적이다.

(4) Butterfish(병어)

몸 빛깔은 청색을 띤 은색으로 금속광택을 띠고 비늘이 떨어진 곳은 등 쪽은 청회색, 배 쪽은 백색을 띤다. 동중국해에서는 겨울~봄에 걸쳐 대만 북부해역에서 중국대륙 연안 쪽으로 북상하여 5~6월경 연안에서 산란하고 그 후 흩어져 동중국해 북부해역 등에서 서식하다가 대만 남쪽으로 이동하여 서식한다. Steaming(수증기), Braising(조림) 등의 조리법을 활용하면 맛있는 요리를 만들 수 있다.

(5) Lemon Sole(레몬 솔)

우리나라 연안에서 잡히는 가자미와 매우 흡사하게 생긴 레몬 솔은 미국 동쪽 해안을 따라 대단히 많이 서식하는 대중적인 가자미과의 일종으로 겨울넙치로 알려져 있다. 요리에 적합한 크기는 1kg 정도이며 Poaching, Sauteing, Pan Frying 등의 조리법을 활용하면 최상의 요리를 만들 수 있다.

(6) Halibut(광어)

우리나라 전 연근해, 일본 연안 발해만, 동중국해, 대만 등에 분포하며, 모래 바닥에 주로 서식한다. 성분은 성장기 발육에 필요한 라이신이 많이 함유되어 있어 어린이에게 좋고, 지방질이 적어 생선회로도 먹을 수 있으며, 부드러운 소스와 곁들인 구이는 매우 훌륭한 요리에 속한다. Grilling(그릴구이), Sauteing(팬소테), Deep fat frying(튀김) 등으로 활용할 수 있다.

(7) Skate(홍어)

우리나라 서남해, 동중국해, 일본 중부이남 해역에 분포되어 있는 홍어는 함경남도에서는 물개미, 포항에서는 나무가부리, 전남에서는 홍해, 홍에, 고동무치, 신미도에서는 간쟁이라 불린다. 몸길이는 약 150cm이다. 몸 빛깔은 등 쪽은 암갈색 바탕에 크고 작은 담색 반점이 불규칙하게 흩어져 있다. 호남지방에서는 지푸라기를 이용하여 삭힌 홍어회를 잔칫상에 빠지지 않고 제공한다. 익혀먹는 조리방법으로는 Sauteing, Braising 등이 좋다.

2) Round Fish(라운드 피시/담수어)

원형물고기의 특징을 살펴보면 머리 양쪽에 눈이 있고 똑바르게 수영을 하며, 튼튼한 아가미를 가지고 활동성이 매우 좋은 것이 특징이다.

(1) Salmon(연어)

연어는 대서양 북쪽의 노르웨이, 스칸디나비아, 알래스카 등에서 다량 어획된다. 민물에서 태어나 바다로 나가 성장한 다음, 산란기가 되면 다시 민물로 올라와 알을 낳고 죽는 희귀종의 생선이다. 불포화성 지방이 다량 함유되어 있어 미식가들에게 각광받는 어종이다.

가장 많이 이용되는 조리법은 Smoking(훈제)이며, 애피타이저 용도로 활용된다.

(2) Bass(농어)

농어는 암초 바닷물고기로 우리나라 연안 모든 곳에 분포되어 있으며, 일본·동중국해·대만·러시아 등에서 서식한다. 필레 속에는 지방과 단백질 함량이 아주 많으며, 무기질 계통은 비타민 A와 B군, 칼슘, 인, 철을 골고루 함유하고 있어 건강에 매우 유익한 생선이다. Braising과 Grilling 조리법이 가장 잘 어울린다고 할 수 있다.

(3) Trout(무지개송어)

무지개송어는 우리나라 강원도와 경북지방으로 유입되는 하천에 서식하지만 최근에는 양식하는 곳이 많아 대량 유통되고 있다. 자연산은 바다에서 자란 후 산란기 때 강으로 올라와 알을 낳는다. 영양적으로는 EPA 및 DHA 등 두뇌에 좋은 무기질이 다량 함유되어 있다. 자주 활용되는 조리법은 Smoking(훈제), Meuniere(지짐), Pan Frying(튀김) 등이라고 할 수 있다.

(4) Carp(잉어)

대부분의 잉어는 민물에서 서식하며 담수어 중에서는 가장 큰 무리를 지어 다닌다. 전체 길이는 60cm 내외의 개체들이 주류를 이루며, 큰 것은 1m 이상 되는 것도 있다. 몸은 길고 옆으로 납작하며, 풍부한 단백질과 높은 비율의 불포화지방산이 함유된 지질이 있어, 산후조리 음식으로 각광받고 있다.

(5) Sturgeon(철갑상어)

철갑상어는 아열대, 온대, 아한대 지역의 강 및 호수, 그리고 유라시아와 북아메리카의 해안선에 서식한다. 이들은 전반적으로 길쭉한 몸을 지니고 있고 비늘이 없으며 몸길이는 대개 1.5~3m 정도이다. 철갑상어는 대부분 저면에서 먹이를 찾으며 상류에서 산란하고 먹이는 삼각주와 해안에서 찾는 것이 특징이다. 철갑상어에서 캐비아가 채취된다.

(6) Catfish(메기)

메기의 몸은 길고 원통형이며, 옆줄은 완전하고 몸의 옆면 중앙은 직선으로 달려 있다. 옆면과 등 쪽은 암갈색 또는 녹황갈색에 불규칙한 구름 모양의 반문이 있다. 배 쪽은 담황색이나 황백색으로 유속이 비교적 완만한 하천·호수·늪에서 서식하며, 낮에는 숨어서 움직이지 않고 주로 밤에 활동하는 물고기이다. 성어는 몸길이가 약 30~100cm 정도 된다. Braising(끓이기), Stewing(찜하기) 등을 활용하면 아주 맛있는 요리를 만들 수 있다.

(7) Eel(뱀장어)

뱀장어는 몸길이 50~60cm로 몸이 길고 겉이 미끌미끌하다. 몸 빛깔은 푸른빛을 띤 담홍색이며, 몸은 가늘고 길며 배지느러미가 없고 등지느러미·뒷지느러미·꼬리지느러미가 완전히 붙어 있다. 장어는 단백질이 풍부해 담백하고 맛이 좋아 자양건강식품으로 매우 각광받고 있다. 샐러맨더 또는 숯불을 이용하여 굽는 것이 가장 인기있는 조리법이다.

3) Round Fish(라운드 피시/해수어)

(1) Tuna(참치)

참치는 참물고기에 참치라고 불렸으며, 우리나라에서는 다랑어, 일본어로는 마구로, 영어로는 Tuna로 명명되고 있다. 몸이 길고 꽤 강한 어류이며 유사한 종류가 아주 많다. 이들은 꼬리지느러미 양쪽에 뚜렷한 융기연이 있고 등지느러미와 뒷지느러미의 뒤쪽에 1줄의 작은 토막지느러미가 있다. 다랑어류는 크기가 중간인 것부터 매우 커다란 것까지 다양하다. 가장 큰 것은 약 3.5m 길이에 850kg 정도까지 자라는 Thunnus thynnus(참다랭이)이다. 많이 애용되는 조리법으로는 Sauteing(팬구이), Smoking(훈제), Canning(통조림) 등이 있다.

① 참다랑어(Blue Fin Tuna)

어체 중량이 30~600kg으로 최대 전장은 3m이다. 육질은 짙은 붉은색을 띠고 있으며 맛이 매우 좋아 최고급 어종으로 알려져 있다. 주로 태평양 남북위 40도 이상의 고위도 한류에서 서식한다.

② Bigeye(눈다랑어)

어체 중량 10~150kg, 최대전장 2m 정도이며, 눈이 매우 크고 몸체가 비대하다. 육질은 붉은색을 띠고 부드러우며 맛이 담백하고 좋아 주로 횟감용으로 쓰인다. 태평양, 인도양, 대서양의 아열대 수역에서 광범위하게 서식하고 있다.

③ Yellow Fin(황다랑어)

어체 중량 5~100kg, 최대전장 3m이다. 뒷지느러미가 길며 황색을 띠고 있어 황다랑어라 칭한다. 눈다랑어에 비해 눈이 작고 육질은 복숭앗빛을 띠며 약간 단단하고 담백한 맛을 내어 횟감용, 초밥용으로 주로 쓰인다. 세계의 난류해역에서 서식하고 있다.

④ Albacore(날개다랑어)

어체 중량 2~30kg, 최대전장이 약 1m이다. 가슴지느러미가 눈다랑어, 황다랑어에 비해 매우 길다. 육질이 엷은 우윳빛을 띠고 매우 부드러우며 통조림 원료로도 사용된다.

⑤ Skip Jack(가다랑어)

어체 중량 2~10kg이며 최대전장 90cm이다. 몸체가 횡측으로 흰줄무늬가 있으며 육질은 엷은 붉은색을 띠며 날개다랑어보다 약간 단단하다. 가쓰오부시, 통조림 원료로 사용하며 내장은 젓갈로 유명하다.

⑥ Striped Marline(청새치)

어체 중량 15~100kg이며 최대전장 2.5m이다. 측선이 선명하고 배 부위가 흰색인 반면 측선 위쪽은 청색 줄무늬가 있다. 육질은 밝은 주홍색이며 단단하고 탄력이 있어 새치류 중 가장 특이한 맛을 지닌 고급어종이다.

⑦ Sword Fish(황새치)

어체 중량 20~300kg이며 최대전장 3.6m이다. 성질이 매우 난폭하고 뿔을 이용하여 상대를 공격하기도 한다. 육질은 짙은 우윳빛과 흰색을 띠고 탄력이 있으며 고소한 맛을 내어 횟감용, 초밥용으로 사용한다.

⑧ Blue Marline(흑새치)

어체 중량 30~450kg이며 최대전장 3m이다. 새치류 중에서도 가장 열대성 어종으로 육질은 엷은 흰색을 띠며 튀김용으로도 쓰인다.

⑨ Black Marline(백새치)

어체 중량 30~600kg이며 최대전장 3m이다. 육질은 대체로 흰색을 띠며 기름기가 있어 약간 붉은색을 띠는 경우도 있다. 맛은 흑새치보다 좋으며 용도는 흑새치와 동일하다.

⑩ Sail Fish(돛새치)

어체 중량 5~50kg이며 최대전장 3m이다. 등지느러미가 범선의 돛처럼 매우 커서 돛새치라 부르며 외양성 어종으로 수마리가 무리를 지어 수면 위에서 유유히 유영하기도 한다. 육질은 주홍색을 띠며 단단하고 담백하다.

(2) Herring(청어)

등 쪽의 몸 빛깔은 짙은 청색, 옆구리와 배부분은 은백색을 띤다. 몸 형태는 정어리와 비슷하지만 몸 높이가 높고 배부분이 크게 측편한다. 한해성 어종으로 우리나라 동·서해, 일본 북부, 발해만, 북태평양에 분포하며, 냉수성으로 수온이 2~10℃로 유지되는 저층냉수대에서 서식. 산란기인 봄에 연안으로 떼를 지어 해조류 등에 산란, 불포화지방산 다량 함유, 성인병 예방에 좋다. 조리법으로는 Canning, Marinied 등이 잘 어울린다.

(3) Snapper(도미)

통돔류는 열대해역 전역에서 흔히 발견되며, 긴 몸과 큰 입, 날카로운 송곳니, 뭉툭하거나 갈라진 꼬리지느러미를 가졌으며 활동적이고 떼지어 다니는 어류이다. 몸길이는 꽤 커서 다수가 60~90cm에 달한다. 도미의 눈은 비타민 B_1의 보급원으로 유명하며, 미네랄성분이 많아 간기능과 신장기능에 많은 도움이 된다. Poaching, Sauteing, Grilling 등의 조리법이 자주 활용된다.

(4) Cod(대구)

대구는 북쪽의 한랭한 깊은 바다에 서식하며 따뜻한 봄이 되면 북쪽 해역으로 올라온다. 비타민 A와 B성분이 많아 산모의 젖을 잘 나오게 한다. 육질은 회백색이며, 익으면 잘 부서진다. Boiling(삶기), Braising(조리기) 등의 조리법을 활용하면 우수한 요리를 만들 수 있다.

(5) Puffer(복어)

복어는 전 세계에 120여 종이 있고 우리나라에는 18종이 서식. 간장과 내장에 테트로도톡신이라는 맹독이 있어 복어 자격증 소지자에 한하여 조리를 할 수 있다. 각종 무기질 및 비타민이 다량 함유되어 있어, 알코올 해독은 물론, 콜레스테롤 감소에 탁월한 효과가 있다. Boiling, Stewing, Poaching 등이 알맞은 요리법이다.

(6) Monkfish(아귀)

우리나라 서해, 남해, 동해 남부, 일본 이남해역, 동중국해에 분포하며, 비타민 A가 많이 들어 있고, 지방이 없는 생선으로 비린내가 나지 않고 소화가 잘된다. Sauteing, Grilling, Boiling 등이 매우 좋은 조리법이다.

(7) Anchovy(멸치)

몸길이 15cm 정도로 몸은 가늘고 길며 약간 납작하다. 칼슘이 다량 함유되어 있어 골다공증이나 어린이 뼈 건강에 매우 좋은 식품이다. 조리법으로는 Dry, Marined, fat frying 등이 알맞다.

(8) Sardine(정어리)

청어과의 바닷물고기로 몸길이는 25cm 정도이며, 옆구리와 배 쪽은 은백색이다. 다른 어류에 비해 특히 번식력이 강하여 많은 양이 어획된다. 등푸른생선에 속하며, 단백질이 풍부하고 지방을 많이 함유한 것이 특징이다. Grilling, Canning, Boiling 등의 조리법이 알맞다.

(9) Mackerel(고등어)

육식성으로 육질은 붉은색이지만 등이 푸른 점이 특징이다. 살의 조직력이 부드럽고 맛이 좋다. 조리법은 Braising, Deep fat frying, Canning 등이 알맞다.

(10) Butter Fish(병어)

우리나라의 남서해를 비롯하여 일본의 중부이남, 동중국해, 인도양 등에 분포한다. 흰살생선인 병어는 살이 연하고, 지방이 적어 맛이 담백하고 비린내가 나지 않는 점이 특징이다. 알맞은 조리법으로는 Sauteing, Braising, Grilling 등이다.

(11) Sea Eel(아나고)

성어가 되기까지 8년이 걸리며, 성장함에 따라 서식장소가 바뀌는데 어릴수록 얕은 곳에서 서식하다가 4년 이상이 되면 먼 바다로 나가 서식한다. 필수아미노산을 골고루 함유하고 있으며 EPA와 DHA가 풍부하여 건강식품으로 인기가 있다. Smoking, Frying, Grilling이 효과적인 조리법이다.

4) Mollusks/Univalves(연체류/단각류)

단각류는 쌍각류에 비하여 그 종류가 간단하며, 모양새도 비슷하다. 마치, 동굴과 같은 단단한 석회질의 껍질을 가지고 있다.

(1) Abalone(전복)

고급식품에 속하는 전복은 세계적으로 약 100여 종이며 해조류가 많이 번식하는 간조선에 서식하며, 4~5월에 산란한다. 이 시기에는 전복 내장에 독성이 있으므로 익혀 먹어야 한다. 비타민과 칼슘, 인 등의 미네랄이 풍부하고 아르기닌이 다량 함유되어 있어 병후 회복과 성장기 어린이에게도 매우 좋다. Sauteing, Boiling 등이 알맞은 조리법이다.

(2) Conch(소라)

제주도를 비롯하여 남부 연안과 일본의 남부 연안에 다량 분포되어 있는 소라는 파도가 많이 치는 곳에 주로 서식한다. 무기질과 비타민 등이 기타 단각류에 비해 다량 들어 있다. Boiling, Poaching 등이 알맞은 조리법이라고 할 수 있다.

(3) Snail(달팽이; 불어 Escargot/에스카르고)

달팽이는 서식지 특성에 따라 수상종, 지하종, 지상종의 세 가지 형으로 나뉘며, 고단백, 칼슘이 풍부하고 지방이 적어 성인병 예방에 좋으며, 끈끈한 점액에는 '뮤신'이 들어 있어 노화 방지에 매우 효과 좋은 식재료이다. Braising, Sauteing, Canning 등이 매우 알맞은 조리법이라

할 수 있다.

5) Mollusks/Bivalves(연체류/쌍각류)

쌍각류는 두 개의 껍질이 붙어 있고, 그 사이로 연체류의 몸이 있어 보호역할을 하면서 살아가는 형태를 말한다. 쌍각류는 형태가 매우 다양하고 그 종류도 무수히 많다.

(1) Clam(조개)

조개에는 필수아미노산이 풍부하며, 특히 타우린성분이 다량 함유되어 있어 성장 발육과 알코올 분해작용에 효능이 좋다. Boiling, Blanching 등의 조리법이 알맞다.

(2) Mussel(홍합)

한국, 일본, 중국 북부지역에 분포하며, 조간대에서 수심 20m 사이의 바위에 붙어 산다. 비타민 A, B, B_2, C, E, 칼슘, 인, 철분과 단백질, 타우린이 풍부하게 함유되어 있다. Sauteing, Boiling, Canning 등으로 조리하면 효과적이다.

(3) Oyster(석화)

바다의 우유로 불리는 생굴은 비타민 A, B_1, B_2, B_{12}, 철분, 구리, 망간, 요오드, 인, 칼슘 등의 무기질과 기타 우수한 영양소가 어패류 중 가장 이상적으로 다량 함유되어 있다. Boiling, Poaching 등의 조리법이 좋다.

(4) Scallop(관자)

수심 10~15m의 암초지대 또는 모래, 자갈 바닥에 서식하며, 아미노산인 라이신, 스테오닌 등의 함량이 높은 쌍각류에 속한다. 조리법은 Pan fried, Boiling, Poaching 등이 있다.

6) Mollusks/Cephalopods(연체류/두족류)

연체동물은 곤충과 척추동물 다음으로 많은 수와 다양한 형태로 지구상에 널리 분포되어 있다. 일반적인 특징으로는 몸에 골격이 없고, 피부는 점액을 분비하며, 보통 석회질의 패각이 있다는 것을 들 수 있다. 두족류는 머리뿐만 아니라, 눈과 여러 개의 다리들이 발달되어 있고, 다리에는 수많은 빨판들이 연결되어 있다. 두족류 연체동물은 단단한 껍질은 가지고 있지 않으나 속에 몸을 지탱할 수 있는 얇은 껍질과 같은 것을 지니고 있다.

(1) Squid & Cuttlefish(오징어)

오징어는 갑오징어목에 속하는 해양 연체동물의 총칭이다. 몸길이가 10cm에서 160cm까지 종류마다 다양한 체형을 가지고 있다. 우리나라를 비롯하여 일본, 이탈리아에서 폭넓게 식용하고 있다. 빨판과 날카로운 입으로 작은 물고기 등을 잡아먹으며 성장한다. 조리법은 Stuffing, Sauteing, Boiling, Blanching 등이 있다.

(2) Octopus(문어)

문어는 다리길이 4m, 몸무게 15kg까지 자라며 수명은 대략 3~4년이다. 봄에서 여름에 걸쳐 수심 40~6m 해저에 10만 개 이상의 알을 산란하며 산란을 마친 암컷은 6개월여 동안 알을 지키다 죽는다. 먹물주머니가 있어 위협을 느끼면 먹물을 뿜고 달아난다. 한국, 일본, 북아메리카, 캘리포니아만에 분포하며, 수심 100~200m의 깊은 곳에 있는 바위틈이나 구멍에 서식한다. Boiling, Blanching 등의 조리법이 알맞다.

(3) Small Octopus(낙지)

낙지의 체장은 보통 70~80cm 내외이며 머리는 둥글고 좌우대칭으로 흡반(吸盤)이 달린 8개의 발을 갖고 있으며, 연체동물 중 체제가 가장 발달한 무리 가운데 하나이다. 주로 내만의 펄 속에 서식하며 흡반의 발로 게류, 새우류, 어류, 갯지렁이 등을 잡아먹는다. Boiling, Blanching 등의 조리법이 효과적이라고 할 수 있다.

(4) Baby Octopus(꼴뚜기)

오징어류 중 작은 것을 꼴뚜기라고 하나, 참오징어(Loliolus beka)와 같은 큰 오징어의 새끼를 꼴뚜기라 부르는 경우도 있다. 한치를 대형 꼴뚜기로 분류하기도 한다. 한국, 일본, 중국, 유럽 등지에 분포되어 있다. Poaching, Sauteing, Frying 등에 좋다.

7) Crustaceans(갑각류)

갑각류(甲殼類)는 절지동물의 한 분류로 게와 새우, 따개비 등 50,000여 종이 속해 있다. 갑각류는 담수와 해수 어디서나 볼 수 있는 양수성 동물로 표면이 단단한 껍질로 싸여 있으며, 더듬이와 집게발을 가진 것이 특징이다.

(1) Crab(게)

게는 약 5,000종(種)이 해양·담수·육상에서 사는 것으로 보고되고 있다. 식용은 세계 대부분의 바닷가에서 발견되며, 배부분을 보고 암수를 구분할 수 있다. 고단백 저칼로리로 필수아미노산이 많고 게살에는 타우린과 비타민 A, B, C, E 등이 다량 함유되어 있다. Boiling, Frying 등의 조리법이 알맞다고 할 수 있다.

(2) Lobster(바닷가재)

바닷가재는 바다 밑바닥에 살며 대부분 밤에 활동한다. 태평양, 인도양, 대서양 연근해 등에 분포해 있으며, 육지와 가까운 바다 밑에 서식한다. 지방함량이 적고 비타민과 미네랄을 공급해 준다. Steaming, Sauteing, Grilling, Deep fat frying 등의 조리법이 알맞다.

(3) Shrimp & Prawn(새우)

새우는 전 세계에 2,500여 종이 서식하고 있다. 담수, 기수, 바닷물에 모두 분포하지만 대부분 바닷물에 산다. 크릴새우는 고래가 즐겨 먹는 음식이며, 무리 지어 사는 습성이 있으며, 연안을 비롯한 대륙붕 또는 강어귀에 서식한다. 키토산, 칼슘, 타우린 등을 많이 함유하고 있고, Grilling, Boiling, Frying 등의 조리법이 어울린다.

(4) Cray Fish(닭새우; 불어 Ecrevisse/에크러비스)

닭새우과의 갑각류로 몸의 길이는 15~25cm이며, 붉은 갈색이고 외골격은 단단하다. 한국의 남해안, 일본, 인도양, 태평양 등지에 분포한다. 함북, 함남, 평북, 울릉도, 제주를 제외한 한국, 중국 동북부에 분포하며, 오염되지 않은 물에서 서식한다.

8) 극피동물

극피동물은 몸은 공 모양, 원판 모양, 원통 모양, 별 모양 따위가 있고 체벽에 칼슘성의 뼛조각을 함유하거나 석회판의 견고한 골격을 만드는 종도 있다. 척추동물과 유연관계가 가장 가까운 무척추동물이다. 호흡, 순환, 운동에 관계하는 특유의 수관계를 지닌다. 암수딴몸으로 모두 바다에 산다. 성게, 불가사리, 해삼, 바다나리 따위가 있다.

(1) Sea Cucumber(해삼)

해삼의 몸 길이는 10cm 정도이고 방추형이며, 엷은 자색을 띤 백색으로 반투명하다. 뒤쪽은 가늘고 긴 꼬리 모양이고 입 주위에 15개의 더듬이가 있다. 약효가 인삼과 같다고 하여 해삼이라 이름 지어졌다. Law, Boiling, Sauteing, Stewing 등의 조리법이 있다.

(2) Sea Urchin(성게; 불어 Oursin/우르생)

성게는 우리말로는 밤송이조개라 불리며, 전 세계에 약 950종이 분포한다. 한국에서는 약 30종이 산다. 우리나라 동해안에는 보라성게가 많이 서식하며 식용으로 다량 유통된다. 조리법은 Poaching, Smoking, Canning 등이 있다.

9) 기타

(1) Sea Squirt(멍게)

멍게과의 원색동물로 몸은 15~20cm이고 겉에 젖꼭지 같은 돌기가 있다. 더듬이는 나뭇가지 모양이고 수가 많으며 껍질은 두껍다. 한국, 일본 등지에 분포한다. 우렁쉥이라고도 불리며, 큰 것은 몸길이 15cm, 둘레 25cm에 이른다. 한국과 일본에 널리 분포하며 한국에서는 동해안과 제주도에 이르는 지역에 널리 분포한다. Poaching과 생식으로 먹는다.

(2) Frog Leg(개구리 다리)

현생의 양서류 중 가장 번성하는 동물로, 목이 없고 머리와 몸통이 직접 붙어 있어 몸이 짧으며, 뒷다리는 잘 발달하여 식용으로 쓰인다. 조리법은 Grilling, Meuniere, Pan Frying 등이 있다.

(3) 캐비아의 종류(Kind of Caviar)

① Beluga(벨루가)는 2~4m 길이와 200~400kg이 나가는 철갑상어에서 채취하는 알로 굵으며, 진한 회색을 띠고 있어 최상품에 속한다.

② Ossetra(오세트라)는 길이가 2m 정도이고 무게는 50~80kg의 철갑상어에서 채취하며, 알은 연한 브라운, 브라운, 진한 브라운색을 띠고 있다.

③ Sevruga(세브루가)는 1~1.5m 크기의 철갑상어로 무게는 8~15kg으로 몸집이 비교적 적고 알의 크기도 작으며, 회색을 띠고 있다.

④ Malosol(말로솔)은 러시아산으로 적은 염분을 함유하고 있다는 뜻으로, 염분함량은 3~4%로 보존기간이 짧고 가격이 매우 비싼 편이다.

제8장 치즈(Cheese)

1. 치즈의 개요

Cheese(치즈) 종류를 크게 분류하면 부드러운 연질치즈와 단단한 경질치즈로 나눌 수 있는데, 연질치즈란 우유, 양유, 염소젖 등을 이용하여 만드는 것으로 원유에 따라 특유의 냄새가 있다. 또한 발효시키지 않은 프레시 치즈와 발효를 거친 숙성치즈가 있으며, 수분함량이 많은 것이 특징이다. 경질치즈는 수분함량이 적고, Bacteria(박테리아)로 숙성시키며 조직의 굳기에 따라 Parmesan(파르메산), Romano(로마노) 등의 초경질치즈 등이 있다.

1) 치즈의 영양

식탁의 꽃, 영양의 보고 등으로 일컬어지는 치즈는 예로부터 '신으로부터 선물받은 최고의 식품'이라 불리고 있다. 치즈에는 사람의 몸에 필요한 영양소의 대부분이 균형 있게 다량으로 함유되어 있고, 치즈의 주성분인 단백질과 지방은 소화흡수되기 쉬운 형태로 분해되어 있으며, Ca(칼슘), Vitamin(비타민) A, D, E, B_1, B_2, 미네랄 등이 풍부하게 들어 있다. 치즈에는 쇠고기, 돼지고기, 닭고기 등에 비해 월등한 단백질과 칼슘이 함유되어 있다고 믿는 유럽인들은 신이 내려준 선물이라 생각한다.

2) 치즈와 와인

치즈에 함유된 단백질 중의 메티오닌은 간장을 강하게 하고 알코올 분해를 원활히 해주는 작용을 하며 알코올에 의한 자극이나 급격한 알코올 흡수를 둔화시켜 주는 효과도 있기 때문에 와인을 비롯한 술안주로 잘 어울린다. 특히 치즈는 와인과 음식 궁합이 잘 맞는 것으로 유명하다.

3) 치즈와 곰팡이

Blue(블루)나 Brie(브리에), Camembert(카망베르), Roquefort(로크포르)와 같은 치즈에 함유된 푸른곰팡이 숙성치즈는 건강에 좋은 효능이 있기 때문에 바로 섭취하거나 음식에 넣어 조리하여도 무방하다.

2. 치즈의 분류

치즈는 크게 자연치즈와 치즈를 가공하여 맛을 순하게 하거나 다른 맛을 첨가하고 저장성을 높인 가공치즈로 나눌 수 있다. 자연치즈를 굳기별로 네 단계로 구분하여 아주 대표적인 것 몇 가지만 살펴보기로 하자. 자연치즈는 수분함량의 차이에 따른 굳기와 숙성방법에 따라 분류하는 방법이 있는데, 여기서는 크게 연질치즈와 경질치즈로 나눌 수 있다.

1) Soft Cheese(연질치즈)

수분함량이 50% 안팎인 연질치즈는 숙성시키지 않은 Mozzarella Cheese와 Cream Cheese, 박테리아나 곰팡이로 3~4주쯤 숙성시킨 Camembert Cheese와 Brie Cheese가 있는데 둘 다 프랑스가 원산지이며 겉은 흰 곰팡이로 둘러싸여 있고 속은 노르스름하며 잼보다는 단단하고 젤리보다는 연하다. 향이 강하지 않으면서 치즈 고유의 풍미가 있다. 지정환 신부가 우리나라에서 처음 만들어냈다는 '정환치즈'도 이와 같은 종류였을 것으로 보인다.

Mozzarella Cheese는 이탈리아가 원산지이고 본래 물소젖으로 만들었으나 근래 우리나라에 수입되는 치즈는 대부분이 호주나 뉴질랜드에서 우유로 만든 것이다.

자연치즈는 냉동 보관했다 해동시키면 그 맛과 성질이 변하는데 Mozzarella Cheese만큼은 냉동식품으로 널리 애용되고 있다.

수분함량이 55~80% 정도이며 숙성된 것(Camembert, Bire Cheese)과 숙성되지 않은 것 (Cottage, Pot, Baders Cheese)이 있다. 숙성된 것은 미국에서 많이 제조되며 숙성되지 않은 것은 프랑스에서 많이 제조된다.

(1) Fresh Soft Cheese(비숙성 연질치즈)의 종류

    ① Cottage Cheese

    ② Ricotta Cheese

    ③ Cream Cheese

    ④ Mozzarella Cheese

    ⑤ Brousse Cheese

    ⑥ Bosina Rabiola Cheese

    ⑦ Mascarpone Cheese

(2) Filamentous Fungi Soft Cheese(곰팡이 숙성 연질치즈)의 종류

    ① Brie Cheese

    ② Camembert Cheese

    ③ Coulommiers Cheese

    ④ Saint-Maure Cheese

    ⑤ Chaource Cheese

    ⑥ Neafchtel Cheese

    ⑦ Valencay Cheese

    ⑧ Selles Sur Cher Cheese

    ⑨ Saint Albray Cheese

    ⑩ Roccamadour & Cabecou Cheese

(3) Bacteria Soft Cheese(세균 숙성 연질치즈)의 종류

    ① Livarot Cheese

    ② Maroillea Cheese

    ③ Munster Cheese

    ④ Reblochon Cheese

    ⑤ Gaperon Cheese

    ⑥ Pont Leveque Cheese

    ⑦ Banon Cheese

    ⑧ Dauphin Cheese

⑨ Havarti Cheese

⑩ Bel Paese Cheese

2) Hard Cheese(경질치즈)

(1) Semi Hard Cheese(중간 경질치즈)

① Roquefort Cheese

② Gorgonzola Cheese

③ Stilton Cheese

④ Blue de gex Cheese

⑤ Saint Nectaire Cheese

⑥ Blue d'Bresse Cheese

(2) Semi Hard Cheese 'Bacteria'(중간 경질치즈 '세균숙성')

① Montery jack Cheese

② Port du Salut Cheese

③ Brick Cheese

④ Mozzarella Cheese

⑤ Feta Cheese

⑥ Limburger Cheese

⑦ Gjetost Cheese

⑧ Crottin de Chavignol Cheese

(3) Hard Cheese 'Bacteria'(경질치즈 '세균숙성')

① Emmental Cheese

② Gruyere Cheese

③ Appenzell Cheese

④ Cheddar Cheese

⑤ Cheshire Cheese

⑥ Edam Cheese

⑦ Gouda Cheese

⑧ Provolne Cheese

⑨ Tilsit Cheese

⑩ Raclette Cheese

⑪ Tete de Moine Cheese

⑫ Wensleydle Cheese

⑬ Cantal Cheese

(4) Very Hard Cheese(초경질치즈)

① Parmesan Cheese

② Pecorino Romano Cheese

③ Grana Padano Cheese

(5) Process Cheese(가공치즈)

① Slice Cheddar Cheese

② Boursin Cheese

③ Fondue Cheese

④ Smoked Cheese

⑤ Powder Cheese

Part 8

이론편 2

스톡, 소스, 기본 자르기

제1장 스톡(Stock)

1. 육수(Stock)의 개요

세상에서 가장 훌륭한 조리란 어떤 요리에서든 최상의 향미와 질감을 최대로 발전시킨 결과라고 할 수 있다. Stock(육수)은 서양요리에서 가장 중요한 소스와 수프를 만드는 데 기초가 되며, 또한 요리의 맛을 좌우하는 요소를 가지고 있어 더운 요리의 바탕을 이룬다고 할 수 있다. 종류를 크게 분류하면 White(흰색), Brown(갈색), Fume(생선육수)이며, 화이트 스톡은 찬물에 분량의 재료를 넣고 중불에서 서서히 끓여서 만들며, 브라운스톡은 적갈색이 풍부해야 하므로 본 재료와 미르푸아를 오븐에 넣어 갈색을 진하게 낸 다음, 끓이는 것이 올바른 방법이라 할 수 있다. 생선 퓌메는 흰살생선살이나 뼈를 넉넉하게 하여 백포도주를 추가하여 끓이는 것으로 종종 농축액이라 부르기도 한다. 서양요리에서 요리의 기본이자 시작으로 불리며, 요리의 맛을 좌우하는 스톡을 유명한 프랑스 조리사들은 투철한 직업의식과 프로정신을 발휘하여 만들었다.

스톡은 기본재료(Beef, Chicken, Fish, Vegetable) 본연의 맛을 유지하되 맑고 깨끗해야 하며 너무 진하게 끓여서 소스나 수프의 진한 맛을 압도할 정도로 농후해서는 안 된다. 따라서 쇠고기는 힘줄이 많은 사태나 목 부위, 꼬리 부분 등이 좋고, 닭의 경우는 살이 맛있는 영계보다는 노계를 택하거나 살을 발라낸 뼈로 끓이는 것이 좋다. 생선은 5장 뜨기를 하여 살을 발라낸 뼈와 머리를 이용하거나 박대, 가자미 등을 사용하는 것이 좋다. 스톡의 기본재료가 각각 다르다 할지라도 기본재료의 맛을 살려주는 채소 'Mirepoix(미르푸아)'를 중요하게 다루어 함께 끓여야 좋은 향미를 가진 스톡을 얻을 수 있다.

2. 스톡(Stock)의 종류

1) White stock(흰색 육수)

스톡 중에서 가장 기본이 되는 것으로 주로 수프나 국물요리를 할 때 사용한다. 용도에 따라 재료를 다양하게 사용할 수 있는데 보통 Chicken(닭), Beef bone(소뼈), Fish bone(생선뼈)에 Mirepoix(미르푸아: 양파, 당근, 셀러리)와 향신료를 함께 넣고 끓인 것이다. 본 요리의 기본재료로 사용하기 때문에 짙은 색을 내지 않고 맛만 우려내는 것을 잊지 말아야 한다.

(1) Chicken Stock(치킨스톡) 20L 만들기

[재료]

- Chicken bone(닭뼈) 15kg
- Water(찬물) 25L
- Mirepoix(미르푸아) 3kg
- Bay leaf(월계수잎) 5pc.
- Dried Thyme(말린 타임) 5g
- Black Pepper corn(통후추) 5g
- Parsley stalk(파슬리 줄기) 20g

[만드는 방법]

① 찬물에 뼈를 담가 핏물을 깨끗이 제거하여 스톡냄비에 넣는다.

② 분량의 찬물과 소금을 약간 넣는다.

③ 중불로 시작하여 스톡을 천천히 끓이면서 표면에 뜨는 이물질을 걷어낸다.

④ 3시간 정도 끓인 다음, 미르푸아와 향료를 넣고 1시간 더 끓인다.

⑤ 스톡을 고운 소창에 걸러서 바로 사용할 수도 있으며, 빠르게 냉장시켜 나중에 사용하여도 무방하다.

⑥ 응용 : 특별한 맛을 내기 원한다면 향이 나는 재료를 첨가하거나 대체할 수 있다.
   예를 들면 : 생강, 레몬그라스, 생 또는 말린 칠레고추 등이며, 육류 스톡에 향나무 열매, 타라곤 또는 로즈메리와 같은 강한 향의 허브, 야생 버섯줄기 등이 있다.

2) 브라운스톡(Brown Stock)

브라운스톡은 서양요리에서 가장 많이 쓰이는 Brown Sauce를 만드는 데 기본이 되는 것을 말한다. 끓이는 방법은 먼저 송아지뼈나 소뼈를 오븐에서 짙은 갈색을 내고, Mirepoix는 프라이팬에 기름을 살짝 두르고 오랫동안 볶아 Caramelizing(채소와 기타 식재료를 오븐이나 프라이팬을 이용해 높은 열을 가하여 재료 속에 포함된 당분들이 갈색이 되도록 하는 것)하여 각종 Spice(향신료)와 함께 끓이는 것이다. 색은 갈색이 나도록 하되 혼탁하지 않게 하고 좋은 향이 나야 하며 영양적으로 풍부한 단백질을 함유하고 있어야 한다.

(1) Brown Stock(브라운스톡) 만들기 500ml

- Beef bone(쇠뼈) 300g
- Carrot(당근) 15g
- Onion(양파) 30g
- Celery(셀러리) 15g
- Clove(정향) 2ea
- Bay leaf(월계수잎) 2leaves
- Parsley(파슬리) 2stalk
- Pepper corn(통후추) 3ea
- Water(물) 1,500ml
- Salad oil(식용유) 20ml

[만드는 방법]

① 쇠뼈를 로스팅팬에 담아 200℃로 가열한 오븐에 넣고, 때때로 저어주고 돌려가면서 뼈가 진한 갈색이 될 때까지 약 50분 동안 뼈를 구워준다.

② 스톡냄비로 뼈를 옮기고 0.8리터의 찬물을 넣는다. 0.2리터의 물은 로스팅팬에 부어 누른 것을 긁어 그 물을 스톡냄비에 다시 넣는다.

③ 스톡을 낮은 온도에서 일정하게 서서히 끓이며 위에 떠 있는 불순물과 기름을 걷어낸다.

④ 스톡이 끓고 있는 동안, 두꺼운 바닥의 넓은 팬에 열을 가한 후, 오일을 충분히 두르고, 미르 푸아를 넣고 가끔씩 저어가며 양파가 진한 황금색이 날 때까지 약 20분간 조리한다.

⑤ 토마토 페이스트를 넣고 저어가며 적갈색의 달콤한 향이 날 때까지 약 5분간 볶아준다. 팬에 스톡을 몇 국자 넣고 용액이 풀어지도록 잘 저어준다. 끓는 스톡을 약 5시간 정도 지난

후, 미르푸아 혼합물을 스톡에 넣어줌과 동시에 향료주머니를 넣어 1시간 정도 더 끓여준다.

⑥ 고운체나 소창에 완성된 스톡을 거른 다음, 바로 사용하거나 신속하게 식혀서 저장하여 사용한다.

(2) Brown game stock(브라운 게임 스톡)

Beef Stock과 동등한 양의 엽수류 뼈로 송아지뼈를 대신하여 넣고 끓인 후, Mirepoix(미르푸아)와 기본적인 향료주머니에 펜넬 씨와 주니퍼 베리를 포함하여 만든 것을 끓고 있는 스톡에 넣어 1시간 정도 끓여 완성한다.

(3) Brown Lamb Stock(브라운 양고기 스톡)

송아지뼈와 같은 분량의 양뼈와 Mirepoix(미르푸아)로 대체하여 끓인다. 다만 일반 향료주머니에 향신료(민트 줄기, 향나무 열매, 커민 씨, 캐러웨이 씨, 로즈메리) 중 한 가지를 골라 넣어준다.

(4) Brown Pork Stock(브라운 돼지고기 스톡)

송아지뼈와 같은 양의 생 혹은 훈제돼지 뼈로 교체한다. 향료주머니에 다음과 같이 한 가지 또는 그 이상의 향신료와 허브를 넣어 향을 더해줄 수 있다(오레가노 줄기, 으깬 홍후추, 캐러웨이 씨, 겨자 씨).

(5) Brown Duck Stock(브라운 오리 스톡)

동등한 무게의 오리뼈와 살, 부산물은 송아지뼈를 대신하여 사용하면 된다. 비둘기와 같은 다른 종류의 엽조류의 뼈를 이용하여 스톡을 끓여 요리에 사용해도 무방하다.

3) Fish Fumet(생선 퓌메)

생선을 이용한 수프나 소스에 사용하는 스톡으로 비린내가 나지 않도록 하고 깨끗해야 하며 향이 좋아야 한다. 끓이는 방법은 먼저 생선뼈나 살을 물에 3~4시간 담가서 핏물과 기타 불순물을 완전히 제거한 다음에 사용한다. 뼈를 끓는 물에 데칠 경우 대부분의 생선 향이 없어지므로 데쳐서 사용하는 것은 금물이다. 생선뼈는 끓는 물에 넣으면 30~40분 정도면 향과 영양성분이 우러나기 때문에 장시간 끓이면 역효과가 일어날 수 있으므로 시간을 준수하는 것이 좋다.

Mirepoix(채소: 양파, 당근, 셀러리)도 작고 얇게 썰어야 생선뼈와 같이 짧은 시간 안에 영양성분과 향을 우려낼 수 있다.

(1) Fish Fumet(생선 퓌메) 1리터

- Fish bone(생선뼈) 300g
- Onion(양파) 80g
- Celery(셀러리) 40g
- Lemon(레몬) 1/4ea
- Butter(버터) 20g
- White wine(백포도주) 50ml
- Parsley(파슬리) 2stalk
- Mushroom(양송이) 3ea
- Bay leaf(월계수잎) 2ea
- Pepper corn(통후추) 5ea
- Water(물) 1.5L

① 조리용 냄비에 오일을 넣고 가열한 후, 뼈와 미르푸아를 넣고 뚜껑을 덮어 10분간 중간불로 용액을 우려내는데, 미르푸아가 부드러워지고 뼈가 불투명해질 때까지 한다.
② 물과 백포도주, 소금, 향신료를 첨가하고 50~60분간 끓인다.
③ 불순물을 걷어내고 소창에 걸러 바로 사용하거나 나중에 사용할 수 있도록 식혀서 보관한다.

(2) Fish Stock(생선스톡)

Fumet와 같은 분량의 재료에 찬물과 향신료를 함께 넣어 뼈와 섞은 후 40분간 약하게 끓여준다. 이것은 Swimming(스위밍) 방법으로도 불리는데, Sweating(스웨팅) 방법으로 만들어진 Fumet(퓌메)와는 구별된다.

(3) Shelfish Stock(갑각류 스톡)

같은 양의 갑각류(새우나 바닷가재, 또는 게)들로 생선뼈를 대신하며, 뜨겁게 달군 오일에 색깔이 깊어지도록 껍질을 볶아준다. 기본적인 미르푸아를 넣어 금색이 될 때까지 볶아주고 토마토 페이스트 80g 정도를 넣고 색과 향이 깊어지고 신맛이 없어지도록 한소끔 더 볶아준다. 내용물을 덮을 만큼 충분히 물을 붓고 40분간 끓이면서 불순물을 걷어내고 걸러서 사용한다.

(4) Dashi(다시) 5L 만들기

- Water(찬물) 6L
- 가쓰오부시 150g
- 다시마 100g

① 다시마를 칼로 여러 조각으로 자른 다음, 맛이 나는 흰 가루는 남기고 모래 등 기타 불순물을 수건으로 닦아낸다
② 스테인리스로 된 큰 스톡냄비에, 찬물과 다시마를 넣고 중간불로 보글보글 끓인다.
③ 가다랑어 조각을 넣고 불을 끈 다음, 2분간 담가놓는다.
④ 고운 소창에 걸러 바로 사용할 수도 있으며, 빠르게 냉장시켜서 나중에 사용하기 위해 보관해도 된다.

4) Vegetable Stock(채소스톡)

채소스톡은 주요리의 용도에 맞춰 여러 가지 채소와 향료를 사용하여 만드는 경우도 있고, 단일 채소만을 사용할 때도 있다. 육류나 생선이 전혀 들어가지 않아 젤라틴(단백질)성분이 없는 깔끔한 맛이 나며 각종 비타민과 무기질 성분이 다량 함유되어 있는 것이 특징이다. Vegetarian(채식주의자)을 위한 요리에 주로 사용된다.

(1) Vegetable Stock(채소스톡) 5L 만들기

- Mirepoix(미르푸아) 2.5kg
- Vegetable(녹말이 없는 채소/대파, 토마토, 마늘 등) 1.5kg
- Water(찬물) 8L
- Bouquet(향료주머니) 1개
- Salt(소금) 10g

① 큰 냄비에 오일을 약간 두르고 중간불로 열을 가하여 미르푸아와 채소를 살짝 볶은 다음, 뚜껑을 덮고 10분 정도 우려낸다.

② 찬물과 소금을 약간을 넣고 15분간 끓인 후, 향료주머니를 넣고 15분 정도 더 끓인다.

③ 고운체에 스톡을 걸러 빠르게 냉장시켜 냉장고에 보관하고 필요한 만큼 덜어서 사용한다.

(2) Court Bouillon(쿠르부용) 5L

- Water(찬물) 9L
- White wine(백포도주) 450ml
- Vinegar(식초) 10ml
- Salt(소금) 10g
- Carrot(당근) 450g
- Onion(양파) 900g
- Celery(셀러리) 450g
- Thyme(백리향) 2stalk
- Bay leaf(월계수잎) 5leaves
- Parsley(파슬리 줄기) 10stalk
- Black Pepper corn(검정 통후추) 10g

① 물, 식초, 소금, 당근, 양파를 큰 스톡냄비에 함께 넣어 섞은 후, 30분간 끓인다.

② 허브와 통후추를 넣고 10분간 더 끓여준다.

③ 고운체에 거른 다음, 바로 사용하거나 빠르게 냉장시켜 냉장 보관 후 사용한다.

제2장 소스(Sauce)

1. 소스(Sauce)의 개요

Sauce란 주요리에 곁들이거나 조리를 할 때 사용하는 것으로 뜨겁거나 차가운 액체양념을 일 컫는다. 서양요리에서는 음식의 맛을 한층 더 좋게 하고 주요리의 색채를 더욱 빛나게 하여 조화를 이루게 하는 매우 중요한 역할을 하기 때문에 소스가 곁들여지지 않는 요리는 있을 수 없다고 해도 과언이 아니다. 소스는 잘 끓인 스톡에 향신료를 넣고 풍미를 낸 다음, 농후제를 이용하여 반유동상태로 만들어 사용한다.

2. 소스의 용도(The Purpose of Sauces)

대부분의 소스들은 요리에서 한 가지 이상의 기능을 가지고, 본 식재료에 대비적인 향미를 더해준다. 즉 시각적인 매력이나 질감을 이끌어내기도 하며, 상호보완적인 역할을 하기도 하고 또는 대비적인 향미를 이끌어낸다. 전통적으로 특정한 식재료에 어울리는 소스는 이러한 기능을 설명해 준다. 닭고기요리와 잘 어울리는 수프림 소스는 닭육수로 만든 치킨 벨루테를 졸인 다음, 생크림을 넣고 한 번 더 끓여 농도를 조절해서 만든다. 이렇게 만들어진 아이보리색 소스는 깊은 향미를 가져 닭고기요리에서 부드러운 질감을 느끼도록 해준다.

겨자와 오이피클로 만든 소스는 강한 자극성과 향미로 돼지고기에 곁들여지면 소스의 날카로운 자극성이 고기와 대조적인 향미를 이끌어내며, 돼지고기의 진한 맛을 억제해 줌과 더불어 미각에 심한 자극성 없이 음식 맛의 조화를 제공해 준다.

과일류나 쑥을 곁들여 만든 소스는 가금류 요리를 순하게 하고 단맛을 강조해 준다. 향이 강하며, 톡 쏘는 Green pepper corn(녹색 통후추) 소스는 전체적인 향미를 깊게 하고 강화시킴으로써 Beef Steak 맛을 풍부하게 해준다.

1) 시각적인 흥미를 더해준다

소스는 윤기나 빛깔을 더해줌으로써 요리의 모양을 향상시켜 준다. 적당한 농도가 있는 육즙 소스를 구운 양고기 썬 것에 엷게 덮어주면 전체적으로 윤기가 흐르게 해주고, 시각적인 효과를 훨씬 더 느끼게 해준다. 그릴에서 구운 황새치스테이크 밑에 곁들인 곱게 갈아 만든 고추 소스는 색깔의 요소를 더해주며, 요리에 시각적인 흥미를 줄 것이다.

2) 소스의 조화

전통적인 소스의 조합은 음식 구성의 모든 영역에서 오랫동안 조화를 잘 이루어 왔다. 맛과 질감, 그리고 시각적인 효과, 적절한 소스를 선택할 때에는 상황에 따른 제공방식에 적절하게 맞추어야 한다. 연회를 위한 세팅 또는 많은 양의 음식을 빠르고 향미가 최고조에 이른 상태에서 제공해야 하는 상황이라면 선택된 소스는 미리 준비되어야 하며, 품질에 영향을 주지 않고, 많은 양의 소스를 적정한 온도가 유지되도록 관리해야 한다. 소스는 주재료의 조리기술과 음식 자체의 향미와 잘 조화를 이뤄야 한다. 광어와 같이 지방이 없는 생선구이는 연한 크림소스와 완벽하게 보완된다. 양고기는 로즈메리와 마늘 향을 가진 소스와 조화를 잘 이룬다고 할 수 있다.

3) 소스를 가하는 방법

제공 시 소스를 뿌려준 음식, 그리고 접시의 온도를 확인해야 하며, 뜨거운 소스는 아주 뜨거워야 하며, 유화시킨 홀랜다이즈와 같은 소스는 분리되지 않도록 뜨겁지 않고 따뜻하게 보관해야 분리되는 위험을 방지할 수 있다. 제공되는 음식의 질감을 고려해야 한다. 음식이 바삭바삭하거나 또는 그 외의 흥미로운 질감을 가지고 있다면 소스가 첫 번째 층이 되도록 접시에 직접 뿌려준다. 소스를 시각적으로 어필하거나, 또는 음식을 약간 덮어주는 것이 유익하다고 느끼면 국자를 이용하여 음식 위에 고르게 소스를 뿌려주는 것이 좋다.

소스가 요리를 완전히 덮지 않아야 하지만, 먹을 때마다 충분한 양의 소스가 되도록 해주어야 한다. 너무 많은 소스가 접시에 뿌려진다면 요리의 간에 균형을 깨뜨릴 수 있다.

3. 소스의 어원과 유래

Sauce에 대한 어원은 '소금을 치다'라는 뜻의 라틴어인 '살수스(Salsus)'에서 유래되었는데 소금은 항상 모든 요리의 기본적인 양념이었기 때문이다. 소스가 만들어진 배경에는 크게 두 가지 가설이 있는데 첫 번째는 냉장시설이 없었던 옛날에 변질된 음식의 맛을 감추기 위해 만들어졌다는 설과 좋지 않은 식재료의 품질로 만든 요리의 맛을 증진시키기 위해 조리사들이 개발했다는 설이 있다. 하지만 어찌되었든 오늘날의 서양요리에서 소스가 곁들여지지 않은 요리는 거의 없다고 봐야 한다.

프랑스와 영국 등 유럽 전역과 미국, 일본 등지에서는 'Sauce'라고 부르며, 이탈리아와 스페인에서는 'Salsa', 독일은 'Sosse'로 불리고 있다. 소스는 고대 로마시대부터 사용되어 왔으며, 프랑스가 이탈리아 요리를 계승하여 연구하기 시작하면서 더욱 발전시켰다. 17~18세기에 접어들면서 베샤멜, 미르푸아, 뒤셀, 마요네즈와 같이 좀 더 세련되고 향기로운 소스들이 등장하기 시작하였다. 평론가 쿠르농스키는 〈프랑스 요리와 포도주(Cuisine et Vins de France)〉의 사설에서 다음과 같이 표현하기도 했다. "소스는 프랑스 요리의 장식이고 명예이다" 이렇게 그가 말한 것은 프랑스 요리의 탁월함과 우수성을 부여하며 자랑하는 것이기도 하지만, 훌륭한 요리장과 솜씨가 있는 여자 요리사들로 하여금 자신들의 재능을 십분 발휘하도록 하는 동기를 부여하기도 했다.

1) Sauce Thinkening agents(소스 농후제)

농후제란 소스의 농도를 조절하는 데 쓰이는 식품을 총칭하는 말이며, 종류를 살펴보면, Roux(루), Starch(녹말), Cream(크림), Egg yolk(달걀 노른자) 등이 있다.

농후제는 녹말이 젤라틴화되는 원리를 이용하여 점도를 끈끈하게 만드는 것으로 음식을 씹을 때 입안에 머무르는 시간이 늘어나게 하여 음식의 감촉을 좋게 하고 맛의 느낌을 확대시켜 준다.

(1) Roux(루) 만들기

밀가루와 버터를 1:1로 섞은 다음, 팬에 넣고 볶은 것을 말한다. 버터에 함유되어 있는 지방성분이 밀가루 입자를 하나씩 감싸지게 하여 소스에 넣었을 때 쉽게 풀어지고 서로 엉기는 것을 방지한다.

① White Roux(화이트 루)

조리용 냄비에 밀가루와 버터 혼합한 것을 넣어 볶다가 방울이 올라오면 불에서 들어내어

색이 나지 않도록 살짝만 볶는 것으로 흰색 계통의 수프나 요리에 사용한다.

② Blond roux(블론드 루)

미색이 날 때까지 볶는 것으로 화이트 루보다는 조금 더 볶아준다. 은은한 향을 필요로 하는 소스 혹은 노란색을 띠는 요리에 주로 사용한다.

③ Brown Roux(브라운 루)

육류 계통의 요리 등 향이 강하고 짙은 소스에 주로 사용되는 것으로 짙은 브라운색이 나도록 볶는 것이다. 하지만 타지 않도록 주의해서 볶아야 한다.

2) Classification of Sauce(소스의 분류)

(1) 색에 의한 분류

소스는 모체소스와 파생소스로 구분할 수 있으며, 좀 더 세분화하면 색상에 따라 분류할 수도 있다. 소스의 분류는 어떤 원칙이나 문헌상으로 규정된 것이 없기 때문에 조리사의 취향에 따라 다르게 정리하기도 한다. 일반적으로는 색에 의한 분류, 주재료 용도별 사용에 따른 분류로 구분할 수 있다.

* 5가지 색으로 분류한 모체소스 및 파생소스

Color (색)	Mother sauce (모체소스)	Derived sauce (파생소스)
Brown sauce (갈색)	• Fond de veau (퐁드보) • Demi-glace (데미글라스)	Port wine sauce(포트와인 소스)
		Madeira(마데이라)
		Mushroom(버섯)
		Robert(로벗)
		Chateaubriand(샤토브리앙)
		Bigarade(비가라드)
		Hunter(헌터)
		Perigueux(페리괴)
		Perigourdine(페리구르댕)
		Diable(디아블)
		Financier(피낭시에)
		Fine herb(허브)

Color (색)	Mother sauce (모체소스)	Derived sauce (파생소스)
Red Sauce (붉은색 소스)	Tomato sauce (토마토 소스)	Napolitan(나폴리탄)
		Pizza(피자)
		Pasta(파스타)
		Provencale(프로방살)
		Bolognese(볼로네즈)
		Chili tomato(칠리토마토)
		Figaro(피가로)
		Milanaise(밀라노식)
Yellow sauce (노란색 소스)	Hollandaise (홀랜다이즈 소스)	Mousseline(무슬린)
		Bearnaise(베어네이즈)
		Chantilly(샹티이)
		Maltaise(말타이즈)
		Foyot(포요트)
Blonde sauce (미색)	Veloute sauce (벨루테 소스)	Allemande(알망드)
		Normandy(노르망디)
		Cardinal(카디날)
		Supreme(슈프림)
		Albufera(알브페라)
		Bercy(베르시)
White sauce (흰색 소스)	Bechamel sauce (베샤멜 소스)	Mornay(모르네이)
		Nantua(낭투아)
		Morden(모던)
		Soubise(수비즈)
		Mustard(겨자)
		Caper(케이퍼)
		Cream(크림)

① Brown sauce(갈색 소스)

* Fond de veau(퐁드보) 10L

준비재료

- Beef bone(쇠고기뼈) 6kg
- Trifling beef(스지) 1.5kg
- Carrots(당근) 500g
- Celery(셀러리) 500g
- Onions(양파) 1kg
- Butte(버터) 150g
- Ail(마늘) 100g
- Bay leaf(월계수잎) 3ea
- Dried Thyme(드라이 타임) 5g
- Black Pepper corn(통후추) 10g
- Parsley stalk(파슬리 줄기) 8g
- Mushroom(양송이) 500g
- Tomato(토마토) 4ea
- Water(물) 15L

(위의 재료를 5일 동안 반복하여 끓여서 거른 다음, 마지막 6일째는 뼈와 스지를 빼고 채소와 토마토 페이스트를 볶아 넣고 끓인 후, 소금, 후추로 간을 한다)

- Salt, Pepper(소금, 후추) 약간씩
- Tomato Paste(토마토 페이스트) 500g

[만드는 방법]

① 쇠고기뼈와 스지를 200℃ 오븐에 넣어 진한 갈색이 나도록 굽는다.

② 양파와 당근, 셀러리는 큐브 형태로 썰어 버터를 두른 팬에서 짙은 갈색이 날 때까지 볶아준다.

③ Big Pot(대형 소스통)를 불 위에 올린 다음, ①②를 넣고 찬물을 붓고 열을 가하여 끓기 시작하면 불을 줄인다.

④ 하루에 8시간 정도 은근하게 끓이면서 떠오르는 불순물은 수시로 제거하고 물을 보충해 준다.

⑤ 위의 재료를 5일 동안 반복하여 끓인다.

⑥ 마지막 6일째는 뼈와 스지를 빼고 채소와 토마토 페이스트를 볶아 넣고 끓인 후, 소금, 후추로 간을 하여 맛을 내고 고운체 또는 소창에 걸러 보관해 놓고 사용한다.

② Bechamel sauce(흰색/베샤멜 소스) : 2L

[재료]

- Flour(밀가루) 60g
- Butter(버터) 60g
- Milk(우유) 2,000ml
- Onion(양파) 50g
- Bay leaf(월계수잎) 2ea
- Nutmeg(넛멕) 0.3g
- Cloves(클로브) 2ea
- Salt, Pepper(소금과 후추) 약간씩

[만드는 방법]

① 밀가루와 버터를 1:1로 혼합한 다음, 두꺼운 냄비에서 화이트로 볶는다.

② 다른 냄비에 우유 넣어 열을 가하고 양파에 정향을 꽂아 함께 끓인다.

③ 끓여 놓은 우유에서 양파와 클로브를 제거하고 화이트 루를 조금씩 넣어가면서 Whisk(휘핑기)로 잘 휘저어준다.

④ 내용물이 끓기 시작하면 약불로 줄이고 넛멕과 소금, 후추로 간을 하고 약 20분 정도 은근히 끓여준다.

⑤ 소창이나 차이나 캡에 걸러낸 다음, 도자기 그릇에 담고 표면에 버터를 발라 표면이 마르지 않도록 한다.

③ Basic Veloute sauce(블론드 색) : 2L

[재료]

- Flour(밀가루) 100g
- Butter(버터) 100g

- White Stock(Chicken, Veal of Fish Stock) 2.5L
- Salt, Pepper(소금, 후추) 약간씩

[만드는 방법]

① 조리용 소스팬에 버터를 녹이고 밀가루를 넣어 White roux(화이트 루)를 만든다.

② 스톡을 조금씩 붓고 나무주걱으로 저어가면서 덩어리가 지지 않도록 한다.

③ 약불로 끓이면서 바닥이 눌어붙지 않도록 저어가면서 은근하게 끓인다.

④ 소금, 후추로 간을 하여 맛을 내고 소창(Cheese cloth)을 이용하여 걸러낸다.

⑤ 도자기 그릇에 담고 녹은 버터로 표면을 발라주어 표면이 마르지 않도록 해놓고 필요에 따라 사용한다.

(2) Fish Veloute(생선 벨루테) 파생소스

① Bercy sauce(베르시 소스)

Fish Veloute(생선 벨루테) + Fish stock(생선스톡) + Onion chopped(양파 찹) + Butter(버터) + White wine(백포도주)

② Cardinal sauce(카디날 소스)

Fish Veloute(생선 벨루테) + Fish stock(생선스톡) + Fresh cream(생크림) + Paprika powder(파프리카 가루) + Lobster meat(바닷가재 살) + Butter(버터)

③ Normandy sauce(노르망디 소스)

Fish Veloute(생선 벨루테) + Fish stock(생선스톡) + Mushroom(양송이) + Egg yolk(달걀 노른자) + Fresh Cream(생크림)

(3) Chicken/Veal, White Veloute(치킨, 송아지 화이트 벨루테)

① Allemande(알망드 소스) 파생소스

㉠ Aurora sauce(오로라 소스)

Allemande(알망드 소스) + Tomato Paste(토마토 페이스트) + Butter(버터)

㉡ Horseradish sauce(호스래디시 소스)

Allemande(알망드 소스) + Fresh cream(생크림) + Mustard(머스터드)

+ Horseradish(호스래디시 간 것)

ⓒ Mushroom sauce(버섯소스)

Allemande(알망드 소스) + Mushroom(양송이) + Lemon juice(레몬주스) + Butter(버터)

ⓔ Poulette sauce(플레트 소스)

Allemande(알망드 소스) + Onion chopped(다진 양파) + Mushroom(양송이) + Fresh cream(생크림) + Lemon juice(레몬주스)

(4) Tomato sauce(적색 : 토마토 소스) : 5L

- Tomato(토마토) 3kg
- Tomato Paste(토마토 페이스트) 100g
- Tomato Puree(토마토 퓌레) 1kg
- Onion(양파) 500g
- Carrot(당근) 250g
- Celery(셀러리) 250g
- Bacon(베이컨) 150g
- Garlic(마늘) 6ea
- Beef stock(쇠고기 육수) 3L
- Bay leaf(월계수잎) 3pc.
- Pepper corn(통후추) 5g
- Dried Thyme(드라이 타임) 2g
- Clove(정향) 5ea
- Olive Oil(올리브 오일) 100ml
- Parsley stalk(파슬리 줄기) 10ea
- Salt, Pepper(소금, 후추) 약간씩

[만드는 방법]

① 양파, 당근, 셀러리는 찹을 해놓고, 마늘, 토마토, 베이컨은 곱게 다져 놓는다.

② 조리용 냄비에 식용유를 약간 두르고 베이컨을 볶은 후, 마늘, 양파, 당근, 셀러리를 넣어 볶은 다음, 토마토 페이스트를 넣고 볶다가 쇠고기 스톡을 붓고 끓인다.

③ 프레시 토마토 다진 것과 토마토 퓌레를 넣고 한 번 더 끓여준다.

④ 파슬리 줄기와 부케가르니(월계수잎, 통후추, 정향)를 넣고 은근한 불에서 끓인다.

⑤ 은근하게 끓여 농도가 알맞게 되면 소금, 후추로 간을 하고 고운체 또는 소창에 거른
다음, 얼음물에 빠르게 식혀서 냉장 보관 후 사용한다.

(5) 토마토 파생소스

① Milanese tomato sauce(밀라노식 토마토 소스)

　　Basic tomato sauce(기본 토마토 소스) + Mushroom(양송이) + Ham(햄) + Tongue(소혀)

② French Tomato sauce(프랑스식 토마토 소스)

　　Basic tomato sauce(기본 토마토 소스) + Garlic(마늘) + Celery(셀러리) + Onion(양파) +
Herb(허브) + Green pepper(청고추) + Tabasco(타바스코)

③ Italian Bolognese sauce(이태리식 볼로네즈 소스)

　　Basic tomato sauce(기본 토마토 소스) + Garlic(마늘) + Carrot(당근) + Celery(셀러리)
+ Onion chopped(다진 양파) + Mushroom chopped(양송이 찹) + Herb(허브) + Ground
Beef(쇠고기 간 것)

④ Mexican Salsa sauce(멕시칸 살사 소스)

　　Basic tomato sauce(기본 토마토 소스) + Garlic(마늘) + Green pepper(청고추) +
Red pepper(붉은 고추) + Red wine(레드 와인) + Herb(허브) + Green pepper(청고추)
+ Tabasco(타바스코) + Olive oil(올리브 오일) + Coriander chopped(코리앤더)

(6) Hollandaise Sauce(홀랜다이즈 소스) : 2L

- Clarified Butter(정제버터) 1.8L
- Egg(달걀) 15ea
- Vinegar(식초) 280ml
- Onion(양파) 100g
- Lemon(레몬) 80ml
- Parsley stalk(파슬리 줄기) 10g
- Pepper corn(통후추) 10g
- Bay leaf(월계수잎) 5ea
- Water(물) 200ml
- Salt, Pepper(소금, 후추) 약간씩

[만드는 방법]

① 냄비에 물, 레몬, 식초, 소금, 다진 양파와 파슬리 줄기, 통후추, 월계수잎을 넣고 끓여 1/2로 줄면 소창에 걸러 향초 국물을 만든다.

② 버터를 그릇에 담아 더운물에 중탕으로 녹여 정제버터를 만들고 위에 뜨는 거품과 불순물은 걷어낸다.

③ 스테인리스 볼을 준비하여 분량의 달걀 노른자에 ①번의 향료 졸인 국물을 100ml 정도 넣어 80~90℃ 정도 되는 더운물에 중탕하여 거품기로 저어 덩어리가 생기지 않도록 익힌다. 거품이 꺼질 정도까지만 익힌 다음, 불에서 들어낸 후, 정제버터를 조금씩 넣으면서 마요네즈 만드는 방법으로 저어 유화시킨다. (농도가 너무 되면 향료국물을 조금 넣어서 농도를 조절해 준다.)

④ 고운 노란색의 홀랜다이즈 소스가 완성되면 소금으로 간을 하고 레몬주스를 짜 넣어 신맛을 낸 다음 요리에 사용한다.

(7) 홀랜다이즈 파생소스

① Bearnaise sauce(베어네이즈 소스)

Basic Hollandaise Sauce(홀랜다이즈 소스) + Onion chopped(양파 찹) +

Vinegar(식초) + Herb chopped(타라곤, 파슬리, 바질)

② Choron sauce(쇼롱 소스)

Bearnaise sauce(베어네이즈 소스) + Tomato paste(토마토 페이스트) + Fresh Cream(생크림)

③ Chantilly sauce(샹티이 소스)

Bearnaise sauce(베어네이즈 소스) + Whipping Cream(휘핑크림)

④ Foyot(포요트 소스)

Bearnaise sauce(베어네이즈 소스) + Brown Sauce(브라운 소스)

⑤ Maltaise(말타이즈 소스)

Basic Hollandaise Sauce(홀랜다이즈 소스) + Orange Juice(오렌지 주스) +

Orange Zest(오렌지 제스트)

(8) 기타 소스

① Beurre Blanc sauce/White Butter sauce(흰색 버터소스)

버터소스(Butter sauce/Beurre Blanc)는 연어구이, 가리비구이, 민물생선구이 요리와 잘 어울리는 프랑스풍의 소스이다. 좋은 소스를 만들기 위해서는 버터의 질이 대단히 중요한 역할을 한다. 무염버터가 최상으로 각광받는데, 요인은 소스를 끓이는 과정 후에 맛의 정도에 따라 언제든지 소금을 넣어 맛을 조절할 수 있기 때문이다. 주의할 점은 버터의 농도, 당도, 크림과 같은 질감, 그리고 향을 주의해서 확인하여야 한다. 만드는 방법을 간단히 설명하면 무염버터를 정육면체로 잘라 실온에 보관하여 무스형태로 만들어 놓는다.

흰색 버터소스를 만들기 위해서는 기본적으로 향신료와 와인을 졸여준 액체가 필요한데 재료는 주로 드라이 백포도주와 샬롯으로 만들어진다. 경우에 따라 식초, 또는 감귤류의 주스를 포함한 다른 재료들이 종종 졸여진 용액으로 사용되기도 한다. 타라곤, 바질, 쪽파 또는 처빌을 포함한 잘게 자른 허브, 으깨진 통후추, 그리고 마늘이나 생강, 레몬그라스, 사프란 그리고 다른 양념재료들이 포함된다.

졸인 소량의 생크림은 때때로 유화를 안정적으로 유지시켜 주기 위하여 더해주는데, 농도조절에 아주 효과적이다. 크림을 조리할 때는 걸쭉해지고 진한 아이보리색이 날 때까지 은근하게 조심해서 끓여준다. 크림이 분리되지 않게 더 많이 졸여줄수록 소스의 안정적인 효과도 매우 커지기 때문이다.

조리용 팬은 구리 또는 스테인리스 강으로 씌운 양극 산화처리된 것이나 알루미늄과 같이 반응을 보이지 않는 금속 합금한 팬을 사용해야 좋은 소스를 얻을 수 있다.

버터를 혼합하기 위한 방법으로는 대다수 주방장들이 가스레인지 또는 평평한 레인지 위에서 팬을 돌리면서 버터 넣는 동작을 선호한다. 이 소스의 경우 걸러주는 과정이 필요한데 고운체에 거른 다음에 이중냄비, 세라믹 그릇 등에 옮겨 담아 따뜻한 곳에 보관해 놓고 제공 시에 사용한다.

① 버터소스(Butter sauce/Beurre Blanc) 만들기 5인분(1인분당 60ml)

- Butter(무염버터) 340g
- White wine(백포도주) 120ml
- Herb liquid(허브액체) 60ml

  (허브액체: Vinegar, Shallot, Whole pepper, Lemon juice, Fresh cream, Tarragon 등을 졸인 것)

• Salt, Pepper(소금, 후추) 약간씩

[만드는 방법]

① 소스에 충분한 맛을 살려주는 허브액체를 섞어서 불에 올려 시럽과 같은 농도까지 졸여준다.

② 졸여진 액체에 차가운 버터를 천천히 넣어 팬을 일정하게 흔들며 돌려 내용물을 잘 혼합하여 준다. 그 동작은 버터로 소스를 마무리할 때 사용되는 것과 같다.

③ 소스가 크림보다 더 기름기가 있거나 소스가 분리되는 현상이 생긴다면 너무 뜨거워졌기 때문이다. 이와 같을 땐 차가운 버터를 조금씩 계속해서 더해주면 된다.

④ 소금, 후추로 간을 하고 필요하다면 거르는 작업을 통해 맛과 질감을 주기 위한 마지막 수정을 한다.

⑤ 최상의 흰색 버터소스를 만들기 위해서는 다음 재료를 추가로 사용할 수 있다.

• Citrus juice(감귤주스)

• Red wine(적포도주)

• Chopped herbs(다진 허브)

• Cracked pepper corn(으깬 통후추)

• Garlic(마늘)

• Ginger(생강)

• Lemon grass(레몬그라스)

• Saffron(사프란)

3) Coulis sauce(쿨리 소스)

쿨리 소스란 채소 또는 과일을 퓌레형태로 갈아서 소스로 사용하는 것으로 식품 그 자체의 향을 즐길 수 있는 것이 큰 장점이다. 샐러드 또는 디저트 소스로도 잘 어울리며, 찬 요리와 더운 요리는 물론 육류, 생선류 가금류 등 모든 요리에 사용 가능하다.

토마토, 피망, 허브 등 채소와 딸기, 키위, 포도 등 다양한 과일들을 이용한 디저트 소스가 있다.

제3장 서양요리 기본 야채 썰기

1) 올리베트(Olivette)

서양요리에서 주요리의 곁들임채소로 쓰이는 당근 올리베트는 중간부분이 두텁고 양끝이 뾰족한 올리브 모양으로 깎은 것을 말한다.

① 당근을 먼저 5~6cm 정도 길이로 자른다.

② 당근을 세운 다음 1/4로 등분한다.

③ 작은 샤토 칼을 이용하여 등분한 것 1개의 모서리부분부터 시작하여 6각으로 각을 잡는다.

④ 6각의 면을 살리면서 쉬지 않고 앞부터 뒤까지 한번에 깎아 양끝을 뾰족하게 한다.

2) 샤토(Chateau)

샤토는 올리베트와 마찬가지로 서양요리의 곁들임채소로 쓰이는데 양쪽 끝부분을 약간 다르게 깎는 것을 말한다.

① 당근을 먼저 5cm 정도 길이로 자른다.

② 당근을 세운 다음 1/4로 등분한다.

③ 작은 샤토 칼을 이용하여 등분한 것 1개의 모서리부분부터 시작하여 5각으로 각을 잡는다.

④ 5각의 면을 살리면서 쉬지 않고 앞부터 뒤까지 한번에 깎아 가운데가 통통하며 양쪽은 면이 있도록 한다.

3) 화인 줄리엔(Fine julienne)

당근 줄리엔은 샐러드 또는 무침요리, 소스 등에 다양하게 쓰인다.

① 당근의 표면을 깨끗이 씻은 다음 껍질을 벗긴다.

② 6cm 정도의 길이로 자른다.

③ 한쪽을 썰어 면을 만들어 도마 위에 고정시킨 다음, 전체를 편으로 썬다.

④ 편으로 썬 것을 여러 장 겹쳐 놓고 세로로 길게 썰어 줄리엔을 만든다.

⑤ Large julienne(굵은 줄리엔) : 0.6×0.6×6cm 길이이다.

⑥ Medium julienne(중간 줄리엔) : 0.3×0.3×6cm의 길이와 두께로 성냥개비 크기와 같다고 할 수 있다.

⑦ Fine julienne(가는 줄리엔) : 0.15×0.15×6cm 정도의 길이로 가는 채로 자른 형태를 말한다.

4) 화인 다이스(Fine dice)

서양요리에서 당근을 비롯한 채소 썰기 다이스 모양은 소스를 비롯하여 스터핑(Stuffing) 등에 가장 많이 쓰이는 형태라고 할 수 있다.

① 당근의 표면을 깨끗이 씻은 다음 껍질을 벗긴다.

② 6cm 정도의 길이로 자른다.

③ 한쪽을 썰어 면을 만들어 도마 위에 고정시킨 다음, 전체를 편으로 썬다.

④ 편으로 썬 것을 여러 장 겹쳐 놓고 세로로 길게 썰어 줄리엔을 만든 다음, 가로로 썰면 다이스(Dice)형태가 된다.

⑤ Fine Dice : 0.15×0.15×0.15cm의 크기로 가장 작은 모양의 다이스이다.

⑥ Brunoise : 0.3×0.3×0.3cm 크기의 주사위 형태를 일컫는다.

⑦ Small Dice : 0.6×0.6×0.6cm 크기의 정육면체이다.

⑧ Medium : 1.2×1.2×1.2cm 크기의 주사위 모양이다.

⑨ Large Dice : 2×2×2cm 크기로 다이스 모양 썰기 중에서 가장 큰 정육면체 형태이다.

5) 프랭타니에(Printanier)

① 가로 1cm, 세로 1cm 크기에 두께는 0.3~0.4cm 정도의 다이아몬드형을 말한다.

Part 9

이론편 3
조리 전문용어

- A la

  프랑스 숙어로 '~의 방법으로'라는 뜻이다. 요리에서 이 문구는 일정한 형식의 준비방법이나 특별한 형태의 장식을 의미한다.

- A la carte

  프랑스어로 메뉴에 관한 단어로 각 코스가 각각 분리되어 가격을 지불하는 방식으로 개개의 요리마다 가격을 책정해 놓고 선택 주문할 수 있도록 한 메뉴 차림표로서 주메뉴(entree) 뿐만 아니라 샐러드, 수프, 애피타이저 등을 고객이 따로 주문할 수 있다.

- A la king

  크림소스로 육류, 가금류 등의 요리를 만드는 것.

- Abaisser

  여러 가지 반죽을 밀대나 반죽기계를 이용하여 일정한 두께로 미는 것을 말한다.

- Anchovy

  지중해나 유럽 근해에서 나는 멸치류의 작은 물고기, 또는 이것을 절여서 발효시킨 젓갈.

- Antipasto

  파스타를 먹기직전에 먹는 것이라는 이탈리어어로서 덥거나 차가운 전채요리를 의미한다. 종류로는 치즈, 훈육한 육류, 올리브, 생선, 야채류 등이다.

- Appareil

  하나의 요리를 만들기 위해 필요한 서로 다른 요소들의 기본적인 혼합.

- Appetizer

  식욕을 자극하기 위해 식사전에 제공하는 한 입 크기의 작은 음식. 주로 식욕을 돋우는 짠맛, 신맛이 있는 재료를 사용하며, 뜨거운 것과 차가운 것이 있다.

- Aromate

  음식의 풍미 향상을 위해 사용하는 허브나 향신료.

- Arroser

  로스트 할 때 기름칠하기.

- Arrowroot

  수프와 소스의 농후제로 사용되는 열대성 구글류의 전분 산물로 뿌리를 건조시키고 가루로 만들어 사용한다. 농후 정도가 밀가루의 두 배 정도이고, 차가운 액체와 혼합하여야 한다.

- Aspic

  대개 투명한 풍미를 지닌 육수, 생선, 야채스톡, 젤라틴을 이용하여 만들고 혹은 음식위에 바르는 것으로 음식에 광택을 내며 마르지 않도록 한다.

- Assaisonner

  향신료, 부재료 등을 첨가하여 맛을 내는 것.

- Au lait

  프랑스어로 '우유와 함께'로 음식이나 음료가 우유에 함께 제공되거나 준비되는 것을 의미한다.

B

- Bain-marie

  2겹으로 된 그릇으로 물 중탕용기, 소스나 크림용 특별 소스팬으로도 사용.

- Baking

  고온 건조한 공기의 대류현상을 이용한 오븐 구이 조리법이다.

- Barbecue

  ① 그릴 또는 그릴 밑에 위치한 석탄을 담는 용기, ② 바비큐 방법을 이용한 음식 ③ 야외에서 즐기는 음식 또는 행사를 일컫는 미국식 용어. ④ 동사: 석탄이나 나무를 이용해 닭이나 생선 또는 고기를 굽는 방식.

- Barbecue sauce

  바베큐 되어진 고기를 절이는 소스. 전통적으로 토마토나 마늘, 양파, 흑 설탕, 식초, 맥주를 주재료로 만든 소스.

- Bard

  고기나 닭 등을 로스트 할 때 건조되는 것을 막기 위해 베이컨이나 비계 등으로 묶는 것.

- Basting

  육류나 닭을 조리할 때 기름과 국물을 발라 요리에 윤기가 돌게 하여 풍미를 살리는 방법.

- Batter

  케이크나 머핀 또는 와플을 만드는 걸쭉한 밀가루, 달걀, 우유의 혼합물.

- Bearnaise

  식초, 와인, 타라곤, 샬롯 등을 넣어 졸여 달걀 노른자와 정제 버터로 만들어지 는 프랑스 전통 소스.

- Beat

  원형의 움직임으로 급하게 젓는 것.

- Bechamel

  루(Roux)에 우유를 섞어 만드는 프랑스의 전통적인 소스. 요리 목적에 따라 루 에 우유를 섞는 양을 달리하여 농도를 달리하여 사용한다.

- Beurre

  버터의 불어.

- Beurre blanc

  화이트 버터라는 프랑스어이며 와인, 식초, 샬롯을 졸인 것에 차가운 버터를 넣어 만든다.

- Beurre manie

  버터에 밀가루를 섞은 것으로 소스의 농도를 조절할 때 쓰인다.

- Beurrer

  솔 등을 이용해서 몰드나 트레이 등에 버터를 바름.

- Bigarade

  오렌지 껍질과 주스를 첨가한 달콤 시큼한 갈색 소스.

- Bisque

  새우, 게, 가재 등 갑각류를 주 재료로 하여 만든 크림 형태의 수프.

- Blanching

  다량의 끓는 물 또는 기름에 짧게 데쳐내는 방법으로 조직을 연하게 하고 효소 작용을 억제 시 킨다.

- Blending

  채소나 과일 또는 소스를 만들 때 믹서기를 이용하여 갈아주는 방법이다.

- Boiling

  100℃의 액체에 넣고 가열하는 조리법으로 식품을 끓이거나 끓는 물에 삶는 방법 이다.

- Bordelaise

  적 포도주 또는 백포도주, 브라운 스톡, 연골, 샬롯, 파슬리, 허브 등으로 만드 는 소스.

- Bouillon

  고기나 뼈, 야채를 삶은 국물로서 소금, 후추로 맛을 낸 맑은 국으로 수프의 재료 가 되기도 한다. 스톡보다는 정제되고 깊은 맛이 난다.

- Bouquet garni

  파슬리, 타임, 월계수 잎 등을 헝겊에 넣어 묶어 만든 것으로 수프나 스튜의 향이나 맛을 내는 데 사용함.

- Braising

  조리방법의 하나로 고기나 야채를 뜨거운 기름에 색깔을 낸 후, 적은 양의 물을 붓고 뚜껑을 덮어 약한 불에 오랜 시간 조리한다.

- Brandy

  와인이나 과일 주스를 증류하여 만든 술. 보통 맛과 향을 위해 오크통에서 숙성되 어 진다. 브랜디 중에서 최고의 품질은 코냑이다.

- Breading

  우유나 달걀물에 재료를 담갔다가 빵가루를 묻혀 튀겨내는 요리법.

- Brochettes

  각종 고기가 주재료로 야채를 사이사이에 끼워 굽는 석쇠구이.

- Broth

  야채나 고기 또는 생선을 끓여 만든 육수의 한 종류.

- Broiling

  식품을 열원의 직접적인 위나 아래에서 조리하는 것.

- Brown sauce

  에스파뇰 소스라고도 한다. 진한 육수, 미르포아, 브라운 루, 허브, 토마토 페 이스트를 첨가하여 만든다.

- Brunch

  아침과 점심의 혼합. 오전 11시에서 오후 3시 사이의 식사.

- Bruschetta

  바게트에 치즈·과일·야채·소스 등은 얹은 요리.

- Buffet

  손님들이 직접 테이블이나 사이드보드에 진열된 음식들을 가져다 먹는 식사를 의미 한다.

- Butter

  크림을 휘저어 반고형 상태가 되도록 하여 만드는 것.

C

- Cafe

  프랑스어로 커피 또는 작은 레스토랑.

- Cafe latte

  에스프레소에 거품을 일으킨 뜨거운 우유를 섞어 만드는 것.

- Canape

  식빵을 작게 잘라서 구워 한쪽면에 버터나 마요네즈를 바르고 식품을 얹은 서양의 전채요리
  (입맛을 돋우기 위해 먹는 전채요리의 일종).

- Caper

  지중해나 일부 아시아 지역에서 생산된다. 꽃봉우리를 말리거나 식초에 담가 사용한 다. 연어
  나 생선요리에 주로 사용한다.

- Caramel

  설탕이 녹아서 황금색에서 짙은 갈색의 걸쭉하고 투명한 액체가 될 때까지 조리할 때 만들어
  지는 혼합물.

- Carpaccio

  아주 얇게 저민 쇠고기로 양파와 함께 제공되는 이태리식 에피타이져 요리.

- Carte

  '메뉴'의 불어.

- Cassolette

  작은 도자기로 된 1인 분량의 조리용 접시.

- Cassonade

  가루 설탕.

- Caviar

  원래는 넓은 의미로 생선의 알을 소금에 절인것. 최고의 캐비어는 카스피해의 벨루 가 상

어알에서 얻은 벨루가 캐비어이다. 종류로는 벨루가(Beluga), 오세트라(Ossetra), 세브루가
(Sevruga) 등이 있다.

- Cheddar cheese
영국의 소모셋 지방의 체다 마을에서 처음으로 만들어진 유명한 치즈로 부드러운 맛이 나는
것에서부터 자극적인 맛을 내는 것까지 여러 가지가 있으며 흰색에 서부터 호각 같은 오렌지
색까지 있다.

- Cheesecloth
가볍고, 면으로 되어 있는 천으로 음식 맛에 영향을 주지 않으며, 물에 묻혀도 떨어지지 않는
다. 소스를 거르거나, 허브 등을 넣을 때 사용한다.

- Chinois
원뿔 모양의 채.

- Chowder
조개, 게, 생선, 굴, 새우 등과 같은 해산물이 들어가고 감자, 양파, 샐러리, 베이 컨 생크림, 우
유 등을 넣어 끓여준 수프로 농도는 루(roux)를 만들어 조절한다.

- Cider
사과 사이다는 초기 미국에서 유행하던 음료로 사과를 눌러 주스를 빼며, 발효 전을 sweet
cider, 발효 후를 hard cider라고 한다.

- Clarify
흐린 액체의 침전물을 제거하여 맑게 만드는 것.

- Cleaver
육가공 주방이나 중식당 주방에서 사용하는 두껍고 무거운 칼.

- Cocktail sauce
케첩 또는 칠리 소스에 홀스래디쉬, 레몬 주스, 타바스토를 섞어 만든 소스.

- Coleslaw
'cool cabbage'란 의미로 양배추에 마요네즈, 식초를 섞어 만든 샐러드.

- Combine
서로 다른 성분의 식품들을 함께 잘 섞는 것.

- Compote
과일에 설탕을 넣고 조린 것.

- Concasse

  토마토의 껍질과 씨를 제거한 후 0.5cm 크기의 정사각형으로 자른것.

- Condiment

  요리에 사용되는 조미료.

- Consomme

  고기나 생선을 이용하여 끓인 맑은 수프.

- Coulis

  조개, 야채, 과일 등의 천연 주스에서 파생된 액체로서 걸쭉한 퓨레나 소스를 지칭 하는 일반 적인 용어.

- Court bouillion

  물, 식초, 포도주, 향료 등으로 이루어진 액체로서 생선이나 해물를 데치는 데 주로 사용한다.

- Crepe

  프랑스식 팬케이크로 곡물 가루, 계란, 우유, 향신료 등을 섞어 팬에서 구운 얇은 케 이크

- Croquette

  저민 고기나 야채, 걸쭉한 화이트 소스와 양념을 섞은 것을 작은 원통형이나 타 원, 혹은 동그 란 형으로 만들어 달걀 거품을 낸 것에 담그로 빵가루를 묻혀 바삭바삭하 고 갈색이 날 때까지 기름에 듬뿍 튀긴 것.

- Crouton

  작은 주사위 모양이거나 그냥 빵조각으로 갈색이 되도록 소테하거나 구운것.

- Cuisine

  프랑스어로 특수한 스타일의 조리법, 혹은 한 나라의 음식 전체를 지칭하는 용어.

- Cuisson

  음식을 만들기 위한 조리방법을 통칭함.

- Custard

  우유와 달걀에 설탕, 소금, 바닐라향을 섞어 찌거나 구운 것인데, 푸딩, 크림, 케이 크, 소스 등 종류가 다양하다.

- Cutlet

  작고 납작하며 뼈가 없는 고기 조각이나 얇게 썬 고기에 밀가루, 달걀, 빵가루를 묻 혀 튀겨내 는 조리방법.

D

- Deep-fry

  식품이 완전히 잠길 정도의 뜨거운 기름에 식품을 익히는 방법.

- Deglaze

  조리 후 냄비의 바닥에 붙어있는 즙과 색소에 포도주나 다른 액체를 넣어 눌러 붙 은 성분을 우려내는 작업.

- Demi-glace

  풍부한 브라운 소스로 기본적인 에스파뇰 소스에 비프 스톡, 마데이라 또는 셰 리를 넣고 부피가 절반으로 줄 때까지 졸여서 만든다. 여러 다른 소스를 만들기 위한 기초 소스로서 사용된다.

- Delayer

  진한 소스에 물, 우유, 와인 등 액체를 넣어 묽게 한다.

- Dip

  향신료, 샤워 크림이나 소프트 치즈를 크림처럼 혼합한 것으로 크래커, 피클, 생야채를 찍어 먹도록 만든 소스의 한 종류.

- Dough

  밀가루, 액체, 다른 재료들이 들어간 반죽으로 뻑뻑하지만 손으로 작업할 수 있을 정도로 유연하다.

- Dredge

  밀가루와 빵가루같은 것을 음식 위에 뿌리는 것.

- Dressing

  주로 차가운 종류의 샐러드, 차가운 야채, 생선, 고기요리에 뿌리거나 섞는데 사 용한다.

- Duchess Potato

  삶아 으깬 감자를 달걀 노른자와 넛맥 등과 섞어 패스트리 백에 넣어 동그랗게 짜서 살라만더에서 색을 낸 것.

- Duxelles

  곱게 다진 양송이에 향신료와 양파를 첨가하여 소테하여 만든 것.

- **Eminer**

  육류, 가금류를 작은 조각으로 자른 것, 일반적으로 소스에 넣고 조리한다. 야채의 경우에도 수프에 넣는 용도로 이렇게 자르기도 한다.

- **Emulsion**

  하나의 액체와 정상적으로 결합할 수 없는 다른 액체와의 혼합물.

- **Entremets**

  디저트

- **Entree**

  주요리. 중심이 되는 요리를 뜻한다. 프랑스에서는 전채(前菜)의 의미로 오르되브르 (hors-d'oeuvre)와 함께 나올 때는 뒤에 나온다.

- **Escalope**

  매우 얇고 평평한 고기나 생선의 프랑스식 용어이다. escalope를 연하게 하려면 양쪽 면을 기름에 살짝 익힌다.

- **Espagnole**

  브라운 소스의 스페인어.

- **Essence**

  고기맛을 추출한 것.

- **Etamine**

  체, 여과기, 천을 이용해서 거르는 것.

- **Extract**

  증발 또는 증류를 하여 다양한 식품이나 식물로부터 얻은 농축된 향신료.

- Ficeler

  조리하기 전에 육류나 가금류의 모양을 바르게 하기 위해 실 등을 이용하여 잡아주 는 것.

- Fillet

  고기나 생선의 뼈 없는 조각. 고기나 생선조각으로부터 뼈를 제거하는 것.

- Flambe

  '태워지는' 또는 '타오르는' 이란 뜻의 프랑스어로서, 생선이나 육류의 이취를 제거 하고 향미나 풍미를 내기위한 목적에서 팬에 열을 가한 상태에서 증류주를 첨가하여 불 을 붙여서 플람베를 한다.

- Foiegras

  거위 간.

- Fold

  거품을 낸 달걀의 흰자나 크림에 밀가루, 설탕 등과 잘 섞는 것.

- Fondue

  ① 치즈와 백포도주를 섞어 불에 녹인 것에 빵조각을 적셔 먹는 요리. ② 고기를 끓는 기름에 넣었다가 소스를 발라 먹는 요리.

- Fond blanc

  화이트 스톡(white stock)의 프랑스어.

- Fond brun

  브라운 스톡(brown stock)의 프랑스어.

- French dressing

  다양한 종류의 허브를 첨가시킨 기름과 식초, 소금, 후추의 단순한 혼합물 을 말한다.

- Fritters

  식품을 반죽에 묻혀 많은 기름에서 황갈색으로 튀긴 것. 새우 튀김을 새우 프리터 라고 한다.

- Fumet

  생선이나 버섯으로 만드는 농축된 스톡으로서 맛이 진하지 않은 스톡이나 소스에 맛 들 더하기 위해 사용한다.

- Galantine

  전통적인 프랑스 요리로서 뼈가 있는 가름류, 육류나 생선에 forcemeat으로 속 을 채우고, 피스타치오와 올리브, 송로를 넣어서 만든 요리이다. 이 요리를 스톡에서 부 드럽게 요리해서 식힌 다음이 스톡에서 만든 고기 젤리로 바르고, 속에 넣었던 것을 곁 들인다.

- Ganiture

  곁들임 요리를 말한다. 주재료 곁에 넣어 맛을 돋우거나 향기나 색을 위해 곁들이 는 것. 영어로는 가니쉬(garnish).

- Gazpacho

  싱싱한 채소나 과일을 퓨레로 만든 스페인식 전통요리로 수프보다는 야채 쥬스 에 가깝다고 할 수 있다. 더운 계절에 먹는다.

- Gelatin

  소나 송아지에서 뼈와 연골, 건, 다른 조직들을 제거한 순수한 단백질이다. 무취, 무미, 무색의 농후제로서 뜨거운 물에 용해시킨 다음 차게 식히면 젤리를 형성한다.

- Glace de viande

  육즙이 걸쭉한 시럽이 될 때까지 끓여서 만든 것으로 'meat glaze'란 뜻 의 프랑스어이다. 소스의 맛과 색을 첨가할 때 사용한다.

- Glazing

  당근, 무, 작은 양파 등을 물, 버터, 소금, 설탕으로 조리해 윤기를 낸다.

- Gnocchi

  뇨끼. 이탈리아 요리로 감자나 밀가루를 만들어 소스와 함께 제공되는 우리나라의 감자 수제비의 일종

- Gouda cheese

  폴란드의 유명한 수출품 치즈로 다소의 아주 작은 구멍이 산재한 노란색 외 관을 가지고 있다.

- Gratin

  그라탱. 치즈나 빵가루를 버터와 섞은 것을 얹은 요리를 말하며, 표면이 노릇하고 바삭하게 될 때까지 오븐이나 브로일러에서 익힌다.

- Gravy

  고기나 생선을 요리하고 난 국물을 말한다.

- Griddle

  두꺼운 철판을 말하며 주로 다량의 스테이크나 전을 구울 수 있다.

- Grilling

  간접적으로 가열된 철판 위에서 굽는 방법.

- Gruyere cheese

  적당량의 지방을 포함한 치즈로 풍부하며 달콤함 견과 맛이 나며, 그냥 먹거나 요리용으로도 높은 평가를 받는다.

H

- Hacher

  다지거나 분쇄한다는 의미의 불어. 영어로는 Mince나 chop에 해당.

- Halicot

  양고기 스튜, 다진 고기, 순무, 양파, 감자, 때때로 강낭콩을 넣어서 만든다.

- Ham

  돼지 뒷다리 고리로 다리뼈 중간에서부터 엉덩이뼈 사이를 가리킨다. 자른 길이는 상 품에 따라 다양하다.

- Hash

  잘게 썬다는 의미로 고기와 감자, 양파, 샐러리, 고추 등을 잘게 썰어 만든 감자가 주 가 되는 음식.

- Hollandaise Sauce

  버터와 달걀 노른자(egg yolk)와 레몬 쥬스로 만들어진다. 버터는 중탕 하여 정제 버터(clarified butter)를 만들어 사용한다. 노란색을 띄고 요리에서는 채소나 고기, 에그 베네딕트(eggs benedit)와 같은 계란요리에 사용된다.

- Horseradish

  겨자와 비슷한 매운 맛과 향기가 있는 스파이스. 드레싱이나 소스의 풍미를 주는데 사용된다.

케이퍼, 양파, 레몬즙과 함께 훈제연어에 많이 사용된다.

- Hors d'oeuvre

  애피타이저. 전체요리. 식전에 가벼운 에피타이저로 앙트레(Entrée)와 유사 어로 쓰이나, 두 번의 에피타이저가 나올 경우 먼저 오르되브르가 나오고, 다음에 앙트 레가 나옴.

- Huitre

  굴

I

- Indian pudding

  노란색 옥수수 가루, 달걀, 각색 설탕, 우유, 건포도, 그리고 양념을 혼합한 다음 오븐에서 서서히 구운 디져트.

- Infuser

  허브 등을 우리다.

- Infusion

  우려내기

- Irish stew

  새끼 양고기, 당근, 순무, 양파, 감다, 덤플링 그리고 양념으로 이루어진 흰색 새끼 양고기 스튜.

- Italian dressing

  올리브 기름, 와인 식초, 레몬 주스로 만든 샐러드 드레싱으로서 마늘, 오 레가노, 바질, 딜, 회향 등을 포함한 다양한 향신료로 양념한 것이다.

- Italian meringue

  딱딱하게 휘저은 달걀 흰자안에 뜨거운 설탕 시럽을 천천히 섞어서 만든 머랭이다.

J

- Jam

  과일과 설탕으로 만든 걸쭉한 혼합물로서, 과일 조각이 아주 부드럽고 거의 형태가 없 어질 때까지 열을 가한다.(팩틴을 사용하기도 한다.)

- Jambalaya

  쌀과 고기와 해산물의 혼합물을 함께 요리한 것.

- Jambon

  햄(ham). 돼지나 가금류의 다리부분.

- Julienne

  야채를 실처럼 가늘고 길게 써는 것.

- Jus

  과일 및 야채 주스를 나타내는 동시에 육류에서 자연스럽게 나오는 즙을 가리키는 단어 로 'juice'를 뜻하는 프랑스어이다.

- Jus lie

  육즙에 갈분을 넣어 걸쭉하게 만든 것.

K

- Kahlua

  멕시코에서 만들어지는 커피 맛의 리큐어.

- Kebab

  터키의 대표적인 요리로 꼬챙이에 야채, 생선, 고기, 닭 따위를 꿰어서 샤프론 라이 스 등과 같 이 먹는 요리.

- Kirsch

  야생 체리로 만든 증류주.

- Kumquat

  금귤

- Lait

  우유의 프랑스어.

- Langouste

  대하, 랍스터.

- Langoustine

  작은 새우의 일종.

- Larder

  지방분이 적거나 없는 고기에 바늘이나 꼬챙이를 사용해서 가늘고 길게 썬 돼지 비 계를 찔러 넣는 것.

- Lever

  일으키다. 발효시키다. 파이지나 생지가 발효되어 부풀어 오른 것을 말한다.

- Liason

  소스, 수프, 스튜 등의 농후제로 사용된다. 사용되는 농후제로는 밀가루, 전분, 달걀 노른자, 타피오카 등이 있다.

- Liqueur

  향신료와 독한 술 혼합물에서 만들어진 달콤한 알코올 음료.

- Lyonnaise sauce

  화이트 와인, 구운 양파, 데미글라스 소스로 만든 고전적인 프랑스 소스. 이 소스는 육류, 가금류와 함께 주로 제공되는 소스이다.

- Macedoine

  사과 또는 야채를 가로 세로 1×1cm 주사위 모양으로 썬 것.

- Manier

  버터와 밀가루가 완전히 섞이게 손으로 이기다.(뵈르마니에)

- Marinade

  육류, 생선, 야채 같은 식품을 담가두는 향미를 낸 액체로 식품에 향미를 주거나 연하게 하기 위해서 사용한다. 대부분의 마리네이드는 산(레몬주스, 식초 또는 포도주) 과 허브 또는 향신료를 포함한다. 산(acid)는 특히 질긴 고기를 연하게 만드는 작용을 한다.

- Marmalade

  과일 껍질 조각, 특히 감귤류 과일의 껍질 조각을 함유한 설탕 조림.

- Marrow

  쇠고기나 송아지 고기의 뼈 중심부에 위치한 부드러운 지방.

- Medallion

  작고 둥근 동전 모양의 육류.

- Melba toast

  얇게 구운 흰색 빵.

- Meringue

  거품기를 이용하여 계란 흰자를 쳐 올려서 완성한다. 부드러운 머랭은 파이, 푸 딩, 수플레 같은 다른 디저트에 사용한다.

- Meuniere

  식품을 양념한 다음 밀가루를 살짝 입혀서 간단하게 버터에 튀기는 방법으로 조 리하는 것.

- Mire-poix

  주사위모양으로 자른 양파, 당근, 샐러리를 말한다. 일반적으로 육류나 생선을 브레이징할 때 사용되는 것은 물론 소스, 수프, 스튜에 풍미를 더하기 위해 사용된다.

- Mise en place

  요리에 사용될 모든 재료가 준비되고 요리를 시작하기 위해서 한군데 준비 해 놓는 것을 가리키는 프랑스 용어.

- Molecular cuisine

  분자요리는 식품의 맛과 향은 그대로 유지하되 형태를 변형시킨 음식을 말한다.

- Monte

  음식을 할때 마무리 단계에서 음식의 부드러움이나 농도를 내기 위해 버터나 생크림 을 가미하는 것.

- Mornay sauce

  베샤멜 소스의 일종으로 파마산 치즈를 첨가하기도 한다. 때때로 생선이나 닭고기 스톡 또는 크림이나 달걀 노른자를 첨가하기도 한다. 달걀, 생선, 갑각류, 야채, 닭고기 요리와 함께 낸다.

- Mousse

  무스(mousse)는 크림과 달걀 또는 젤라틴, 초콜릿이나 과일, 커피와 같은 향미제 를 사용하여 만드는 부드럽고 맛있는 디저트를 말한다.

- Mozzarella cheese

  이탈리아에서 유래한 치즈 종류이다. 본래 물소의 젖으로 만들지만, 요즘에는 대부분 젖소의 젖인 우유로 만든다. 피자를 만드는 데 사용되거나 토마토, 바 질을 곁들인 샐러드 인살라타 카프레세(Insalata caprese)를 만드는 데 사용된다.

N

- Nacho

  녹인 치즈, 칠리 다진 것을 얹은 바삭거리는 토틸라 조각, 일반적으로 애피타이저나 스낵으로 만든다.

- Nantua sauce

  크림과 가재버터로 만들고 가재꼬리로 장식한 베샤멜을 기본으로 만든 소스. 해산물이나 달걀 요리와 함께 낸다.

- Napper

  요리에 소스나 젤리를 바르는 것.

- Navarin

  당근과 순무를 곁들인 스튜 형식의 요리.

- Negociant

  무역업자나 와인상인. 부를 축적한 네고시앙은 포도원을 소유하고 직접 와인을 만들기도 한다.

- Nougat

  누가. 설탕절임한 과일과 휘핑 크림이 들어간 디저트.

- Nouveau

  봄 야채와 햇감자처럼 새로 나온 것. 영 와인(young wine).

O

- Oie

  거위의 프랑스어.

- Ouef

  달걀의 프랑스어.

- Omelet

  달걀물에 간을 맞추고 버터나 기름을 팬에 두르고 스크램블(scramble)을 하면서 둥 글게 타원형으로 말아주는 계란요리.

- Olive oil

  올리브 열매로부터 얻은 식물성 기름이다. 주로 지중해에 면한 지역의 요리에 즐 겨 이용된다. 식용 외에도 화장품, 약품, 비누 등의 원료로도 이용된다. 모든 올리브유 는 그 산도에 따라서 등급이 달라진다. extra virgin olive oil은 올리브를 한 번 짠 것 으로 냉각 압축식 올리브유이며 단지 1%의 산을 함유한다. 이것은 가장 좋고 실한 올 리브유로 간주되며 따라서 가장 비싸고 샴페인 색깔부터 녹색, 금색, 밝은 녹색까지 다 양하다.

P

- Paella

  프라이팬에 쌀과 고기, 해산물 등을 함께 볶은 스페인의 전통요리. 스페인의 전통   요리로서 여러 가지 해산물과 샤프론을 재료로 하는 볶음밥의 일종이다.

- Panada

  빵가루, 밀가루, 쌀 등을 물, 우유, 스톡, 버터 혹은 가끔 달걀 노른자와 섞어 만든 두꺼운 반죽이다.

- Pate

  간이나 자투리 고기, 생선살 등을 갈아서 파테(pate)라는 밀가루 반죽을 입혀 오븐에 구워낸 정통 프랑스 요리이다.

- Pasta

  물과 밀가루를 사용하여 만드는 이탈리아 국수요리. 피자와 함께 이탈리아를 대표하 는 음식이자 이탈리아인의 주식이다. 세몰리나(semolina)라고 불리는 듀럼(drum) 밀가루와 주로 물이나 우유 같은 액체를 섞어 만든 반죽으로 만들어 진다.

- Pesto

  페스토는 가열조리하지 않은 소스로 신선한 바질(basil), 마늘, 파인 너트(pine nuts), 파르메산 치즈나 페코리노(pacorino) 치즈와 올리브유로 만든 그린 소스(green sauce) 이다. 재료들은 막자사발(mortar)과 막자(pestle)에 함께 으깨거나 푸드 프로세서에 넣 고 곱게 으깰 수 있다. 클래식한 신선한 맛의 소스는 이탈리아 제노아에서 유래하였다. 특히 파스타와 함께 많이 즐긴다.

- Pickle

  초절임. 오이, 고추, 샐러리, 컬리플라워, 올리브, 양파 등의 채소와 과일 등을 소금 에 절인 뒤 식초, 설탕, 향신료를 섞은 액체에 담가 절인 음식이다.

- Poaching

  달걀이나 생선요리에 많이 사용되면 끓는 점 이하의 온도(70℃~80℃)에서 물, 혹 은 액체를 끼얹어 가면서 익히거나 완전히 잠긴 채로 익혀 내는 방법이다.

- Poisson

  생선.

- Pomodoro

  '토마토'를 의미하는 이탈리아어.

- Potage

  육류, 어패류, 야채를 끓여서 우려낸 국물로 만든 걸쭉한 수프, 전분질이 들어있는 수프이다.

  Puree 퓨레는 요리의 일반 용어로서 채소나 콩과 식물을 갈거나 누르거나 비틀어서 채로 걸러 가벼운 페이스트나 진한 액체 정도의 농도로 만든 것을 말한다.

Q

- Quart

  4분의 1

- Quenelle

  생선이나 육류, 가금류 등을 갈아서 계란흰자와 섞은 후 크림, 소금, 후추 등을 넣어 스푼을 이용하여 타원형 모양으로 만든 요리.

- Quiche

  크림, 계란, 햄, 양파, 베이컨 등을 넣어 만든 타트(tart)의 일종.

R

- Ravioli

  라비올리는 이탈리아의 만두로서 파스타 반죽을 두 층으로 만들어 그 틈에 고기나 야채 따위의 소를 넣어 만드는 요리이다.

- Reduce

  요리에서는 액체(주로 육수, 와인이나 소스)를 신속히 끓여서 농도가 걸쭉해지고 풍미가 강화하도록 하는 것을 의미한다. 이러한 혼합물을 리덕션(reduction)이라고 불 린다.

- Risotto

  쌀을 주재료로 써서 만든 이탈리아 요리. 기본적인 조리법은 냄비에 올리브유나 버터를 두른 뒤 쌀을 넣고 살짝 볶는다. 이어 뜨거운 닭고기 육수를 붓고 계속 저어주면서 익히면 완성된다. 이때 국물을 천천히 부어가며 계속 저어주되, 너무 오래 익히지 않는 것이 중요하다. 쌀 이외에 첨가되는 부재료에 따라 여러 가지 리조또를 만들 수 있는데, 보통 해산물이 들어가는 경우가 많다. 파르메산 치즈는 맛과 향을 위해 조금씩 넣기도 한다. 들어가는 부재료에 따라 새우, 조개, 홍합, 오징어 리조또 등 종류가 다양 하다.

- Roasting

  육류를 오븐속에서 주로 큰 덩어리로 건열로 조리하는 것.

- Roquefort

  유명한 프랑스의 푸른색 치즈.

- Roux

동량의 밀가루와 버터를 섞어 소스, 수프 등을 요리할 때 농후제 역할을 하기 위해 쓰인다. 화이트 루(white roux)와 브라운 루(brown roux)가 있다.

S

- Salamander

열원이 위에 있는조리기구로 주로 색을 낼 때 사용한다.

- Salami

쇠고기와 돼지고기의 등심살에 돼지기름을 넣고, 소금과 향신료를 많이 넣어 간을 세게 맞추고 럼주(酒)를 가한 후 건조시킨 것이다. 이 소시지는 훈연법을 쓰지 않고, 저 온에서 장시간에 걸쳐 건조시키는 것이므로 보존성이 좋다.

- Salsa

스페인어로 '소스'라는 뜻이다. 멕시코 전통음식인 토르티야 요리에 빠지지 않고 들어 가는 매콤한 소스이다.

- Sauteing

팬에 재료를 넣고 적당한 양의 기름으로 흔들어 가면서 볶는 것.

- Sear

강한 불의 열로 고기의 표면을 갈색으로 굽는 것.

- Sallot

마늘 구근과 관련이 있는 작은 양파 모양의 야채. 상당히 독한 양파 맛을 갖고 있다.

- Sherbet

프랑스어로는 소르베(sorbet)라고 하며, 정찬 코스에서 입맛을 새롭게 하기 위하여 앙트레와 로스트 요리의 중간에 나오는데, 오늘날은 식후의 입가심으로도 쓰인다. 식사 중간의 셔벗은 술 종류를 얼린 것이 많고 단 것은 적다.

- Simmering

비등점 이하에서 장시간 끓이는 조리법으로 식재료의 영양분을 용출시키는데 가장 효과적인 방법이다. 소스나 스톡을 만들 때 많이 사용한다.

- Skewer

  작은 조각의 고기나 채소를 꿰어 구울 때 쓰는 나무나 철로 된 긴 꼬챙이

- Skim

  국물, 수프 등에서 거품이나 이물질, 기름기 따위를 걷어 내는 것.

- Souffle

  달걀흰자를 거품내고 치즈나 고기 생선 등의 재료를 섞어 틀에 넣고 오븐에 구워 부풀린 요리 또는 과자.

- Sour cream

  자연적으로 또는 젖산 배양균을 이용해서 발효시켜 만들며, 생크림보다 걸죽하 고 멕시코음식이나 샐러드·빵·과자의 재료로 쓰거나 베이크트포테이토에 얹어 먹는다. 레몬즙이나 다진 오이피클을 섞어 더욱 새콤하게 만들기도 하고 토마토·양파 등을 섞기 도 한다.

- Steaming

  채소, 육류, 가금류를 고압의 스팀에서 찌는 방법으로 식품 고유의 맛과 모양을 유지시킬 수 있다.

- Stew

  고기를 큼직하게 썰어서 버터로 볶다가, 양파·감자·당근 등을 차례로 넣어 볶고 잠 길 정도의 물을 부어 푹 끓여 양념한 것을 스튜라고 한다. 소고기가 주재료이면 비프스튜(beef stew), 소의 혀가 주재료이면 텅스튜(tongue stew), 채소이면 베지터블스튜(vegetable stew), 닭고기이면 치킨스튜(chicken stew)가 되는데, 재료에 따라 10여 가지의 스튜가 있다.

- Stock

  살코기, 뼈, 생선, 채소 등에 물을 붓고 끓여서 우려낸 국물로 서양요리의 수프나 소스의 기본이 된다. 육류(살코기나 뼈), 향신채소, 향신료를 주재료로 사용하며, 스톡은 주재료에 따라 피시스톡(fish stock), 비프스톡(beef stock), 치킨스톡(chicken stock), 게임스톡(game stock)으로 분류되며 재료 자체의 깊은 맛을 충분히 우려내야 한다.

T

- Table d'Hote

  레스토랑의 메뉴에서 table d'hote는 앙크레 가격에 몇 가지 코스의 완전한 식사가 나오는 것을

의미한다.

- Tapioca
열대작물인 카사바의 뿌리에서 채취한 식용 녹말. 카사바의 뿌리는 생것의 경우 20~30%의 녹말을 함유하고 있는데, 이것을 짓이겨 녹말을 물로 씻어내 침전시킨 후 건조시켜서 타피오카를 만든다.

- Terrine
잘게 썬 고기, 생선 등을 그릇에 담아 단단히 다져지게 한 뒤 차게 식힌 다음 얇 게 썰어 전채요리로 사용한다.

- Tourner
감자나 당근의 모난 부분을 깍아 둥글게 모양을 내는 것. 또는 장식을 하기 위해 양송이를 둥글게 돌려 모양을 낸다.

- Tortilla
토르띠야. 밀가루나 옥수수가루를 이용해서 빈대떡처럼 만든 음식으로 속에 야채나 고기를 넣고 싸서 먹는 멕시코 전통음식이다.

- Toss
식품 재료들을 힘을 가하지 않고 여러번 뒤집어 가볍게 섞는 것.

- Truffle
송로 버섯. 주로 프랑스, 이탈리아, 독일 등지의 떡갈나무 숲 땅속에 자실체를 형성 하며 지상에서는 발견하기 힘들다. 송로버섯은 찾기 어려워 몇 년 동안 특별히 훈련된 동물을 이용해서 찾는다. 송진향과 같은 독특한 향으로 인하여 테린(terrine), 소스, 가 니쉬 등 각종 고급요리에 이용된다.

V

- Veau
송아지 고기를 뜻하는 프랑스어

- Veloute
스톡, 밀가루, 버터가 들어 간 화이트 소스

- Venison

  사슴고기

- Vermicelle

  이탈리아 음식 중 파스타의 일종으로 대단히 가늘고 둥근 모양의 파스타로 수 프에 가니쉬로 자주 사용한다.

- Vichy

  버터나 소량의 설탕을 첨가한 물에 얇게 썬 당근을 글레이징(glazing) 한 것.

- Vichyssoise

  체에 내린 감자 퓌레(purée)와 잘게 썰은 대파(leek) 흰 부분, 치킨 스톡, 크 림 등을 넣어 만드는 차가운 수프

- Vin

  포도주. 포도나 포도즙을 발효시켜 만든 과실주.

- Vinaigre

  식초.

- Vinaigrette

  비네그레트. 기름과 식초의 혼합물로 일반적으로 녹색 채소와 다른 차가운 야 채, 고기, 또는 생선 요리의 드레싱으로 사용된다. 가장 간단한 형태는 기름, 식초, 소 금, 후추로 이루어진 것이다. 여기에 향신료, 허브, 양파, 겨자 등의 다양한 재료를 이용 한다.

W

- Wafer

  부드러운 원료(밀가루 · 콘스타치 · 우유 · 달걀노른자 등)를 잘 혼합해서 유동성의 묽은 반죽을 만들고, 이것을 와퍼 굽는 오븐에 구운 비스킷.

- Wellington

  소고기 안심을 패스트리 반죽으로 싸서 굽는 요리로 연한 안심이 약간 익고 겉 에 쌓은 반죽이 바삭바삭해질 때까지 오븐에서 익혀 완성한다.

- Whipping

  거품기를 사용하여 한 족 방향으로 빠른 속도로 거품을 내어 공기를 함유하게 하 는 것으로 생크림, 달걀 흰자 등을 이용하여 거품을 낸다.

Z

- Zest

  향미를 내기 위해 사용하는 오렌지 또는 레몬 껍질. 향이 있는 감귤류의 가장 바깥쪽 의 표피로 야채 껍질깎이, 껍질 벗기는 칼, 감귤류의 껍질깍이에 의해 제거되는 부분 이다. 오직 표피의 색이 있는 부분만이 제스트라고 말한다. 감귤류 제스트의 향기 있 는 오일은 음식에 많은 향을 더해주고 익히지 않은 음식, 익히는 음식, 달콤한 음식이 나 짭짤한 음식에 모두 사용할 수 있다.

- Zester

  오렌지 따위의 껍질을 벗기다.

- Zucchini

  주치니라고 부르는 서양호박은 노란색이나 녹색, 연둣빛을 띤다. 오이와 외형이 많이 닮았으며 일부 재배종은 둥근 호리병 모양이다.

참고문헌

- Adria Ferran · Soler Juli · Adria albert(2006), El bulli, Harpercollins

- Becker, M.R.(1986), Joy of Cooking, The Bobbs Memill Company, Inc., USA

- Cousminer, J.J.(1996), "Savory Fruit-Based salsas", Food Technology.

- The Culinary Institute of America(2001), Professional Chef, 7th ed., Ban Nostrand Reinhold.

- The Professional chef, 8th ed., The Culinary Institute of America, 2012.

- 고범석 외(2009), Western Cuisine, 훈민사.

- 김기영 외(2000), 서양조리실무론, 성안당.

- 김기호(2009), 분자요리의 첫걸음, 초록향기.

- 김동일 외, Western Cuisine(전문서양요리), 대왕사, 2008.

- 김장호(2021), Basic Western Cuisine, 대왕사.

- 김헌철 외, Premier Western Cuisine, 훈민사, 2006.

- 나영선 외, 서양조리실무개론, 백산출판사, 2008.

- 노순배(2009), 분자미식학의 이해, 현학사.

- 박희준, European Cooking with Wine and Delicate Herb Aromas, 현학사, 2007.

- 서민석 외(2008), 기초서양조리, 효일.

- 서민석 외, Korea National Team Culinary Art, 도서출판 효일, 2007.

- 양신철 외, 이탈리아요리, 대왕사, 2010.

- 염진철 외(2006), Basic Western Cuisine, 백산출판사.

- 염진철 외, 고급서양요리, 백산출판사, 2004.

- 오석태 외(1998), 서양조리학개론, 신광출판사.

- 오석태 외, 서양조리학 개론, 신광출판사, 2002.

- 이선호(2003), 현대인의 퓨전요리, 훈민사.

- 이종필 외, 고급서양요리, 도서출판 효일, 2006.

- 이종호 외(2008), 서양조리, 기문사.

- 임성빈, 맛있는 프랑스요리, 도서출판 굿러닝, 2008.

• 임성빈 외(2004), 서양조리, 효일.

• 정청송 외, Culinary Science Dictionary, 도서출판 G.C.S., 2003.

• 정혜정 외, Garde Manger, (주)서울외국서적, 2006.

• 주)한화호텔 앤 리조트, Waking on The Cloud of Menu Book, 2011.

• 진양호(1996), 서양조리입문, 지구문화사.

• 최수근(1997), 소스의 이론과 실제, 형설출판사.

• 최수근, 서양요리, 형설출판사, 2003.

• 최인섭(2002), 프랑스 조리실무용어, 대왕사.

• 홍진숙 외(2008), 식품재료학, 교문사.

• 황재희 외(2008), 창업 및 퓨전음식, 효일.

저자약력

김장호

- 현) 서영대학교 파주캠퍼스 호텔외식조리과 부교수
- 세종대학교 일반대학원 조리외식경영 전공, 조리학 박사
- 세종대학교 호텔관광외식학부 외식경영학과 외래교수
- 숙명여자대학교 문화관광학부 외래교수
- (사)한국조리학회, (사)한국외식산업학회 이사
- Sheraton Grand Walkerhill Hotel 근무
- W Seoul Walkerhill Hotel Chef 근무
- 지방기능경기대회 심사장 및 전국기능경기대회 심사위원
- 터키 이스탄불 국제요리경연대회 심사장 및 동유럽 국제요리 경연대회 심사위원

주요저서 및 연구논문
- 음식관광, 대왕사
- Basic Western Cuisine, 대왕사
- 식재료와 푸드스타일링, 대왕사
- 레스토랑 메뉴관리, 수학사
- 조리실무와 주방관리, 훈민사
- 조리원리의 이론과 실제, 대왕사.
- The Professional Western Cuisine, 백산출판사
- International Western Cooking, 지식인
- "IPA 기법을 활용한 학교급식 영양사 및 영양교사와 조리종사원의 근무환경과 작업환경 인식도 연구", 한국관광레져학회
- "음식관광축제의 현황 및 활성화 방안에 관한 연구", 한국조리학회
- "서양요리에서 5가지 모체 소스 연구에 관한 고찰", 한국외식산업학회
- "저가형 커피전문점 서비스품질이 긍정적 감정, 태도 및 행동의도에 미치는 영향", 한국조리협회. 외 다수

서민석

- 현) 부천대학교 외식산업과 교수(2024)
  - 대림대학교 호텔조리과 서양조리전공 교수 역임 (2008-2023)
  - 세종대학교 일반대학원 조리외식경영학과 박사학위 취득
  - (주)한화호텔 앤 리조트(63빌딩) 조리부차장 역임(총 근무년도 19년 8개월)
  - 미8군내 Western Restaurant 근무(1년 5개월)
  - IRAQ Baghdad England Restaurant 근무(2년 3개월)
  - CROWN 관광호텔 조리부 근무(3년 6개월)

- 대한민국 조리기능장(2003)
- 일본 오쿠라호텔 연수
- 한국조리학회, 외식경영학회 이사
- 대한민국 조리기능장, 산업기사, 조리기능사 심사위원
- 전국 조리기능경기대회 심사위원
- 세계요리출전 국가대표팀장 역임
- 독일, 싱가폴, 중국, 국제요리경연대회 입상 메달 27개(금메달 22개포함) 획득
- 노동부, 문화관광부, 보건복지부, 농수산식품부 장관상 수상(조리 및 관광산업발전 공로)
- 교육부장관상 2회 수상(모범교수)

주요저서 및 연구논문
- 교수법 연구 우수상 수상/ 현장 적응력 향상을 위한 B,E,C 역할학습 연구
- Culinary Art(서양요리서적), 도서출판 효일
- 베스트 기초서양조리, 도서출판 효일
- 조리기능사 필기 들어가기, 백산출판사
- 친환경레스토랑 체제의 레스토랑조리사 의식도에 관한 연구
- Mirepoix Au Maigre 함량에 수준에 따른 포도씨유 드레싱 수용도 변화
- 호텔조리사의 직무 속성이 레스토랑 식자재관리 수행도에 미치는 영향에 관한 연구
- 조리방법을 달리한 양고기 이화학적 변화 및 관능적 품질 특성 연구

이상원

- 현) 마산대학교 식품영양조리제빵학부 교수
  조리학회 수석이사
  한국조리협회 상임이사
  대한민국 조리기능장
  기능경기대회 출제위원
  기능경기대회 심사위원
  한국조리기능장 심사위원
  직업능력개발 훈련 사업 심사평가위원
  부산최고장인 선발 심사위원
- 한화호텔 앤 리조트 63빌딩 근무
- 호텔프레지던트 근무
- 대한민국 요리국가대표-베이징, 러시아, 룩셈부르크 요리 월
  드컵 출전

수상이력

- 러시아요리대회(2008), 베이징국제요리대회(2008), 룩셈부르
  크요리월드컵(2010) 등에서 금상 수상
- 국회의장상, 농림축산식품부 장관상 수상, 노동부 장관상, 교
  육부 장관상 수상, 문화관광부 장관상 등 다수
- 농림축산식품부 표창장 받음

방송활동

- KBS2 생생정보통 출연 외 다수

김찬성

- 현) 남부대학교 호텔조리학과 교수
- 대한민국 공인 조리기능장
- 한국조리학회, 한국호텔리조트학회 이사
- 경주대학교 조리외식경영 전공, 관광학 박사
- 순천대학교 조리관광정보전공 이학석사
- 서영대학교 파주캠퍼스, 서정대학교 외래교수
- 그랜드 하얏트호텔 서울 Chef 근무
- CJ 그룹 요리총괄 (외식연구소 부장)
- 롯데그룹 외식R&D 센터장
- 베트남 하노이 랜드마크72호텔 조리이사
- 세인트존스호텔 강릉 총주방장
- 제너시스 비비큐 상품기획 상무이사
- 지방기능경기대회 심사장 및 전국기능경기대회 심사위원

주요저서 및 연구논문

- 실무서양조리, 효일출판사
- 외식기업 관리자의 긍정적 리더십이 직무 만족에 미치는 영
  향, 한국조리학회
- 외식산업 감정 노동자의 스트레스가 직무만족 및 조직 몰입
  에 미치는 영향 - 특급호텔 종사원 중심으로-, 한국조리교육
  학회

전도현

- 현) 서영대학교 광주캠퍼스 호텔조리제빵과 교수
- 한국외식경영학회(상임이사)
- (사)한국외식산업학회, (사)한국호텔외식관광경영학회(편집위원)
- Sheraton Grand Walkerhill Hotel Culinary Team Head chef
- Twelve At Hengshan Hotel Sanghai Cross Training
- 세경대학교 호텔조리과 겸임교수
- 김포대학교 호텔조리과 외래교수
- 세종대학교 조리외식경영 전공, 외식경영 석사졸업, 박사수료

주요저서 및 연구논문
- 2021 중식 조리기능사 필기 실기, 크라운출판사
- 올어바웃 중식 조리, 지구문화사
- '포스트 코로나 뉴노멀시대 환경인식이 친환경적 관광태도 및 에코투어리즘 행동의도에 미치는 영향' 한국외식산업학회
- '배달 음식 소비자의 환경의식과 에코 죄책감이 친환경행동에 미치는 영향: 에코 죄책감 조절효과' 외식경영연구
- '중국 내 한류, 한국음식 인지 및 한국음식 선호도에 관한 연구' 한국식생활문화학회지 외 다수

저자와의
합의하에
인지첩부
생략

고급서양요리

2019년 2월 25일 초 판 1쇄 발행
2021년 3월 10일 제2판 1쇄 발행
2024년 3월 15일 제3판 1쇄 발행

지은이 김장호·서민석·이상원·김찬성·전도현
펴낸이 진욱상
펴낸곳 (주)백산출판사
교　정 박시내
본문디자인 신화정
표지디자인 오정은

등　록 2017년 5월 29일 제406-2017-000058호
주　소 경기도 파주시 회동길 370(백산빌딩 3층)
전　화 02-914-1621(代)
팩　스 031-955-9911
이메일 edit@ibaeksan.kr
홈페이지 www.ibaeksan.kr

ISBN 979-11-6567-795-4　93590
값 35,000원